"十二五"职业教育国家规划教材
经全国职业教育教材审定委员会审定

园艺园林专业系列教材

园艺植物种子生产与管理

（第二版）

束剑华　主编

苏州大学出版社

图书在版编目(CIP)数据

园艺植物种子生产与管理/束剑华主编. —2版
. —苏州：苏州大学出版社，2015.8
园艺园林专业系列教材
ISBN 978-7-5672-1443-9

Ⅰ.①园… Ⅱ.①束… Ⅲ.①园艺作物-作物育种-高等职业教育-教材 Ⅳ.①S603

中国版本图书馆CIP数据核字(2015)第181137号

园艺植物种子生产与管理
（第二版）

束剑华　主编

责任编辑　陈孝康

苏州大学出版社出版发行
（地址：苏州市十梓街1号　邮编：215006）
丹阳市兴华印刷厂印装
（地址：丹阳市胡桥镇　邮编：212300）

开本 787 mm×1 092 mm　1/16　印张15　字数375千
2015年8月第2版　2015年8月第1次印刷
ISBN 978-7-5672-1443-9　　定价：30.00元

苏州大学版图书若有印装错误，本社负责调换
苏州大学出版社营销部　电话：0512-65225020
苏州大学出版社网址　http://www.sudapress.com

园艺园林专业系列教材(第二版)
编委会

顾　问：成海钟

主　任：李振陆

副主任：钱剑林　夏　红

委员（按姓氏笔画为序）：

尤伟忠　束剑华　周　军　韩　鹰

再版前言

"十二五"期间,我国经济社会发展迅猛,人民生活水平显著提高,农业现代化速度显著加快,园艺园林产业发展水平不断提升,专业教育、教学改革逐步深入。因此,在2009年编写出版的园艺园林专业系列教材的基础上,结合当前产业发展的实际和教学工作的需要,再次全面修订出版园艺园林专业系列教材十分必要。

苏州农业职业技术学院是我国近现代园艺园林职业教育的发祥地。2015年,江苏省政府启动新一轮高校品牌专业建设工程,该院园艺技术、园林技术专业均被入选,这既是对该院专业内涵建设、品牌特色的肯定,也是为专业建设与发展注入新的动力与活力。苏州农业职业技术学院以此为契机,精心打造"园艺职业教育的开拓者"、"苏派园林艺术的弘扬者"这两张名片。

再次出版的《观赏植物生产技术》《果树生产技术》《园林植物保护技术》《园艺植物种子生产与管理》四部教材已入选"十二五"职业教育国家规划教材,《园林苗木生产技术》已入选"十二五"江苏省高等学校重点教材。当前苏州农业职业技术学院正在推进整体教学改革,实施以能力为本位和基于工作过程的项目化教学改革,再版的教材必然以教学改革的基本理念与思路为指导。系列教材的主编和副主编均为苏州农业职业技术学院具有多年教学和实践经验的高级职称教师,聘请的企业专家也都具有丰富的生产、经营管理经验。教材力求及时反映当前科技和生产发展的实际,体现专业特色和高职教育的特点,是此次再版的宗旨。

园艺园林专业系列教材编写委员会
2015年7月

再版说明

本教材是根据园艺类专业的教学标准,结合园艺植物种子生产与管理的特点编写的。教材力图较好地反映园艺植物种子产业技术应用的现状与趋势,以满足高职园艺类专业"理实一体化"教学改革的需要。

本教材于2013年8月获"十二五"职业教育国家规划教材选题立项。为了更好地贯彻《教育部关于"十二五"职业教育教材建设的若干意见》(〔2012〕9号),依据园艺类专业的教学标准,我们组织有关人员编写了本教材。

在本教材编写过程中,我们注重了"三个突出":

1. 突出校企合作。编写人员中,除邀请了苏州市种子站副站长沈雪林外,还邀请了农友种苗(中国)有限公司夏欣慰、坂田种苗(苏州)有限公司程英,力图使教材能充分反映种子管理部门和种子生产企业对高职教育人才培养的要求。

2. 突出产教融合。本教材对教学内容进行了项目化处理,在强化知识学习的同时,也注重职业素质和技术应用能力的培养。

3. 突出"双证"融通。本教材将农作物良种繁育员、农作物种子检验员和农作物种子加工员的职业标准有机地融入了教学内容,以更好地满足学生职业资格证书培训、考核的要求。

此外,本教材还注意了中职和高职教学内容的衔接。

本教材由束剑华(苏州农业职业技术学院)任主编,沈雪林(苏州市种子站)、李庆魁(苏州农业职业技术学院)任副主编,李振陆(苏州农业职业技术学院)任主审。其中项目1"了解园艺植物种子生产"由郭益红(苏州农业职业技术学院)编写,项目2"园艺植物新品种选育与引用"由沈雪林(苏州市种子站)编写,项目3"园艺植物种子生产技术"由李庆魁(苏州农业职业技术学院)、夏欣慰(农友种苗(中国)有限公司)编写,项目4"园艺植物种子检验"由束剑华(苏州农业职业技术学院)、张仁贵(苏州农业职业技术学院)编写,项目5"园艺植物种子加工与贮藏"由程英(坂田种苗(苏州)有限公司)和孟祥凤(苏州农业职业技术学院)编写。全书由束剑华负责统稿和定稿。本教材的编写得到了苏州农业职业技术学院园艺科技学院的大力支持。

在本教材的编写过程中,编者参阅了大量的相关著作、文献和资料,限于篇幅,不能在书中全部列出,在此谨向有关文献的作者表示衷心的谢意。由于时间仓促,加上编者水平有限,错误和不当之处在所难免,衷心希望读者提出宝贵意见,以便进一步完善。

编　者
2015年7月

目录

项目1　了解园艺植物种子生产

任务1　认识园艺植物种子 ……………………………………………… 2
任务2　了解园艺植物种子生产的意义及概况 ………………………… 4
任务3　了解我国种子生产的法规和制度 ……………………………… 7

项目2　园艺植物新品种选育与引用

任务1　了解新品种选育的遗传学基础知识 …………………………… 16
任务2　选育园艺植物新品种 …………………………………………… 37
任务3　园艺植物引种 …………………………………………………… 66

项目3　园艺植物种子生产技术

任务1　了解园艺植物良种繁育工作 …………………………………… 79
任务2　建立种子生产基地 ……………………………………………… 88
任务3　实施常规品种种子生产 ………………………………………… 96
任务4　实施园艺植物杂交种品种种子生产 …………………………… 111
任务5　实施园艺植物无性系品种种子生产 …………………………… 126

项目4　园艺植物种子检验

任务1　了解种子检验 …………………………………………………… 142
任务2　种子扦样 ………………………………………………………… 146
任务3　种子净度分析 …………………………………………………… 157
任务4　种子发芽试验 …………………………………………………… 165

任务 5　种子真实性和品种纯度鉴定 …………………………………………… *171*

任务 6　种子水分测定 …………………………………………………………… *176*

任务 7　其他项目检验 …………………………………………………………… *180*

项目 5　园艺植物种子加工与贮藏

任务 1　了解园艺植物种子加工 ………………………………………………… *194*

任务 2　园艺植物种子清选、精选 ……………………………………………… *200*

任务 3　园艺植物种子干燥 ……………………………………………………… *205*

任务 4　园艺植物种子包衣 ……………………………………………………… *208*

任务 5　园艺植物种子包装 ……………………………………………………… *210*

任务 6　园艺植物种子贮藏 ……………………………………………………… *213*

附录　汉英名词对照 …………………………………………………………… *224*

参考文献 …………………………………………………………………………… *229*

项目 1 了解园艺植物种子生产

教学目标

知识目标：掌握种子的含义、种子的分类，了解良种在园艺生产上的地位和作用；了解我国种子生产方面的主要法规及其要旨；了解我国园艺植物种子生产的任务及意义。

能力目标：能识别主要园艺植物种子，初步具备应用种子法规及其要求指导园艺植物种子生产工作的能力。

素质目标：具有实事求是的科学态度和良好的职业道德，具有良好的团队合作精神，具有较强的法律意识、服务意识和责任意识。

项目任务

1. 认识园艺植物种子。
2. 了解园艺植物种子生产的意义及概况。
3. 了解我国种子生产的法规体系与制度。

园艺植物种子生产包括植物新品种选育、良种繁育、种子加工贮藏等环节，每一个环节又都涉及一系列种子管理的法律、法规问题。作为一名从事园艺植物种子生产工作的技术员，首先必须认识园艺植物的种子，明白园艺植物种子生产的重要意义，了解园艺植物种子生产的概况；同时，还必须了解并遵守园艺植物种子生产所涉及的主要法律、法规。

任务1 认识园艺植物种子

一、园艺植物种子的含义

在植物学上，种子是指由胚珠发育而成的繁殖器官。在农业生产上，种子作为基本生产资料，其含义要比在植物学上广泛得多，一般泛指可直接用作播种材料的植物器官。《中华人民共和国种子法》指出："本法所称种子，是指农作物和林木的种植材料或繁殖材料，包括籽粒、果实和根、茎、苗、芽、叶等。"一般把包括园艺作物种子在内的农业种子分为以下几种类型：

（一）真种子

真种子即植物学所指的种子，是由胚珠发育而来的。豆类（除少数例外）、十字花科的各种蔬菜、瓜类、茄子、番茄、辣椒、茶、柑橘、梨、苹果、银杏等种子属于此类型。

（二）类似种子的果实

一些园艺植物的干果，成熟后不开裂，可以直接用果实作为播种材料。向日葵、大麻的瘦果，伞形科（如胡萝卜和芹菜）的分果，山毛榉科（如板栗）和藜科（如甜菜和菠菜）的坚果，蔷薇科的内果皮木质化的核果等种子属于此类。在这些干果中，以颖果和瘦果在生产上最为重要。

（三）用作繁殖的营养器官

许多根茎类作物具有自然无性繁殖器官，如甘薯和山药（薯蓣）的块根，马铃薯和菊芋的块茎，芋和慈姑的球茎，葱、蒜、洋葱的鳞茎，等等；又如甘蔗和木薯用地上茎繁殖，莲用根茎（藕）繁殖等。上述作物大多也能开花结实，但除了在杂交育种和良种提纯复壮等少数情况下利用种子繁殖外，一般均利用其营养器官种植。

（四）植物人工种子

植物人工种子是指将植物离体培养产生的胚状体（主要指体细胞胚），包裹在含有养分和具有保护功能的物质中而形成，在适宜条件下能够发芽出苗，长成正常植株的颗粒体，也称为合成种子、人造种子或无性种子。由于人工种子与天然种子非常相似，都是由具有活力的胚胎与具有营养和保护功能的外部构造（相当于胚乳和种皮）而构成的适用于播种或繁殖的颗粒体，故称为人工种子。

人工种子在本质上属于无性繁殖，与天然种子相比具有许多优点：一是可用于自然条件下不结实或种子很昂贵的特种植物的繁殖；二是繁殖速度快，如用一个体积为12L的发酵罐,在 20 多天内生产的胡萝卜体细胞胚能制作 1 000 万粒人工种子,可供几十公顷地种植;三是可固定杂种优势,使 F_1 杂交种多代使用等。

二、园艺植物种子的识别

(一) 目的要求

(1) 认识主要园艺植物种子的外部形态特征及内部构造特点。
(2) 熟悉主要园艺植物种子的主要果实和种子类型。

(二) 材料和器具

1. 种子材料

需准备干种子和吸胀种子。
(1) 主要蔬菜种子:甘蓝、洋葱、菜豆、番茄、黄瓜、西瓜、辣椒、芹菜、胡萝卜、菠菜等。
(2) 主要草本花卉种子:牵牛花、蜀葵、马齿牡丹、矮牵牛、鸡冠花、千日红、紫茉莉等。

2. 器具

手执放大镜,解剖镜,立体显微镜,解剖针,镊子,刀片,种子长、宽度测量器和盘子或数码摄像系统。

(三) 方法和步骤

1. 果实和种子类型观察

观察以上植物的果实和种子类型,检索各作物在植物学上所属的科,并查明其果实的种类和种子类型。

2. 种子外部形态观察

取主要植物的干种子,利用放大镜和立体显微镜,详细观察其外部形态,特别是各类种子的主要特征,并绘简图,各部分用文字标明。例如,西瓜、菜豆、三叶草种子应标明种皮、种脐、脐条、内脐以及种孔所在部位。

3. 种子长度和宽度的测量

各种园艺作物种子随机取 10 粒,依其长度或宽度方向将种子逐粒排列在种子长度、宽度测量尺上(列的方向一致,如小麦籽粒腹沟朝下),测量种子的长度和宽度。每种种子的测量重复四次,求其平均数,以毫米表示。

(四) 作业

(1) 绘出主要园艺植物种子外部形态构造图,并注明各部分名称。
(2) 注明主要园艺植物种子的构造类型以及所属科。

任务2　了解园艺植物种子生产的意义及概况

一、良种在园艺生产上的地位和作用

在园艺生产上,良种有两个方面的含义,一是指优良品种,二是指优质种子。由于良种在遗传特性方面的作用相对于在物理方面的作用更为明显,故一般意义上多指优良品种。

在长期的园艺生产实践中,人类早就认识到了良种是最基本的生产资料,是决定农产品产量和品质的最重要的因素。随着生产条件的不断改善和科技的不断进步,良种在园艺生产中的重要地位和巨大作用也越来越突出,主要表现在以下几个方面:

(一)提高产量

培育和推广优良品种,是提高园艺植物产量最经济、最有效的途径。优良品种在大面积推广应用过程中,对不同年份、不同土壤和气候因素的变化造成的环境胁迫具有较强的适应能力和自我调节能力,能够保持连续而均衡的增产潜力。我国和世界的农业生产实践都已证明,每更新一次品种,产量和效益就会上新的台阶。据国内外专家统计分析,在提高单产的农业增产技术中,优良品种的作用一般为25%～30%,高的可达50%以上。

(二)改良品质

对于大多数园艺植物来说,品质的重要性远远超过产量。在市场上,果品、蔬菜、花卉等园艺产品在外观品质、食用品质、加工品质、贮运品质等方面存在很大差异,销售价格也往往相差几倍甚至几十倍。目前,我国的品质育种已取得重大进展,一批高产优质新品种已经投入生产。这些优良品种,适应了农村商品经济发展的不同用途、不同规格和系列化生产的需要。

(三)延长产品的供应和利用期

通过选育不同成熟期的品种,可以调节播种期,延长供应和利用期,解决市场均衡供应问题。例如,通过选育早熟而不易抽薹的春甘蓝和中熟而耐高温的秋甘蓝,可以有效地解决春、秋淡季的蔬菜供应不足的问题;在原有盆栽菊花的基础上育成的夏菊、夏秋菊和寒菊新品种,大大延长了菊花的观赏期和扩展其利用方式。

(四)提高劳动生产率

园艺生产集约化程度高,播种、育苗、整枝、包装、采收等工序都需要较多的劳动力,通过选育适应集约化生产的良种,则可以大大提高劳动生产率。例如,选育和应用小菊花、万寿菊、一串红等分枝性强的矮生品种,可以免除人工摘心等用工;选育和应用矮生直立型适应机械化作业的番茄新品种,可以大大节约整枝、采收等工序的用工量。

（五）节约能源，减少污染

许多园艺作物采用保护地生产方式，选育和应用适应性广、抗逆性强、适应保护地栽培的优良品种，可以显著降低园艺设施的能耗，降低生产成本。此外，选育和应用抗病虫的优良品种，不仅可以因大幅度减少农药使用而有效降低生产成本，而且可以大大减少对产品、土壤、大气、水源等方面造成的污染，从而保护生态环境，促进人们的身体健康。

二、园艺植物种子生产的任务及意义

（一）园艺植物种子生产的概念

园艺植物种子生产是指依据园艺植物的生物学特性和遗传特性，采用适宜的繁殖方式，应用科学的技术和方法，生产出质量好、数量足、成本低的商品种子的过程。因此，园艺植物种子生产与一般的园艺生产不同，它既要提高产量和降低成本，又要保证其种性和繁殖能力不受破坏，而且后者比前者更为重要。

从生产程序来看，园艺植物种子生产包括两个重要的组成部分：一是原种或杂交亲本种子生产，其生产的种子用于继续繁殖生产用种或用于生产杂交种；二是生产用种的生产，生产出来的种子（良种）或杂交种均直接用于商品生产。从生产过程来看，园艺植物种子生产不仅包括良种繁育（繁殖生产用种或繁制杂交种）的过程，而且还包括后续的种子加工、种子检验、种子包装等生产环节。

（二）园艺植物种子生产的任务

园艺植物种子生产的根本任务是在保证品种优良种性的前提下，按市场需求生产出符合种子质量标准的优质种子，充分发挥优良品种的增产作用。其主要任务包括：一是加速繁殖新育成或新引进优良品种的种子，扩大其推广应用面积，使其尽快替换原有的老品种，以实现品种更换；二是对于生产上已经大面积推广应用并且将继续占有市场的品种，有计划地用原种生产出高纯度的良种更新生产用种，以实现品种更新。

（三）园艺植物种子生产的意义

种子是重要的农业生产资料，也是科学技术的重要结晶和载体。园艺植物种子生产是前承育种、后接推广的重要环节，是连接育种和园艺生产的桥梁，是把育种成果转化为生产力的重要措施。没有种子生产，育成的品种就不可能在生产上大面积推广，其增产作用也就得不到发挥；没有种子生产，已在生产上推广的优良品种很快会发生混杂退化，良种利用周期将大大缩短。

对园艺生产来说，生产出量足、质优的种子，是实现持续、稳定增产和调整品种结构或产业结构的先决条件和重要保证；对种子企业来说，及时掌握和生产满足市场需求和质量优良的种子，有利于降低成本，获得良好的经济效益和社会效益，进而促进企业的良性发展，提高竞争能力；对种子使用者来说，有了优良品种的优质种子，就能增产增效。因此，搞好园艺植物种子生产是提高农业效益、增加农民收入、促进种子产业发展的基础性工作,对保证国家的粮食安全、加快国民经济发展具有十分重要的现实意义。

三、我国园艺植物种子生产概况

新中国成立前,我国虽然建有中央农业推广委员会、中央农业试验所、省级农业改进所等,各地也都有农业试验场,但基本未形成完整的种子生产体系。生产上使用的种子以农家品种为主,类型繁多,产量低下。新中国成立以后,党和政府非常重视种子事业,选育和推广了大量农作物新品种,种子管理体系也逐步完善。1978年5月,国务院批转了农林部"关于加强种子工作的报告",在全国建立各级种子公司,健全良种生产体系,同时提出了"四化一供"种子工作方针,即品种布局区域化、种子生产专业化、种子加工机械化、种子质量标准化,以县为单位有计划地组织统一供种。"四化一供"的推行,不仅使我国的种子工作取得了巨大的进步,而且也为我国种子生产现代化奠定了坚实的基础。1995年召开的全国种子工作会议提出了实施种子工程、推进种子产业化的具体意见。种子工程是以农作物种子为对象,以为农业生产提供具有优秀生物学特性和优良种植特性的商品化种子为目的,通过利用现代生物学手段、工程学手段和农业经济学原理以及其他现代科技成果,根据种子科研、生产、加工、销售、管理的全过程形成的规模化、规范化、程序化、系统化的产业整体。种子产业化,是指以国内外市场为导向,以经济效益为中心,围绕区域性主导作物的种子生产,优化组合各种生产要素,实行区域化布局、专业化生产、一体化经营、社会化服务、企业化管理,通过企业带基地、基地联农户的形式,实现种子育、繁、推、销一体化。2000年,《中华人民共和国种子法》(以下简称《种子法》)正式颁布,这是我国有关种子产业的第一部法律,它进一步确立了以市场经济规律为主体的种子市场运行基本法则,创设了各类竞争主体能够平等参与竞争和与国际接轨的良好政策环境,为我国种子产业和种子生产的进一步发展奠定了坚实的基础。

我国是全球重要的蔬菜生产和消费大国,蔬菜种子也是中国最早完全放开的种子市场。目前,蔬菜种子是中国种子进出口贸易额最高的种子品种。2010年,其进出口总额达到1.9亿美元,占种子进出口贸易总额的44.1%。瓜果种子的进口量增长速度很快,已经由2004年的945吨上升至2010年的4 432吨,上涨了3.69倍。在草本花卉植物种子对外贸易中,中国出口量一直处于绝对优势的地位。2010年,我国草本花卉植物种子出口达到972吨,而进口仅为48吨。牧草作物种子是中国进口量最大的种子品种。我国在向日葵、甜菜、牧草等种子上缺乏国际竞争力,对进口的依赖很强。2009年以后,中国瓜果和蔬菜种子的国际竞争力呈现下降趋势,出口量也在逐年降低。截至2012年3月底,外资种业已经在中国成立了79家种子研发与销售机构,并获得了2 063项涉农专利和69项植物新品种保护。凭借领先的技术优势和成熟的市场销售手段,外资种子公司正在快速地占领着中国市场。

四、发达国家种子生产的成功经验

种子产业既是农业的重要组成部分,又是农业的先导产业。发达国家种子产业化进程较早,产业化程度不断提高,科技含量不断提升,种子商品的国内外市场竞争能力不断增强,并已形成以下四个发展趋势:种子生产与投放程序化、种子公司经营规模经济化、相关产业之间的关联效应化、种子企业经营和资本运作国际化。

从发达国家种子生产与管理的经验来看,其种子生产与管理主要有如下几个明显特点:

1. 用育种家种子作种子生产的最初种源

由于育种者最熟悉品种特征、特性,因此由育种单位或育种者提供育种家种子,并继续生产和保存,就能从根本上保证源头种子的纯度和质量。

2. 由专业化农场繁殖育种家种子和基础种子

只有保证基础种源的质量,才可以生产出纯度高、质量好的种子应用于生产。因此,许多国家都很重视高级种子生产体系建设,将育种家种子和基础种子都安排在种子公司直属的专业农场繁殖。而生产用种的繁殖,则一般采取特约繁殖的方法,委托农户生产。

3. 注重防杂保纯工作

从育种家种子繁殖开始,育种者在每一世代都始终抓好防杂保纯工作,避免在种子生产中出现混杂退化。除此之外,还坚持严格的限代繁殖制度。一般按程序繁殖的种子,纯度好、质量高,很少出现因混杂退化被淘汰的现象。

任务3 了解我国种子生产的法规和制度

种子法规和制度是在特定的历史条件下根据实际需要而产生的强制性规定,是国家行政管理部门对种子产业进行监督和管理的法律依据,也是从事植物品种选育,种子生产、加工、经营、使用等活动时必须遵守的法律和规章。

一、我国的种子法规体系

2000年我国关于种子产业的第一部法律《中华人民共和国种子法》及其配套法规、制度的颁布施行,标志着我国种子法规体系已经基本形成。我国的现行种子法规体系主要由国家行政法规、行业部门行政法规和地方性行政法规组成。

（一）国家行政法规

指由全国人大和国务院颁布的法律和规章,包括《中华人民共和国种子法》（2000年7月8日第九届全国人民代表大会常务委员会第16次会议通过）、《植物新品种保护条例》（1997年3月20日国务院第213号令发布）和《植物检疫条例》（1983年1月3日国务院发布,1992年5月13日修订发布）。

（二）行业、部门行政法规

指由农业部、林业局及国务院相关部委颁布的行政法规,主要包括《农作物种质资源管理办法》(2003年7月8日农业部以第30号令发布),《主要农作物品种审定办法》、《农作物种子生产经营许可证管理办法》、《农作物种子标签管理办法》、《农作物商品种子加工包装规定》(以上为2001年2月26日农业部分别以第44号、第48号、第49号、第50号令发布),《植物新品种条例实施细则(农业部分)》(1999年6月16日农业部以第13号令发布),《农作物种子南繁工作管理办法》(农业部1997年9月27日发布),《进出口农作物种子(苗)管理暂行办法》(农业部1997年3月28日发布),《植物检疫条例实施细则(农业部分)》(农业部1995年2月25日发布),《农业生物基因工程安全管理实施办法》(农业部1996年7月10日发布),《农作物种子质量纠纷田间现场鉴定办法》(2003年7月8日农业部以第28号令发布),《关于设立外商投资农作物种子企业审批和登记管理的规定》(1997年9月8日农业部、国家计划委员会、对外贸易合作部、国家工商行政管理局联合发布),《农作物种子质量标准》(1996年12月28日国家技术监督局修订发布),等等。

(三)地方性行政法规

指由各省(自治区、直辖市)人大、政府或农(林)业主管部门制定发布的种子规章和规范性文件,如《江苏省种子条例》(2003年12月19日江苏省第十届人民代表大会常务委员会第七次会议通过,自2004年2月1日起施行)、《江苏省农作物新品种审定办法》等。

二、我国种子生产主要法律制度

(一)种质资源保护制度

1. 种质资源保护

国家依法保护种质资源,任何单位和个人不得侵占和破坏种质资源。禁止采集或采伐国家重点保护的天然种质资源,因科研或特殊情况需要时,须经省级以上农业行政主管部门同意。

对种质资源的管理,在不同的国家有不同的规定。美国、加拿大等发达国家认为种质资源是人类共有财富,各国可以自由获得和利用,可以共享。而发展中国家认为其对种质资源拥有主权,获得资源必须是有条件的。我国是发展中国家,对种质资源实行保护制度。《种子法》第十条规定:国家对种质资源享有主权。这应该从两个方面来理解:一是享有主权是对种质资源的有力保护;二是国家主权是针对外交而言的,不影响各科研单位对自己拥有资源的所有权。

2. 种质资源的开发和利用

国家扶持种质资源保护工作和选育、生产、更新、推广使用良种。《种子法》第九条规定:国家有计划地收集、整理、鉴定、登记、保存、交流、利用种质资源,定期公布可供利用的种质资源目录。国家鼓励单位和个人搜集农作物种质资源,搜集者可无偿使用其按规定送交保存的种质资源。

3. 种质资源的对外交流、交换

《种子法》和《植物检疫条例》等法规对种子资源的对外交流、交换做出了相关规定,具

体如下:

(1) 从境外引进种质资源的,要防止境外有危险性的病、虫、杂草以及其他有害生物传入;必须办理引种申报、审批、报检手续,并进行隔离检疫试种。另外,要将适量种子及其说明送所在地的省(直辖市、自治区)农业行政主管部门授权的农业科研、教学单位进行登记和保存。

(2) 向境外提供(包括交换、出售、赠送、援助)农作物种质资源的,须经所在地的省(直辖市、自治区)农业行政主管部门审核,经中国农业科学院品种资源所确认,并报农业部审批。

(二) 新品种选育和审定制度

1. 品种审定制度

《种子法》第十五条规定,主要农作物品种和主要林木品种在推广应用前应当通过国家级或者省级审定;第七十四条(三)规定,主要农作物是指稻、小麦、玉米、棉花、大豆以及国务院农业行政主管部门和省、自治区、直辖市人民政府农业行政主管部门各自分别确定的其他一至二种农作物。农业部在《主要农作物范围规定》中确定了油菜和马铃薯为主要农作物。《江苏省种子条例》中未增加主要农作物的种类。农业部还根据《种子法》制定了《主要农作物品种审定办法》,对品种审定的范围、品种审定机构、报审品种应当具备的条件、品种审定的程序等做了规定。

2. 新品种保护制度

《种子法》第十二条规定:对经过人工培育的或者发现的野生植物加以开发的植物品种,具备新颖性、特异性、一致性和稳定性的,授予植物新品种权,保护植物新品种权人的合法权益。国家鼓励和支持单位和个人从事良种选育和开发,选育的品种得到推广应用的,育种者依法获得相应的经济利益。《种子法》第二十一条还规定:申请领取具有植物新品种权的种子生产许可证的,应当征得品种权人的书面同意。

3. 转基因植物品种安全性控制制度

《种子法》第十四条规定:转基因植物品种的选育、试验、审定和推广应当进行安全性评价,并采取严格的安全控制措施。具体地说,要求在转基因品种研究、开发时,进行风险评估和安全性评价,包括科学研究、中间试验、环境释放和商品化生产的安全性评价。到目前为止,我国已批准转基因棉花、番茄、甜椒和矮牵牛花四种植物进行商品化生产。

(三) 种子生产许可制度

1. 主要农作物商品种子生产实行许可制度

(1) 种子生产许可证的发放机关。《种子法》规定主要农作物杂交种子及其亲本种子、常规种、原种种子的生产许可证,由生产所在地县级人民政府农业行政主管部门审核,省(直辖市、自治区)人民政府农业行政主管部门核发;其他种子的生产许可证,由生产所在地县级以上人民政府农业行政主管部门核发。

(2) 申请种子生产许可证应当具备的条件。一是具有繁殖种子的隔离和培育条件;二是具有无检疫性病虫害的种子生产地点;三是具有与种子生产相适应的资金和生产、检验设施;四是具有相应的专业种子生产和检验技术人员;五是法律、法规规定的其他条件。此外,申请领取具有植物新品种权的种子生产许可证的,应当征得品种权人的书面同意。

根据农业部制定的《农作物种子生产经营许可证管理办法》第六条规定,申请领取种子生产许可证,除具备上述条件外,还需达到如下要求:生产常规种子(含原种)和杂交亲本种子的注册资本为100万元以上,生产杂交种子的注册资本为500万元以上;有种子晒场500m^{2}以上或者有种子烘干设备;有必要的仓储设施;具备经省级以上农业行政主管部门考核合格的种子检验人员2名以上,专业种子生产技术人员3名以上。

(3) 种子生产许可证的效力。种子生产许可证应当注明许可证编号、生产者名称、生产者住所、法定代表人、发证机关、发证时间以及生产种子的作物种类、品种、地点、有效期限等项目。在种子生产许可证有效期限内,许可证注明项目变更的,应当根据《农作物种子生产经营许可证管理办法》第八条规定的程序,办理变更手续,并提供相应证明材料。种子生产许可证的有效期江苏省规定为三年。具有植物新品种权种子的生产许可证的有效期,应根据品种权人同意的期限确定,但不得超过三年;进入品种审定生产试验阶段的种子其生产许可证有效期为一年。

(4) 种子生产许可证的管理。《种子法》规定:禁止伪造、变造、买卖、租借种子生产许可证;禁止任何单位和个人无证或者未按照许可证的规定生产种子;不按规范的行为生产种子的,责令限期改正;生产假冒种子的依法吊销生产许可证。

2. 种子生产行为规范

按照《种子法》有关规定,商品种子生产应当执行种子生产技术规程和种子检验、检疫规程;商品种子生产者应当建立种子生产档案,载明生产地点、生产地块环境、前茬作物、亲本种子来源和质量、技术负责人、田间检验记录、产地气象记录、种子流向等内容。

(四) 种子经营许可制度

1. 种子经营实行许可制度

(1) 实行种子经营许可制度的范围和发放机关。《种子法》规定,除以下四种特例外,其余所有种子经营者必须先取得种子经营许可证,并凭种子经营许可证向工商行政管理机关申请办理或者变更营业执照后,方可经营种子。这四种特例是:一是具有经营许可证的种子经营者在许可证规定的有效区域设立分支机构的;二是受具有经营许可证的种子经营者以书面委托代销其种子的;三是种子经营者专门经营不再分装的包装种子的;四是农民出售自繁自用剩余的常规种子。

种子经营许可证由农业行政主管部门核发。主要农作物杂交种子及其亲本种子、常规种原种种子的种子经营许可证,由种子经营者所在地县级人民政府农业行政主管部门审核,省(直辖市、自治区)人民政府农业行政主管部门核发。实行选育、生产、经营相结合并达到国务院农业行政主管部门规定的注册资本金额的种子公司和从事种子进出口业务的公司的种子经营许可证,由省(直辖市、自治区)人民政府农业行政主管部门审核,国务院农业行政主管部门核发。

(2) 申请种子经营许可证应当具备的条件。根据《种子法》及其配套规章《农作物种子生产经营许可证管理办法》,申请领取主要农作物杂交种子经营许可证的单位和个人,应当具备《种子法》第二十九条规定的条件:具有与经营种子种类和数量相适应的资金及独立承担民事责任的能力;具有能够正确识别所经营的种子、检验种子质量、掌握种子贮藏和保管技术的人员;具有与经营种子的种类、数量相适应的营业场所及加工、包装、贮藏保管设施和检验种子质量的仪器设备;具备法律、法规规定的其他条件。

(3) 种子经营许可证的内容。种子经营许可证应当注明许可证编号、经营者名称、经营者住所、法定代表人、申请注册资本、有效期限、有效区域、发证机关、发证时间、种子经营范围、经营方式等项目。许可证准许经营范围按作物种类和杂交种或原种或常规种子填写,经营范围涵盖所有主要农作物或非主要农作物或农作物的,可以按主要农作物种子、非主要农作物种子、农作物种子填写;经营方式按批发、零售、进出口填写;有效期限为5年;有效区域按行政区域填写,最小至县级,最大不超过审批机关管辖范围,由审批机关决定。

(4) 种子经营许可证的管理。在种子经营许可证有效期限内,许可证注明项目变更的,应当根据《农作物种子生产经营许可证管理办法》规定的程序,办理变更手续,并提供相应证明材料。种子经营许可证期满后需申领新证的,种子经营者应在期满前3个月,持原证重新申请。重新申请的程序和原申请的程序相同。具有种子经营许可证的种子经营者书面委托其他单位和个人代销其种子的,应当在其种子经营许可证的有效区域内委托。此外,根据《种子法》规定,禁止伪造、变造、买卖、租借种子经营许可证,禁止任何单位和个人无证或者未按照许可证的规定经营种子。

2. 种子经营行为规范

(1) 销售的种子应当加工、分级、包装。《种子法》及有关法规规定:销售的种子应当加工、分级、包装,不能加工、包装的除外。大包装或者进口种子可以分装;实行分装的,应当注明分装单位,并对种子质量负责。有性繁殖植物的籽粒、果实,包括颖果、荚果、蒴果、核果以及马铃薯微型脱毒种薯等应当加工、包装后销售;无性繁殖的器官和组织,包括根(块根)、茎(块茎、鳞茎、球茎、根茎)、枝、叶、芽、细胞以及苗和苗木(蔬菜苗、水稻苗、果树苗木、茶树苗木、桑树苗木、花卉苗木)等可以不经加工、包装进行销售。种子加工、包装应当符合国家相关标准或者行业标准。

(2) 销售的种子应附标签。标签是指固定在种子包装物表面及内外的特定图案及文字说明。对于可以不经加工包装进行销售的种子,标签是指种子经营者在销售种子时向种子使用者提供的特定图案及文字说明。农作物种子标签应当标注作物种类、种子类别、品种名称、产地、种子经营许可证编号、质量指标、检疫证明编号、净含量、生产年月、生产商名称、地址及联系方式。根据农业部《农作物种子标签管理办法》,属于下列情况之一的,应当分别按要求加注:

① 主要农作物种子,应当加注种子生产许可证编号和品种审定编号。

② 两种以上混合种子,应当标注"混合种子"字样,标明各类种子的名称及比率。

③ 药剂处理的种子,应当标明药剂名称、有效成分及含量、注意事项;并根据药剂毒性附骷髅或十字骨的警示标志,标注红色"有毒"字样。

④ 转基因种子,应当标注"转基因"字样、农业转移基因生物安全证书编号和安全控制措施。

⑤ 进口种子,应当加注进口商名称、种子进出口贸易许可证书编号和进口种子审批文号。

⑥ 分装种子,应注明分装单位和分装日期。

⑦ 种子中含有杂草种子的,应加注有害杂草的种类和比率。

(3) 应当建立种子经营档案。种子经营者应当建立种子经营档案,注明种子来源、加工、贮藏、运输和质量检测各环节的简要说明及责任人、销售去向等内容。一年生农作物种子的经营档案应当保存至种子销售后2年,多年生农作物种子经营档案的保存期限由国务院农业行政主管部门规定。

(4) 种子广告及调运、邮寄规范。《种子法》规定:种子广告的内容应当符合本法和有关广告的法律、法规的规定,主要性状描述应当与审定公告一致。调运或者邮寄出县的种子应当附有检疫证书。

(五) 种子质量监督制度

1. 种子质量监督部门和机构

《种子法》规定:种子的生产、加工、包装、检验、贮藏等质量管理办法和行业标准,由国务院农业行政主管部门制定;同时,农业行政主管部门负责对种子质量的监督。农业行政主管部门可以委托种子质量检验机构对种子质量进行检验。这个机构必须首先是通过计量认证部门认证的机构,其次是通过有关行政主管部门认证的检验机构。企业的检验机构只能实行内检。种子质量检验机构应当具备下列条件:

(1) 具备承担种子质量检验相应的检测条件和能力,并经省级以上人民政府农业行政主管部门考核合格。

(2) 配备合格的种子检验员。合格的种子检验员应具有相关专业中等专业技术学校毕业及以上文化水平;从事种子检验技术工作三年以上并经省级以上人民政府农业行政主管部门考核合格。种子检验员必须严格按种子检验规程要求检验种子质量并对种子质量检验结果负责。

2. 禁止生产、销售假、劣种子

《种子法》明确规定:禁止生产、经营假、劣种子。

假种子是指以非种子冒充种子或者以此种品种种子冒充他种品种种子或种子种类、品种、产地与标签标注的内容不符的种子。

劣种子包括下列五类:质量低于国家规定的种用标准的种子,质量低于标签标注指标的种子,因变质不能作种子使用的种子,杂草种子的比率超过规定的种子和带有国家规定检疫对象的有害生物的种子。

(六) 植物检疫制度

植物检疫制度是人类在与植物病虫害长期斗争的实践中,形成的保护农业生产安全的一种重要制度,其目的在于通过对流通的植物种子、种苗、繁殖材料以及应检疫的植物产品进行必要的检疫检验,防止危险性病、虫、杂草传播。我国有较为完备的植物检疫法律、法规和规章,如《中华人民共和国进出境动植物检疫法》《植物检疫条例实施细则(农业部分)》和《植物检疫规程》等。在《种子法》中也对植物检疫有明确规定,如在种子经营中要求标签应标注检疫证明编号;调运或者邮寄出县的种子应当附有检疫证书。《种子法》在种子质量

项目 1 了解园艺植物种子生产

方面规定:禁止任何单位和个人在种子生产基地从事病虫害接种试验,种子生产基地要得到检疫部门的确定。

对种子工作而言,植物检疫制度更主要地表现在"种子进出口和对外合作"中。《种子法》明确规定:由农业部或省级农业行政主管部门审批进口的一般性种子及其他繁殖材料,不论是什么种子,也不论以何种方式进口,都应当通过检疫部门审批;进口国家禁止进口的植物种子,即特殊审批材料,由国家检疫总局负责审批。按国家检疫要求,对入境种子进行检疫,合格的签发检疫合格证书;不合格的,签发检疫处理通知单;从境外引进农作物试验用种,应当隔离栽培,收获物也不得作为商品种子销售。

项目小结

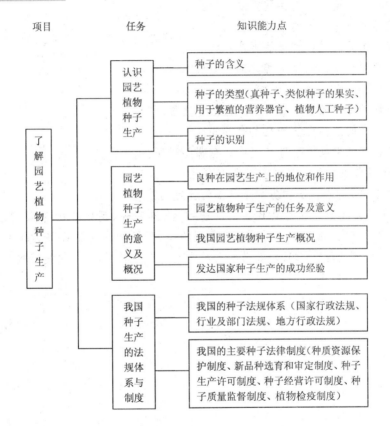

在长期的园艺生产实践中,人们早就认识到了良种是最基本的生产资料,是决定农产品产量和品质的最重要的因素。随着生产条件的不断改善和科技的不断进步,良种在园艺生产中的重要地位和巨大作用也越来越突出。种子生产的根本任务是为品种更新和品种更换提供优质种子。

我国的各级农业科研机构、农业院校的科研机构、大型种子企业的研发机构等,是植物新品种选育的主体;各级各类种子公司建立的特约种子生产基地(包括联户、联乡、联村的大型种子生产基地,联户种子生产基地和专业户种子生产基地,等等)和国有良种繁育基地是农作物种子生产的主体;各级各类种子公司是种子经营的主体;各级政府的农(林)业主管部门是种子行政管理的主体。

我国的种子法规体系由国家行政法规、行业部门行政法规和地方法规组成。我国种子法规体系的法律制度包括种子资源管理法律制度、新品种选育与审定的法律制度、种子生产许可制度、种子经营许可制度、种子质量监督制度、植物检疫制度等。了解种子法规体系,掌握种子行政管理的法律制度,对于从事新品种选育,种子生产、经营和管理等工作具有重要意义。

复习思考

1. 园艺生产上种子的含义是什么?
2. 良种在园艺生产上有哪些重要作用?
3. 园艺植物种子生产的任务是什么?
4. 简述我国园艺植物种子的生产现状。
5. 种子管理的法律制度由哪些部分组成?
6. 《种子法》适用范围是什么?
7. 生产许可证申领条件有哪些?包括哪些程序?
8. 种子生产的法律责任和义务有哪些?
9. 经营许可证申领的条件有哪些?有哪些程序?
10. 种子经营者的法律责任和义务有哪些?
11. 《种子法》对假种子和劣种子是如何界定的?
12. 某省甲县 A 公司从乙县 B 公司调进一批玉米种子,销售给农民,种植后造成减产严重。经有关部门查实,该批种子调运时未办理检疫,标签标注的品种与实际不符。试分析:(1) 该案件应如何处理?(2) 如果当事人对处理决定不服,如何行使救济权?

项目 2 园艺植物新品种选育与引用

 **教学目标**

知识目标：巩固和加深对遗传学主要规律的理解和认识；了解园艺植物的主要品种类型，制定品种选育目标，并通过科学的工作计划，达到选育和改良品种的目的；掌握园艺植物引种的一般规律、程序和方法，并能科学评价各个品种。

能力目标：能根据工作目标，独立开展园艺植物新品种选育或者引种工作；能根据试验结果，筛选出符合市场需求的新、优品种，并按照国家有关法规，申请主要农作物品种审定和非主要农作物品种鉴定。

素质目标：具有实事求是的科学态度、良好的职业道德、不断提高专业技能的进取心和毅力、良好的团队精神、较强的安全保护意识和强烈的服务意识。

 项目任务

1. 了解新品种选育的遗传学基础知识。
2. 选育园艺植物新品种。
3. 园艺植物引种。

获取园艺植物新品种的育种家种子或基础种子是园艺植物种子生产的前提。植物新品种的获取途径主要是两条——自育和引种。我国《植物新品种保护条例》确立了植物新品种权保护制度，大型种子生产企业越来越重视具有自主知识产权的新品种的选育工作，走育、繁、推一体化的发展道路，规模较小的种子企业则主要靠通过购买或引种来获取植物新品种权和基础种子，这些工作在种子企业统称为科研开发。要适应种子企业的科研开发工作，首先须具备必要的遗传学知识，其次要掌握植物新品种选育的知识、方法和能力，同时还应具备对植物新品种进行试验和引种的技术应用能力。

任务1　了解新品种选育的遗传学基础知识

一、遗传、变异与选择

遗传和变异是生物界的普遍现象,这些普遍现象在生物的繁殖过程中表现出来,并推动着生物的不断进化。

(一) 遗传与变异

1. 遗传

人们在长期的农业生产实践中,早就看到了"种瓜得瓜,种豆得豆"这样一种普遍的生物学现象。这种现象的实质是生物通过其繁殖过程,能够把它的种性(即在一定环境条件下,经过个体发育所表现的外部形态特征和内部生理、生化特性)一代一代地传递,保持其相似性;也就是说,生物能够传宗接代。例如,一种瓜无论种植多少代,其后代仍然是瓜,而绝不会变成豆。这种亲代能够繁衍出和自己相似的后代,以及后代不同个体间在种性上的相似现象,就是遗传。

遗传是生物的最基本属性之一。正是有了这种基本属性,生物才能保持相对稳定,也才有今天生物界的芸芸众生。

2. 变异

人们在看到"种瓜得瓜,种豆得豆"这样一种普遍的生物学现象的同时,还看到"一母生九子,九子各不同"的现象。这种现象的实质是亲代与后代以及后代不同个体之间总是存在着不同程度的差异,这种差异就是变异。变异也是生物的基本属性之一。正是因为有了这一属性,才有新物种的不断形成以及生物的进化,才有现在地球上丰富多样的生物世界。

进一步观察发现,有些变异一旦形成,便可以传递下去、保留下来,说明这是由遗传物质发生变化引起的,称为遗传的变异。正是因为变异是可以遗传的,人们才会努力地去寻找对人类有利的变异,并应用于农业生产,于是就有了动、植物育种。育种的过程实质上就是发现、改良和利用遗传的变异的过程。有些变异形成后只能在当代表现,不能传递和保留下来,称为不遗传的变异。例如,长在边行或肥水较好地段的庄稼会"高一头、深一色",但从庄稼上收获的种子下一代再种植在普通地块上,这种变异就会消失,长势、长相与其他庄稼没有区别。这说明这种变异并不是由遗传物质改变引起的,而是由环境条件造成的,一旦造成这种变异的环境条件恢复,变异也就不存在了。区分遗传的变异和不遗传的变异,在植物育种和栽培中具有重要的意义:在育种过程中,育种者期望寻找的变异能够传递下去、保留下来,成为可以利用的新品种,必须利用遗传的变异;在栽培过程中,人们通过改善环境条件来期望提高产量和品质,利用的则是不遗传的变异。区分遗传的变异和不遗传的变异的简单办法就是将此品种连续种植,看这种变异能不能传递下去。如果能够传递下去,说明是遗传的变异;如果不能传递下去(在下一代消失了),说明是不遗传的变异。

3. 遗传和变异的关系

生物的遗传和变异具有两重性。遗传决定生物能够保持种的相对稳定性,而变异则使生物不断变化。遗传使各个物种的种性能够一代一代地传递下去,并且后代仍能保留其祖先的基本特征。但自然界的环境条件是在不断变化着的,如果只有遗传而没有变异,生物就很难适应环境条件的变化,就可能被淘汰。生物要适应自然条件的变化,就必须依靠变异来进行自我创新和完善;但同时,变异产生后,还必须要依靠遗传才能保持下去。可见,遗传和变异是生命物质不断运动、通过繁殖表现出来的现象,是既对立又统一的矛盾的两个方面。遗传孕育着变异,变异依托着遗传。没有变异,生物就会在剧烈变化的环境(自然选择)中被淘汰;没有遗传,生物变异产生的新性状就无法传递下去、保存下来。遗传是相对的、暂时的、有条件的;而变异是绝对的、永恒的、无条件的。生物正是依靠遗传与变异的两重性,使物种在地球上一代又一代地繁衍下来,生生不息,并且不断发展、进化和完善。

（二）选择

遗传、变异和选择是生物进化的三大动力,其中遗传和变异是内因,选择是外因。选择又包括自然选择和人工选择。

自然选择是指在自然条件下,能够适应环境的生物类型便生存下来,繁衍起来,而不适应环境的生物类型则逐渐减少,最后被淘汰的过程,即"适者生存,不适者淘汰"。在自然界,生物总是通过变异来增加自身对外界环境适应的"弹性",但这种变异是随机的和多方向的。有的变异对物种本身有利,有的变异对物种本身则是有害的,那些顺乎自然的有利变异被保留了下来,而不利的变异因为不适应自然条件而被淘汰。这就是不断变化的自然法则对生物的选择作用,也是生物进化的主动力。

人工选择是指按照人类自身的要求,利用自然变异和人工创造的变异类型,从中选择人类所需要的新品种的过程。人工选择可以大大加速物种的进化过程。例如,在自然条件下,由一粒小麦(二倍体小麦)进化到普通小麦(六倍体小麦)大约用了 2 万年,而日本学者木原均在实验室中模拟上述过程仅仅用了十多年时间就完成了,速度快了近两千倍。可以说,人工选择丰富了自然界的生物类型,加速了生物的进化,所以动、植物新品种的选育也称为"人工进化"。人工选择使生物进化是就人类自身利益而言,而从生物本身对自然环境的适应来看却不一定就是进化。例如,无籽西瓜是经过人工选择和培育的三倍体西瓜,不仅提高了西瓜的产量和品质,而且方便了食用,但其无籽性就物种本身而言则是不利的,因为这意味着它丧失了繁殖能力。

二、孟德尔遗传定律

1857 年,孟德尔从当地的市场上买回了 34 个豌豆品种,精心地种植、观察和杂交,并对杂交后代进行统计分析。通过 8 年的豌豆杂交实验,揭示了生物体单一性状的遗传规律,总结出了分离定律和自由组合定律,提出了遗传因子假说。

（一）孟德尔遗传定律的表现

1. 孟德尔观察到的四个现象

（1）性状。即亲代能够传给子代的外部形态特征和内部生理、生化特性的总称。

（2）单位性状。为了研究方便，孟德尔把性状区分为各个单位，这样区分开来的同名器官的性状，称为单位性状。孟德尔观察了7个单位性状：豌豆的花色、子粒的形状、子粒子叶的颜色、植株高度、豆荚形状、未成熟时豆荚的颜色、花的着生部位。

（3）相对性状。孟德尔还观察到单位性状是由相对性状组成的，相对性状是指单位性状的相对差异。例如，豌豆的花色有红花和白花，子粒的形状有圆粒和皱粒，子粒子叶的颜色有黄色和绿色，植株高度有高和矮，豆荚形状有饱满和不饱满，未成熟时豆荚的颜色有绿色和黄色，花的着生部位有腋生和顶生。一些相对性状之间存在显、隐性关系，孟德尔将开红花的豌豆与开白花的豌豆杂交后，发现子代全部开红花，说明红花是显性性状，白花是隐性性状。

（4）真实遗传。孟德尔同时观察到有些性状能真实遗传，有些不能真实遗传。真实遗传是指某个体或品种的性状在自交或姊妹交进行繁殖时，不发生性状分离，表现和亲代一样。例如，开红花的亲本个体或品种自交产生的下一代，所有个体仍然开红花，没有开白花的植株出现。如果自交后代发生了性状分离（如开红花个体的自交后代中既有开红花的植株，又有开白花的植株），就不是真实遗传。

2. 孟德尔所做的工作及发现

（1）在一对性状上的工作和发现。

杂交：孟德尔用具有相对性状差异的两个真实遗传的豌豆品种进行相互杂交（也叫正、反交），结果发现，不论正交还是反交，杂种一代（F_1）都表现一个亲本的性状，即显性性状；另一个亲本的性状在杂种一代未得到表现，即隐性性状。例如，红花亲本（♀）×白花亲本（♂）或白花亲本（♀）×红花亲本（♂），F_1均表现红花性状，即红花对白花为显性。

自交：孟德尔把各个杂交组合的杂种种植后自交（即同花雄蕊的花粉给雌蕊授粉或同一植株不同部位花之间相互授粉），得到杂种二代（F_2），结果发现，两个亲本的性状在杂种二代的群体中均出现了，而且表现显性性状的个体与表现隐性性状的个体的比例接近3∶1（表2-1）。

表2-1 孟德尔的豌豆一对相对性状杂交试验结果

性　状	杂交组合	F_1的表现	F_2的表现		
			显性性状/株	隐性性状/株	比例
花色	红花×白花	红花	705	224	3.15∶1
种子性状	圆粒×皱粒	圆粒	5 474	1 850	2.96∶1
子叶性状	黄色×绿色	黄色	6 022	2 001	3.01∶1
豆荚形状	饱满×不饱满	饱满	882	299	2.95∶1
未熟豆荚色	绿色×黄色	绿色	428	152	2.82∶1
花着生部位	腋生×顶生	腋生	651	207	3.14∶1
植株高度	高茎×矮茎	高茎	787	277	2.84∶1
平　均					2.98∶1

(2) 在两对性状上的工作和发现。

杂交：孟德尔把具有两对相对性状的真实遗传的两个豌豆品种进行正、反交，得到 F_1，结果发现，每对仅表现一个亲本的性状。例如，圆粒黄子叶的豌豆品种与皱粒绿子叶的品种不论正交、反交，杂种一代均为圆粒黄子叶。

自交：孟德尔把得到的杂种一代自交繁殖，得到杂种二代。结果发现，在杂种二代群体内，不仅两个亲本的性状都再现出来，而且还出现两种新类型个体。这些 F_2 的四种类型之间存在着一种数学关系：两个性状均为显性性状的占 9/16，一个显性性状、一个隐性性状的均占 3/16，两个性状均为隐性性状的为 1/16，即呈现 9∶3∶3∶1 的分离比。例如，孟德尔在 15 株杂种一代的自交株上共收获了 556 粒种子，这些种子可分为四种类型：黄色圆粒 315 粒、黄色皱粒 101 粒、绿色圆粒 108 粒、绿色皱粒 32 粒。但就一对相对性状而言，其分离比例仍为 3∶1，如黄子叶∶绿子叶 = (315 + 101)∶(108 + 32) = 416∶140 ≈ 3∶1，圆粒∶皱粒 = (315 + 108)∶(101 + 32) = 423∶133 ≈ 3∶1。

（二）孟德尔遗传定律的解释

孟德尔为了解释他的发现，提出了遗传因子假说，揭示了经典遗传学第一规律和第二规律，即分离定律和自由组合定律。

1. 遗传因子假说

孟德尔提出的遗传因子假说的要点是：

（1）生物的遗传性状是由遗传因子决定的。

（2）每个生物个体的每一种性状都分别由一对遗传因子控制。

（3）每个生殖细胞（花粉或卵细胞）中只含有每对遗传因子中的一个。

（4）每对遗传因子中的一个来自父本的雄性生殖细胞，另一个来自雌性生殖细胞。

（5）形成生殖细胞时，每对遗传因子相互分开（分离），分别进入生殖细胞中去，且形成的各种类型的配子数目相等。

（6）雌、雄配子结合所形成的后代是杂种，但相对遗传因子在杂种中并不融合，而是独立存在的。

（7）雌、雄生殖细胞的结合是随机的，且各种类型个体的成活力大体相当。

2. 分离定律

用上述假说，孟德尔非常容易就解释了他所发现的分离现象（图 2-1）。

P		♀ 红花(CC) × 白花(cc) ♂	
		↓	
F_1		红花(Cc)	
	♂	1/2C	1/2c
♀			
1/2C		1/4CC	1/4cC
1/2c		1/4Cc	1/4cc
F_2	基因型比例：1/4CC（红花）、2/4Cc（红花）、1/4cc（白花）		即：1∶2∶1
	表现型比例：3/4C_（红花）、1/4cc（白花）		即 3∶1

图 2-1 一对相对性状的遗传原理

可见,分离定律的实质是:成对的遗传因子(等位基因)在产生性细胞时,彼此要互不干扰地分离开来,并各自进入到不同的性细胞中去。

3. 自由组合定律

在分离规律的基础上,孟德尔提出了自由组合定律的实质:在形成配子时,等位基因彼此分离,非等位基因独立地自由组合到不同配子中去。由于非等位基因是独立遗传的,所以自由组合定律也称为独立分配规律。例如,亲本的基因型为AaBb,在产生配子时,A 和 a 及 B 和 b 要彼此分离,同时 A 及 a 可以分别和 B 及 b 自由组合,分别形成 AB、Ab、aB、ab 等 4 种雌、雄配子(图 2-2)。

黄子叶、圆子粒(AABB)×绿子叶、皱子粒(aabb)
↓
黄子叶、圆子粒(AaBb)
↓⊗

♀ \ ♂	1/4AB	1/4Ab	1/4aB	1/4ab
1/4AB	1/16AABB	1/16AABb	1/16AaBB	1/16AaBb
1/4Ab	1/16AABb	1/16AAbb	1/16AaBb	1/16Aabb
1/4aB	1/16AaBB	1/16AaBb	1/16aaBB	1/16aaBb
1/4ab	1/16AaBb	1/16Aabb	1/16aaBb	1/16aabb
基因型及比例:	1/16AABB 2/16AaBB 2/16AABb 4/16AaBb	1/16AAbb 2/16Aabb	1/16aaBB 2/16aaBb	1/16aabb
表现型及比例:	9/16A_B_ 黄、圆	3/16A_bb 黄、皱	3/16aaB_ 绿、圆	1/16aabb 绿、皱

图 2-2 两对相对性状的遗传原理

(三) 孟德尔遗传定律的验证

孟德尔在进行实验的基础上提出了遗传因子假说,他还同时设计了测交和自交实验,来验证其假说。

1. 分离定律的验证

(1) 测交法。孟德尔用隐性纯合亲本与 F_1 进行杂交(测交),用以测定 F_1 个体的基因型。由于隐性性状亲本的基因型是同质结合且已知,它只能产生一种带隐性基因的配子,因此根据子代的表现型及比例就可以推断 F_1 的基因型。孟德尔发现,测交后代出现了性状分离,显性性状和隐性性状的个体比约为 1∶1,因此他推断 F_1 一定是产生了 1∶1 的两种配子,其中一个带显性基因,一个带隐性基因,说明 F_1 确实产生了 1∶1 的两种配子。

(2) 自交法。孟德尔还从 F_2 开始,分别按不同表现的杂种后代进行自交繁殖,探索不同表现的杂种后代的分离情况。结果发现,F_2 表现显性性状的所有植株产生的 F_3 中,有的不发生性状分离,仍表现显性性状;有的则又发生分离,分离比为 3∶1;且分离与不分离株系的比例为1:2。F_2为隐性性状的植株,其后代仍为隐性性状。例如,把在F_1植株上共收获的519粒黄子叶的种子(F_2),自交繁殖杂种三代(F_3),结果不发生分离全结黄子叶种子的植株为116株,发生3:1分离的植株为353株,二者的比例约为1:2;F_2为绿子叶的植株,其后代全部为绿子叶。孟德尔用这种方法一直繁殖到F_6。根据上述结果,孟德尔得出结论:F_2群体中表现显性性状的个体中有1/3是纯合体,另外2/3为杂合体,从而反证了其推断是正确的。

2. 自由组合定律的验证

(1)测交法。和验证分离规律一样,孟德尔把得到的杂种一代与双隐性亲本进行回交,且进行了正、反交。结果发现,不仅双亲的类型再现,而且还出现两种新类型。这和F_2的分离一致,但与自交F_2不同的是比例不同,为1:1:1:1。例如,将黄子叶圆粒的F_1与绿子叶皱粒的亲本进行回交,回交一代(BC_1)出现的植株类型及数目为黄子叶圆粒31、黄子叶皱粒27、绿子叶圆粒26、绿子叶皱粒26,近似1:1:1:1。由此他推断,杂种F_1形成了4种类型的配子,其中两种是亲本型的,两种是自由组合产生的,且比例相等,从而验证了他的解释是正确的。

(2)自交法。孟德尔把得到的F_2种子按种类进行自交繁殖,得到F_3(表2-2)。

表2-2 F_2四种类型的F_3表现

F_2表现型	F_3分离情况	实测株数	比例	推断基因型
黄子叶圆粒 (A_B_)	全部黄子叶圆粒,不分离	38	1	AABB
	黄子叶,圆粒:皱粒=3:1	60	2	AABb
	圆粒,黄子叶:绿子叶=3:1	65	2	AaBB
	黄圆:黄皱:绿圆:绿皱=9:3:3:1	138	4	AaBb
黄子叶皱粒 (A_bb)	全部黄子叶皱粒	28	1	AAbb
	皱粒,黄子叶:绿子叶=3:1	68	2	Aabb
绿子叶圆粒 (aaB_)	全部绿子叶圆粒	35	1	aaBB
	绿子叶,圆粒:皱粒=3:1	67	2	aaBb
绿子叶皱粒 (aabb)	全部绿子叶皱粒	30	1	aabb

根据上述结果,孟德尔推断出了F_2的4种表现型个体的基因型的类型及比例,从而进一步验证了他自己的解释。

(四)孟德尔遗传定律的性质和细胞学原理

1. 几组概念

(1)等位基因、非等位基因和复等位基因。孟德尔认为,在体细胞中遗传因子(即基因)是成对存在的,它们分别来自父母双方。后来证明基因是位于染色体上的,而染色体在体细胞中总是成对存在的,成对存在的染色体其形态结构和遗传背景相同,称为同源染色体。在遗传学上把位于一对同源染色体上的相同位点上的控制同一对相对性状的基因称为等位基因;而位于不同基因位点上的不同基因,互称为非等位基因。多数等位基因是成对的,即其成员只有2

个,但也有一些等位基因的成员在3个或3个以上,称为复等位基因。例如,控制人类血型的基因有I^A、I^B和i等3个成员,控制烟草自交不亲和的基因有S_1、S_2、S_3等15个成员。

(2) 显性基因和隐性基因。相对性状有显、隐性关系,控制它们的等位基因也有显性基因和隐性基因之分。遗传学上把控制显性性状的基因称作显性基因,用大写的英文字母表示;同时把控制隐性性状的基因称为隐性基因,用小写英文字母表示。

(3) 基因型和表现型。基因型即生物体内在的遗传(基因)组成,是决定生物性状表现的内在因素。某个个体的某一位点上的基因总是由两个成员组成的,若这两个成员相同(即同质结合),则称为纯合基因型,如CC或cc,该个体也称为纯合体;若某一基因位点上的两个成员不同(即异质结合),则称为杂合基因型,如Cc,该个体也称为杂合体。纯合体的后代个体也是纯合体,且个体的基因型都是相同的纯合基因型,若它们所处的外界环境一样,个体间表现型也一致,不会发生分离,表现真实遗传。由一个基因型纯合的个体繁衍形成的后代群体,称为纯系。而杂合体的后代个体间的基因型不完全相同,因而性状表现(表现型)也不一样,即会出现性状分离,表现不真实遗传。在遗传研究上,我们根据某个生物个体在上、下代的性状表现,就可以判断其是纯合体还是杂合体。若亲代和子代之间表现型相同,即性状不分离,说明是纯合体;若亲代和子代表现型不同,即出现性状分离,说明是杂合体。这也是孟德尔发明的最简单有效的基因型观测方法。表现型指生物体的外在性状表现,即一定的基因型在一定的环境条件下,经过个体发育,最后在机体上所表现出来的具体性状。表现型是基因型的具体体现,是性状表现可能性的实现。由基因型到表现型的过程是基因表达的过程,在这个过程中外界条件是不能缺少的,且这种表达的过程是在个体发育过程中逐渐实现的。

2. 孟德尔遗传定律的性质

(1) 单基因质量性状的遗传。质量性状的特点是性状与性状之间差异明显,非此即彼,泾渭分明;性状与基因之间是一一对应关系,一对相对性状仅由一对基因控制。孟德尔所研究的7对相对性状都是由单基因控制的质量性状,因此孟德尔遗传定律是由单基因控制的质量性状的遗传规律。

(2) 各对等位基因分别被载于不同对的同源染色体上。孟德尔研究的控制各对相对性状的等位基因,分别位于不同对的同源染色体上,就是说有几对基因,就由几对同源染色体分别载荷它们。位于不同对同源染色体上的各对等位基因之间彼此独立,互不干扰,即属于独立基因。

3. 孟德尔遗传定律的细胞学原理

(1) 同源染色体分离引起等位基因分离。在减数分裂形成配子的时候,成对的等位基因会随着同源染色体的分离而分离,分别进入不同的雌、雄配子中去,从而形成两种不同的配子,这正是分离规律的细胞学实质。

(2) 同源染色体和非同源染色体的不同排列,引起非等位基因重组。在减数分裂后期Ⅰ同源染色体彼此分离后移向两极时,非同源染色体怎样联合在一起向某一极移动是随机的。这种非同源染色体随机组合的机会是2^n(n是同源染色体的对数),因此就有2^n种非同源染色体的组合方式,也就能产生2^n种不同配子。这正是自由组合定律的细胞学实质(图2-3)。根据上述原理,也可总结归纳出多对相对性状的遗传规律(表2-3)。

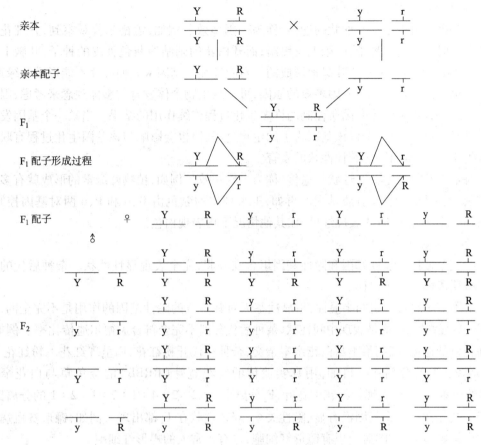

图 2-3　自由组合规律的细胞学原理

表 2-3　杂种杂合基因对数与 F_2 表现型和基因型种类的关系

杂合体所含杂合基因对数	杂种配子种类	配子可能组合	自交后代表现型种类	自交后代表现型分离比例	自交后代基因型种类	自交后代基因型分离比例	用隐性亲本回交的群体表现型种类数	用隐性亲本与杂种回交后代分离比
1	2	4	2	3：1	3	1：2：1	2	1：1
2	4	16	4	9：3：3：1	9	1：2：2：4：1：2：1：2：1	4	1：1：1：1
…	…	…	…	…	…	……	…	…
n	2^n	4^n	2^n	$(3：1)^n$	3^n	$(1：2：1)^n$	2^n	$(1：1)^n$

（五）孟德尔遗传定律的发展

孟德尔遗传定律被重新揭示以后,许多人纷纷重复其实验,其中有的结果与他相同,有的则不同,甚至有人怀疑孟德尔遗传定律的正确性。后来发现,孟德尔遗传定律是有条件的,如果不符合这些条件,就可能产生其他不同的结果,但这并不是否定孟德尔遗传定律,而是对孟德尔遗传定律的补充和发展。

1. 一因多效和多因一效

一对基因同时控制多对性状的遗传,称为一因多效。例如,孟德尔曾观察到,开红花的豌豆植株同时结灰色的种子,叶腋上有黑瓣;而开白花的则结淡灰色种皮的种子,叶腋上没有黑瓣。再如,控制玉米叶片叶绿素形成的一对隐性纯合基因ww,使叶片不能形成叶绿素,其他性状也不能表现。产生一因多效的原因,可以从生物个体发育的整体观念来考虑,因为一个性状的发育是由许多基因所控制的许多生化过程连续作用的结果。当某一个基因发生变化时,虽然只会改变一个以该基因为主的生化过程,但也会影响与该基因生化过程有联系的其他生化过程,从而影响其他性状的发育。

几对基因共同决定一对性状的遗传,称为多因一效。例如,植物叶绿素的形成就有多对基因控制,既有核基因,又有质基因。再如,玉米种皮的颜色由 B、b 和 P、p 两对基因控制,只有在基因型为 B_P_时才表现红色,在其他情况下均表现白色。

2. 等位基因互作

(1) 完全显性。显性基因和隐性基因组合在一起,完全表现显性性状。杂种后代的分离完全遵循孟德尔遗传定律。

(2) 不完全显性。也叫半显性,指显性基因对其等位的隐性基因的作用是不完全的,杂合体不表现显性性状,而是表现中间性状,杂种后代分离不完全符合孟德尔遗传比率。例如,紫茉莉花色的遗传,红花亲本与白花亲本杂交,杂种一代开粉红花,F_2 呈现红花:粉红花:白花 =1:2:1 的分离比。再如,用真实遗传的红花宽叶(RRBB)的金鱼草与白花窄叶(rrbb)的亲本杂交,F_1 表现粉红花中宽叶,F_2 分离出 1:2:2:4:1:2:1:2:1 的分离比。

(3) 共显性。等位基因没有显、隐性关系,双亲性状在 F_1 都出现。例如,镰形贫血病人和正常人结婚,其子女的血液里有镰形红细胞,也有正常人的蝶形红细胞。

3. 非等位基因互作

两对非等位基因共同控制一对相对性状的遗传,主要有 5 种类型:

(1) 互补作用。只有在两个基因位点上都有显性基因时才表现显性性状,其他情况下则表现隐性性状,F_2 表现 9:7 的遗传比率。例如,两个开白花的香豌豆杂交后,F_1 表现开红花,F_2 有 9/16 植株开红花,7/16 植株开白花,遗传比率为 9:7(图 2-4)。

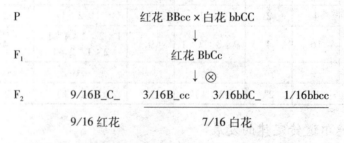

图 2-4 非等位基因的互补作用

(2) 积加作用。两种基因同时存在时表现一种性状,单独存在时表现另一种性状,都不存在时又表现一种性状。如两个纯种圆球形南瓜杂交,F_1 为扁圆形,F_2 扁圆形:圆形:长圆形为 9:6:1(图 2-5)。

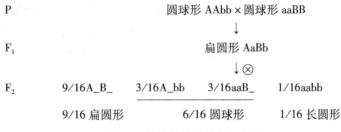

P　　　　　　　　圆球形 AAbb × 圆球形 aaBB
　　　　　　　　　　　　　↓
F₁　　　　　　　　　　扁圆形 AaBb
　　　　　　　　　　　　　↓⊗
F₂　　　9/16A_B_　　3/16A_bb　　3/16aaB_　　1/16aabb

　　　　9/16 扁圆形　　　　6/16 圆球形　　　　1/16 长圆形

图 2-5　非等位基因的积加作用

（3）重叠作用。两种基因同时存在和单独存在时表现同一种性状，都不存在时表现另一种性状。例如，用结三角形蒴果和结卵圆形蒴果的荠菜杂交，F₁ 为三角形，F₂ 三角形和卵圆形比率为 15∶1（图 2-6）。

P　　　　　　　三角形 T₁T₁T₂T₂ × 卵圆形 t₁t₁t₂t₂
　　　　　　　　　　　　↓
F₁　　　　　　　　　三角形 T₁t₁T₂t₂
　　　　　　　　　　　　↓⊗
F₂　　9/16T₁_T₂_　　3/16T₁_t₂t₂　　3/16 t₁t₁T₂_　　1/16 t₁t₁t₂t₂

　　　　　　15/16 三角形　　　　　　　　1/16 卵圆形

图 2-6　非等位基因的重叠作用

（4）上位作用。一对基因对另一对基因的表现起遮盖作用，即称为上位作用；起遮盖作用的基因称为上位基因。上位基因不仅能对另一对基因起遮盖作用，而且其本身也能决定性状的表现。如果起上位作用的基因是显性基因，则称为显性上位作用；如果起上位作用的基因是隐性基因，则称为隐性上位作用。例如，有人用一个白皮纯种和一个绿皮纯种西葫芦杂交，F₁ 为白皮，F₂ 白皮、黄皮和绿皮呈现 12∶3∶1 的分离比（其中 W 为上位基因）。再如，将纯种黑毛老鼠和纯种白化体老鼠杂交，F₁ 为刺鼠，F₂ 出现刺鼠、黑毛鼠和白化鼠三种鼠，比率为 9∶3∶4（其中 cc 为上位基因，图 2-7）。

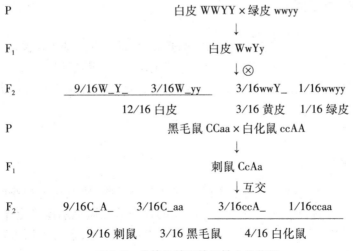

P　　　　　　　　白皮 WWYY × 绿皮 wwyy
　　　　　　　　　　　　↓
F₁　　　　　　　　　　白皮 WwYy
　　　　　　　　　　　　↓⊗
F₂　　9/16W_Y_　　3/16W_yy　　3/16wwY_　　1/16wwyy

　　　　　　12/16 白皮　　　3/16 黄皮　　1/16 绿皮

P　　　　　　　黑毛鼠 CCaa × 白化鼠 ccAA
　　　　　　　　　　　　↓
F₁　　　　　　　　　　刺鼠 CcAa
　　　　　　　　　　　　↓互交
F₂　　9/16C_A_　　3/16C_aa　　3/16ccA_　　1/16ccaa

　　　9/16 刺鼠　　3/16 黑毛鼠　　4/16 白化鼠

图 2-7　非等位基因的显性上位作用

(5) 抑制作用。一种基因本身并不独立地表现性状,但能抑制另一种基因的表现,这种基因称为抑制基因,这种现象称为抑制作用。例如,两个真实遗传的绿叶水稻品种进行杂交,F_1 表现绿叶稻,F_2 既有绿叶也有紫叶,比率接近 13∶3(其中 I 为抑制基因,图 2-8)。

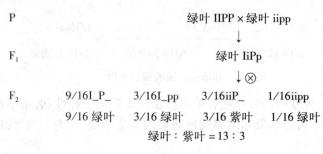

图 2-8 非等位基因的抑制作用

(六)孟德尔遗传定律的意义

1. 理论意义

孟德尔遗传定律揭示了独立遗传的基因分离及在基因分离基础上的非等位基因自由组合规律,进而从一个角度揭示了引起生物体变异的原因。

2. 指导育种实践和种子生产

(1)根据孟德尔遗传定律,可以有效地选择育种的亲本材料(优、缺点互补),提高育种工作的效率。

(2)根据孟德尔遗传定律,可以估算杂种后代群体某种基因型个体的遗传比率和育种规模(杂种后代群体大小)。

(3)根据孟德尔遗传定律,可以指导种子生产,如必须通过采取严格的隔离措施来防止天然异交引起的生物学混杂,从而提高种子的纯度;杂交制种时,双亲必须高度纯合,才能保证杂交种具有强大的杂种优势。

三、连锁遗传定律

美国学者摩尔根,在对果蝇进行大量研究的基础上,进一步验证了孟德尔遗传定律——分离定律和自由组合定律,同时还发现了新的遗传定律——连锁遗传定律,从而丰富和发展了经典遗传学的内容。分离定律、自由组合定律和连锁遗传定律也被称为经典遗传学的三大定律。

(一)连锁遗传的表现

1. 不完全连锁

1906 年,贝特生和潘耐特用香豌豆作试材进行杂交试验,研究花色和花粉粒形状的遗传。结果发现,尽管 F_1 的表现及 F_2 分离出表现型的种类数和孟德尔遗传定律无异,但遗传比例却与孟德尔遗传定律不符。具体试验结果见表 2-4。此外,还有人用玉米进行杂交试验,相关结果见表 2-5。

上述实验结果都是连锁遗传的表现,且属于不完全连锁,其主要特征是:
(1)就一对相对性状来说,仍符合分离规律。例如,在上述相引组中:
紫花∶红花=(4 831+390)∶(393+1 338)=5221∶1 731≈3.02∶1
长花粉粒∶圆花粉粒=(4 831+393)∶(390+1 338)=5224∶1 728≈3.02∶1

表2-4 香豌豆的遗传实验结果

组别	相引组(双显性组合)试验					相斥组(单显性组合)试验				
P	紫花、长花粉粒 PPLL × 红花、圆花粉粒 ppll					紫花、圆花粉粒 PPll × 红花、长花粉粒 ppLL				
	↓					↓				
F_1	紫花、长花粉粒 PpLl					紫花、长花粉粒 PpLl				
	↓⊗					↓⊗				
F_2	紫、长 P_L_	紫、圆 P_ll	红、长 ppL_	红、圆 ppll	总数	紫、长 P_L_	紫、圆 P_ll	红、长 ppL_	红、圆 ppll	总数
实际数	4 831	390	393	1 338	6 952	226	95	97	1	419
理论数	3 910.5	1 303.5	1 303.5	434.5	6 952	235.8	78.8	78.8	26.2	419

表2-5 玉米杂交实验结果(1)

组别	相引组(双显性组合)试验					相斥组(单显性组合)试验				
P	有色饱满 CCShSh × 无色凹陷 ccshsh					有色、凹陷 CCshsh × 无色、饱满 ccShSh				
	↓					↓				
F_1	有色饱满 CcShsh × 无色凹陷 ccshsh					有色、饱满 CcShsh × 无色、凹陷 ccshsh				
						↓				
ts_1	有色饱满 CcShsh	有色凹陷 Ccshsh	无色饱满 ccShsh	无色凹陷 ccshsh	总数	有色饱满 CcShsh	有色凹陷 Ccshsh	无色饱满 ccShsh	无色凹陷 ccshsh	总数
实际数	4032	149	152	4 035	4 268	638	21 379	21 966	672	44 595
%	48.2	1.8	1.8	48.2	100	1.47	48.53	48.53	1.47	100

(2)亲本类型个体多于理论数,重组类型个体数少于理论数。
相引组:亲本类型个体数/总个体数 =(4 831+1 338)/6 952=88.7%>10/16
　　　　重组类型个体数/总个体数 =(390+393)/6 952=11.3%<6/16
相斥组:亲本类型个体数/总个体数 =(95+97)/419=45.8%>6/16
　　　　重组类型个体数/总个体数 =(226+1)/419=54.2%<10/16
(3)亲本型配子多于50%,重组型配子少于50%。
从上述杂交试验的结果看,杂种产生的四种配子不是1∶1∶1∶1的比例关系,而是a∶a∶b∶b的比例,且亲本型配子明显多于50%,重组型配子明显少于50%。

2. 完全连锁
实验中玉米植株颜色有红色和绿色的差异,红色对绿色为显性;子粒糊粉层的颜色有红色和白色的差异,红色对白色为显性(表2-6)。

表2-6　玉米杂交实验结果(2)

组别	相引组(双显性组合)		相斥组(单显性组合)		
P	红株、红糊粉层 × 绿株、白糊粉层		红株、白糊粉层 × 绿株、红糊粉层		
	↓		↓		
F_1	红株、红糊粉层		红株、红糊粉层		
	↓		↓		
F_2	红株、红糊粉层	绿株、白糊粉层	红株、白糊粉层	红株、红糊粉层	绿株、红糊粉层
比例	3/4	1/4	1/4	2/4	1/4

(二)连锁与交换的遗传机制

由上面的试验结果可见,决定某两对性状的两对非等位基因,在向下传递的过程中,既有连锁不分离的一面,又有分离而发生重组的一面。这是因为:

1. 单基因控制的遗传

对于连锁遗传来说,基因与性状的关系,也是单基因控制的遗传,就是几对相对基因分别控制几对相对性状的遗传,这和孟德尔遗传定律是一致的。

2. 连锁——控制各对性状的非等位基因位于一对同源染色体上

任何一种生物的染色体数目都是大大少于基因数目的,因此一条染色体上必然载有很多基因。被载于同一对染色体上的非等位基因称为连锁基因,这些连锁基因在减数分裂形成配子的过程中,随其载体染色体一并进入某个性细胞中去。这就是基因和性状连锁的原因所在。

3. 交换——重组型配子产生的原因

在减数分裂前期Ⅰ时,二价体内部非姊妹染色单体之间可能发生交换,这是重组型配子产生的机理。由于不可能每一个二价体内部都一定发生交换,且即使发生了交换,也不一定都发生在我们所观察的基因区间内,所以重组型配子数总是少于50%,而亲本型配子数总是多于50%。

另外,交换的发生与基因之间的相对距离关系密切,即距离越大,交换发生的可能性也越大,产生的重组型配子也越多;反之,交换发生的概率就越小,产生的重组型配子也越少。若我们所观察的两个基因之间距离很近,以至于交换几乎不可能发生在这两个基因区间内,就没有重组型配子产生,这种情况称为完全连锁(图2-8)。有交换发生和重组型配子产生的情况则称为不完全连锁(图2-9)。

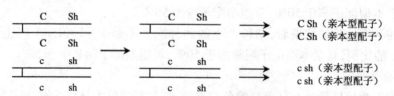

图2-8　完全连锁遗传原理示意图

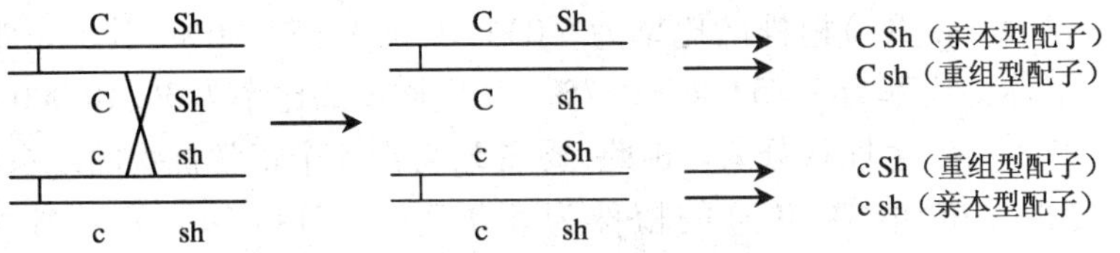

```
C  Sh          C  Sh              C Sh（亲本型配子）
                                  C sh（重组型配子）
C  Sh          C  sh
c  sh          c  Sh              c Sh（重组型配子）
                                  c sh（亲本型配子）
c  sh          c  sh
```

图 2-9 不完全连锁遗传原理示意图

（三）交换值及其测定

1. 交换值的概念

交换值即重组率，是指重组型配子数占总配子数的百分率。

$$交换值(\%) = \frac{重组型配子数}{总配子数} \times 100\%$$

2. 交换值的测定及计算

（1）杂交（测交）法。将两个纯合亲本杂交后，再将杂种与双隐性亲本进行测交，根据测交后代重组型个体数占总个体数的比率来计算交换值。

$$交换值(\%) = 重组型配子数/总配子数 \times 100\%$$
$$= ts_1 重组型个体数/总个体数 \times 100\%$$

例如，上述玉米杂交（测交）试验的交换值如下：

$$相引组：交换值(\%) = ts_1 重组型个体数/总个体数 \times 100\%$$
$$= (149 + 152)/4\ 268 \times 100\% = 3.6\%$$

$$相斥组：交换值(\%) = ts_1 重组型个体数/总个体数 \times 100\%$$
$$= (638 + 672)/44\ 595 \times 100\% = 3.0\%$$

（2）F_2 自交法。例如，根据贝特生的香豌豆杂交试验的结果，计算交换值。

$$相斥组：交换值(\%) = 2 \times \sqrt{F_2 群体内双隐性个体数/F_2 群体总数} \times 100\%$$
$$= 2 \times \sqrt{1/419} \times 100\% = 9.8\%$$

$$相引组：交换值(\%) = 100\% - 2 \times \sqrt{F_2 群体内双隐性个体数/F_2 群体总数} \times 100\%$$
$$= 100\% - 2 \times \sqrt{1\ 338/6\ 952} \times 100\% = 12\%$$

3. 交换值的主要用途

（1）计算杂种产生的配子种类和比例。例如，已知 A、B 连锁，交换值为 10%，计算 $\frac{AB}{ab}$ 基因型个体产生的配子类型及比例：

$$\frac{AB}{ab} \rightarrow 45\%\ \underline{AB}、45\%\ \underline{ab}、5\%\ \underline{Ab}、5\%\ \underline{aB}$$

（2）确定育种规模。例如，番茄中有一种矮生性状（dd）和抗病性状（RR）有较强的连锁遗传关系，交换值为 12%。如用矮生、抗病（ddRR）亲本与正常、感病亲本（DDrr）杂交，计划在 F_3 得到 5 个正常抗病（DDRR）的纯系，问 F_2 群体至少选留多少株正常抗病的植株？F_2 群体应安排多少？

因为交换值为 12%，所以 F_1 产生配子的类型和比例为 44Dr∶44Dr∶6DR∶6dr（表 2-7）。

F_2群体中正常、抗病($D\_R\_$)植株的比率为 5 036/10 000 = 50.36%,其中正常、抗病纯合体(DDRR)占F_2群体的比率为 36/5 036 = 0.7%,占F_2群体的比率为 36/10 000 = 0.36%,该基因型植株的后代不再产生性状分离。由此,要在F_3得到 5 个正常抗病的纯系(DDRR),F_2群体至少应选留正常抗病($D\_R\_$)的植株为 5/0.7% = 714(株),F_2群体大小至少达到 5/0.36% = 1 389(株)。

表 2-7　番茄两对相对性状遗传 F_2 群体中各种类型出现的频率

♂配子及比例 \ ♀配子及比例	dR 44	Dr 44	DR 6	dr 6
dR 44	ddRR 1 936	DdRr 1 936	DdRR 264	ddRr 264
Dr 44	DdRr 1 936	DDrr 1 936	DDRr 264	Ddrr 264
DR 6	DdRR 264	DDRr 264	DDRR 36	DdRr 36
dr 6	ddRr 264	Ddrr 264	DdRr 36	ddrr 36

四、数量性状的遗传规律

孟德尔遗传定律和连锁遗传定律从性质上来说,都是有关质量性状遗传的定律。所谓质量性状即性状与性状之间差异明显,没有难以区分和归类的中间类型,表现不连续变异的性状。这类性状是由主效基因(主基因)控制的,显、隐性关系明显,一个基因的差别,往往会使性状发生质的变化,环境条件对其影响较小或几乎没有影响。但是,生物还有许多性状特别是与农业生产密切相关的经济性状(如植物的株高、生育期长短、果实的大小、产量高低、品质优劣等)并不符合上述特征,性状与性状之间的差异不明显,存在许多中间类型。遗传学上把这类表现连续变异的性状称为数量性状。数量性状的遗传有其特有的特征和遗传规律。

(一)数量性状的遗传特征

1. 数量性状的遗传表现

(1)相同基因型个体间性状的表现呈连续分布。相同基因型的不同个体,其表现型是不同的,往往表现连续变异,我们只能用统计学指标来反映其特征。例如,玉米的穗长为数量性状,其相同基因型的不同个体间穗长是有差异的,我们只能用平均穗长来反映其特征。表 2-8 中第一个亲本(短穗亲本)的平均穗长为 6.63cm,第二个亲本(长穗亲本)的平均穗长为 16.8cm。F_1群体的不同个体间基因型是相同的,但也表现连续的变异,其平均穗长为 12.12cm。

表 2-8　玉米穗长的平均数和标准差　　　　　　　　　　（单位：cm）

穗长	5	6	7	8	9	10	11	12	13	14	15	16	17	18	19	20	21	N	$\bar{X}$	S	V
短穗亲本	4	21	24	8														57	6.632	0.816	0.666
长穗亲本									3	11	12	15	26	15	10	7	2	101	16.802	1.887	3.561
F_1					1	12	14	17	9	4								69	12.116	1.519	2.307
F_2			1	10	14	26	47	73	68	68	39	25	15	9	1			401	12.888	2.252	5.072

(2) F_1 及 F_2 的遗传表现。两个具有相对数量性状真实遗传的亲本杂交，F_1 性状的表现介于双亲之间，不存在明显的显、隐性关系；F_2 出现的各种类型呈正常态分布曲线，群体的平均值与 F_1 相近，也表现双亲的平均值，但变异系数更大。F_2 群体中可能分离出两种极端类型，极端类型个体占 F_2 群体的频率为 $1/4^n$（n 为杂合基因的对数）。

(3) 对环境条件的反应敏感。相同基因型的个体往往因温、光、水、肥等不同环境条件的影响而发生数量上的差异。例如，在双亲均为纯种的前提下，不论是父本、母本还是 F_1，其不同个体之间的基因型都是相同的，其表现型却存在一定程度的差异，这是环境造成的。F_2 基因型发生了分离，不同个体间的表现差异则既有基因型的差异又有环境造成的差异，二者交织在一起，不易区分。

2. 数量性状与质量性状的关系

数量性状与质量性状既有区别，又有联系。数量性状表现连续变异，质量性状表现不连续变异，二者区别是明显的。但事实上，任何生物的性状都有质和量两个方面，只是在一定条件下质和量表现出一定的主次关系而已。对于质量性状，如果仔细观察或应用更精密的手段进行分析，同样可以发现在数量上的差别。例如，一般认为玉米子粒的颜色是质量性状，但黄色子粒的黄色程度也随基因数目的多少而有差别，三个显性基因（YYY）时胚乳颜色最深，两个显性基因（YYy）时次之，一个显性基因（Yyy）时最浅，无显性基因（yyy）时为白色，所以白色和黄色之间并不是截然分明的。

（二）数量性状的遗传原理

1. 微效多基因假说

1908 年瑞典学者 Nilson-Ehle H 在研究小麦子粒颜色遗传时，发现了数量性状遗传现象，并在此基础上提出了微效多基因假说。

(1) 小麦颜色实验。Nilson-Ehle 用红粒小麦与白粒小麦杂交，发现存在以下三种情况（图 2-10）：

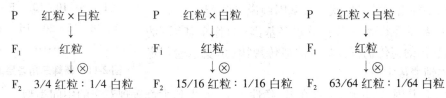

图 2-10　小麦粒色遗传实验

进一步研究发现,在小麦中存在 3 对与种皮颜色有关但作用相同的基因,其遗传原理是:3 对基因中的任何一对在单独分离时都能产生 3∶1 的比率;当亲本间仅有一对基因存在差异时,F_1 为淡红色,F_2 表现为中红色∶淡红色∶白色 = 1∶2∶1;当亲本间仅有两对基因存在差异时,F_1 为中红色,F_2 表现为深红色∶中深红色∶中红色∶淡红色∶白色 = 1∶4∶6∶4∶1;当亲本间仅有三对基因存在差异时,F_1 为中深红色,F_2 表现为最暗红∶暗红∶深红∶中深红∶中红∶淡红∶白色 = 1∶6∶15∶20∶15∶6∶1。即:

亲本间有一对基因的差别:　　中红色　　　×　　　白色
　　　　　　　　　　　　　$R_1R_1r_2r_2r_3r_3$　↓　$r_1r_1r_2r_2r_3r_3$
　　　　　　　　　　　　　淡红色 $R_1r_1r_2r_2r_3r_3$
　　　　　　　　　　　　　　　↓⊗
　　　　　　　　　　　　中红色　　淡红色　　白色
　　　　　　　　　　$R_1R_1r_2r_2r_3r_3$　$R_1r_1r_2r_2r_3r_3$　$r_1r_1r_2r_2r_3r_3$
　　　　　　　　　　　　1/4　　∶　2/4　　∶　1/4

亲本间有两对基因的差别:　　深红色　　　×　　　白色
　　　　　　　　　　　　　$R_1R_1R_2R_2r_3r_3$　↓　$r_1r_1r_2r_2r_3r_3$
　　　　　　　　　　　　中红色 $R_1r_1R_2r_2r_3r_3$
　　　　　　　　　　　　　　　↓⊗
　　　　　　　深红色　中深红色　中红色　淡红色　白色
　　　　　　　　4R　　3R　　　2R　　　1R　　0R
　　　　　　　1/16　4/16　　6/16　　4/16　1/16

亲本间有三对基因的差别:　　最暗红色　　　×　　　白色
　　　　　　　　　　　　　$R_1R_1R_2R_2R_3R_3$　↓　$r_1r_1r_2r_2r_3r_3$
　　　　　　　　　　　　中深红色 $R_1r_1R_2r_2R_3r_3$
　　　　　　　　　　　　　　　↓⊗
　　　　最暗红　暗红　深红　中深红　中红　淡红　白色
　　　　　6R　　5R　　4R　　3R　　2R　　1R　　0R
　　　　1/64　6/64　15/64　20/64　15/64　6/64　1/64

上述实验结果的各种表现型比率符合二项式 $(1/2 + 1/2)^{2n}$(n 为基因对数)展开后的各项系数,其中:分子是杨辉三角 $2n+1$ 层的系数(图 2-11),共同的分母为 4^n;两种极端类型是亲本类型,所占 F_2 群体的频率为 $(1/4)^n$。

(2) 微效多基因假说的要点。Nilson-Ehle 根据上述实验结果提出了数量性状的多基因假说,其要点是:

① 数量性状受一系列微效多基因(简称多基因)的支配,它们的遗传仍符合基本的遗传规律(孟德尔遗传定律或连锁遗传定律)。

② 多基因之间通常不存在显、隐性关系,因此 F_1 大都表现双亲的中间类型。

```
              1
             1 1
            1 2 1
           1 3 3 1
          1 4 6 4 1
         1 5 10 10 5 1
        1 6 15 20 15 6 1
              ......
```

图 2-11　杨辉三角各层的系数

③ 多基因的效应相等,而且彼此间的作用是累加作用(算术级数累加或几何平均数累加),后代的分离表现为连续变异。

④ 多基因对外界环境比较敏感,数量性状易受环境条件的影响而发生变化。

⑤ 有些数量性状受一对或少数几对主基因的支配,还受一些修饰基因的影响,使性状表现的程度受到修饰。例如,牛的毛色花斑是由一对隐性基因控制的,花斑的大小则受一组修饰基因的影响。

2. 多基因效应的累加方式及基因数估计

(1) 多基因效应的累加方式。微效多基因的效应有累加作用,但不同生物的不同性状、同一生物的同一性状在不同的发育阶段,基因效应的累加方式有所不同,主要有算术级数累加和几何平均数累加两种方式。

算术级数累加。在这种累加方式中,F_1 表现为两个亲本的平均数;在以后的世代中,不同基因型值是由基因效应的加减关系决定的。例如,用平均果重为 100g($a_1a_1a_2a_2a_3a_3$)的黄瓜植株与平均果重为 220g($A_1A_1A_2A_2A_3A_3$)的黄瓜植株杂交,F_1 平均果重为 160g($A_1a_1A_2a_2A_3a_3$),F_2 的平均果重分别为 220g(6A)、200g(5A)、180g(4A)、160g(3A)、140g(2A)、120g(1A)和 100g(0A),其比率分别为 1/64、6/64、15/64、20/64、15/64、6/64 和 1/64。

几何平均数累加。F_1 表现型值 = $\sqrt{\text{甲亲本表现型值} \times \text{乙亲本表现型值}}$;在以后的世代中,累加值 = $\sqrt[n]{F_1 \text{表现型值}/\text{基本值}}$。例如,用株高为 74cm 的亲本($A_1A_1A_2A_2$)与株高为 2cm 的矮亲本($a_1a_1a_2a_2$)杂交,$F_1$ 为 $\sqrt{74 \times 2} = 12.2$,累加值 = $\sqrt{12.2/2} = 2.47(n=2)$,$F_2$ 各种表型值分别为 2cm、$2 \times 2.47 = 4.9$(cm)、$2 \times 2.47^2 = 12.2$(cm)、$2 \times 2.47^3 = 30.1$(cm)、$2 \times 2.47^4 = 74.2$(cm)。

(2) 基因数的估算。若某一性状受 n 对独立基因控制,则 F_2 极端类型的比率为 $(1/4)^n$,根据 F_2 极端类型的比率就可以估算独立基因的对数。例如,F_2 极端类型的比率为 1/256 时,则 $n=4$。

但在实际应用时,由于影响数量性状的基因数目很多,极端类型的比率就很低,甚至不容易获得极端类型,加上环境条件的影响,上述公式有很大的局限性,并不一定适用。Castle W. E. 和 Wright S. 根据数量统计理论建立的计算公式为:

$$n = D^2/[8(\sigma_1^2 + \sigma_2^2)]$$

其中:n 为基因对数,D 为亲本平均数之差,σ_1^2 为 F_1 的表型方差,σ_2^2 为 F_2 的表型方差。例如,玉米亲本甲穗长 6.6cm,标准差 $\sigma = 0.8$,亲本乙穗长 16.8cm,标准差 $\sigma = 1.9$,F_1 穗长 12.1cm,标准差 $\sigma = 1.5$,F_2 穗长 12.9cm,标准差 $\sigma = 2.3$,则:

$$n = D^2/[8(\sigma_1^2 + \sigma_2^2)] = (16.8 - 6.6)^2/[8 \times (2.3^2 - 1.5^2)] = 4.3$$

结论是玉米的穗长受 4~5 对基因控制。

3. 超亲遗传

超亲遗传是指在杂种后代(F_2)中出现超越父母双亲性状的现象,也称超亲分离、超亲变异。例如,用两个平均果重为 140g 的亲本(2R)杂交,F_1 的平均果重也是 140g(2R),F_2 群体中会出现平均果重为 180g(4R)的类型,也会出现平均果重为 100g(0R)的类型,这些类型就是超亲变异,它们是可以真实遗传的。

超亲变异的出现必须符合以下两个条件：一是双亲都不是极端类型的品种，即一个亲本集中了所有的有效基因，另一个亲本集中了所有的无效基因；二是双亲控制数量性状的基因存在着相对应的差异。

（三）遗传率及其估算

在多基因决定的性状遗传中，遗传因素所起作用的程度为遗传率，一般用百分率来表示。遗传率是一个统计概率，用于群体而不是用于个体。假如某一性状的遗传率为50%，这并不是说某一个体出现这种性状一半是由遗传决定的，一半是由环境决定的，而应该说在这种性状的总变异中，总共1/2与遗传差异有关，其余1/2与环境因子的差别有关。例如，人的身高的遗传率为50%，并不是指某一个人的身高一半由遗传控制，一半由环境决定，只是说人群中身高变异的50%是由该人群中个体之间的遗传差异造成的。

遗传率的估计只适合于遗传上没有异质性，而且也没有主基因效应的性状。假如导致性状出现的基因中有一个显性主基因，那么估计的遗传率可以超过100%。若主基因为隐性基因，则从来自相同亲代的个体估计出的遗传率可以高于从亲代或子代估计的遗传率。因此，只有当从上述三种来源分别估计的遗传率彼此近似时，这样的遗传率才是合适的。

1. 广义遗传率

广义遗传率（用h^2表示）是指遗传方差在总的表型方差中所占的比例。因为表型是由遗传和环境相互作用决定的，遗传变异来自分离中的基因以及它们同其他基因之间的相互作用，所以遗传变异是总的表型变异的一部分，表型变异的其余部分就是环境变异。由于方差可用来测量变异的程度，所以各种变异都可用方差来表示，表型变异用表型方差V_P表示，遗传变异用遗传方差V_G表示，环境变异则用环境方差V_E表示。表型方差包括遗传方差和环境方差两部分，所以：

$$V_P = V_G + V_E$$

既然广义遗传率是遗传方差在总的表型方差中所占的比重，所以：

$$h^2(广义)(\%) = V_G/V_P \times 100\% = V_G/(V_G + V_E) \times 100\%$$

如果环境方差小，广义遗传率就高，表示表型变异大都是可遗传的。当环境方差较大时，广义遗传率就下降，表示表型变异大都是不遗传的。

从理论上讲，两个纯合亲本杂交，F_1及双亲的各个体间基因型都是相同的，表型的不同是环境差异造成的，因此可以用双亲的方差或F_1的方差来代替环境型方差。

$$V_E = V_{P_1} = V_{P_2} = V_{F_1}$$

或

$$V_E = 1/2(V_{P_1} + V_{P_2})$$

或

$$V_E = 1/3(V_{P_1} + V_{P_2} + V_{F_1})$$

F_2是大分离世代，其变异既有遗传原因又有环境影响，所以F_2的方差V_{F_2}可以反映变异的总方差(V_P)。遗传方差V_G则可用下述公式计算：

$$V_G = V_P - V_E = V_{F_2} - V_{F_1}$$

广义遗传率则可以用下述公式代替：

$$h^2(广义)(\%) = V_G/V_P \times 100\% = (V_{F_2} - V_{F_1})/V_{F_2} \times 100\%$$

例如，小麦抽穗期统计资料如表2-9所示。

表 2-9　小麦抽穗期统计资料

世　代	平均抽穗期/d	表型方差(V)
P_1红玉 3 号	13.0	11.04
P_2红玉 7 号	27.6	10.32
F_1	18.5	5.24
F_2	21.2	40.35
B_1	15.6	17.35
B_2	23.4	34.29

则小麦抽穗期的广义遗传率为：

$$h^2(广义)(\%) = (V_{F_2} - V_{F_1})/V_{F_2} \times 100\%$$
$$= (40.35 - 5.24)/40.35 \times 100\%$$
$$= 87\%$$

2. 狭义遗传率

狭义遗传率是指加性方差占总方差的百分率，即：

$$h^2(狭义)\% = V_A/V_P \times 100\%$$

遗传所引起的变异是很复杂的，它包括数量性状的微效多基因的加性作用、上位性作用和等位基因的显性作用等。它们所引起的变异量分别为加性效应方差 V_A、显性效应方差 V_D 和上位性方差 V_1，即：$V_G = V_A + V_D + V_1$。在这里只有 V_A 在育种过程中起作用，因为控制数量性状的多基因对其所控制的性状所起的作用是这些非等位基因的加性作用，而且这个加性作用很稳定，在各代之间的变异量是个稳定的育种值。V_D 和 V_1 不仅在各代之间表现不同，控制数量性状的表现也不是靠它们起作用。因此，如果只用遗传变异量占变异总量的百分比作参考值，不能很好地反映变异的实质，有必要引入反映加性效应方差的狭义遗传率。

狭义遗传率的估算有不同的方法，现介绍两种常见方法。

（1）杂交（回交）法。这种方法是把得到的 F_1 分别用两个亲本进行回交，然后从 P_1、P_2、F_1、F_2 和 B_1、B_2 抽取样本得到 6 组变数，经方差分析得到 V_{P_1}、V_{P_2}、V_{F_1}、V_{F_2}、V_{B_1}、V_{B_2}，然后根据这些资料进行狭义遗传率分析，公式如下：

$$h^2(狭义)(\%) = V_A/V_P \times 100\%$$
$$= [2V_{F_2} - (V_{B_1} + V_{B_2})]/V_{F_2} \times 100\%$$

例如，在上述小麦抽穗期统计（表 2-9）中，狭义遗传率为：

$$h^2(狭义)(\%) = [2V_{F_2} - (V_{B_1} + V_{B_2})]/V_{F_2} \times 100\%$$
$$= [2 \times 40.35 - (17.35 + 34.29)]/40.35 \times 100\%$$
$$= 72\%$$

（2）F_2 自交法。这种方法是把抽样所得到的 F_2 若干单株分别种植，得到 F_3 株系，然后根据 F_2 的变数与 F_3 各个株系的平均值，计算 F_2 与 F_3 各个株系的平均值的相关系数，这个相关系数就是遗传率。

$$h^2(狭义)\% = r_{F_2-F_3} \times 100\%$$

例如，某小麦杂交组合的资料如表 2-10 所示，则：h^2（狭义）（%） = $r_{F_2-F_3}$ × 100% = 89%（统计学计算过程略）。

表 2-10 某小麦杂交组合抽穗期统计资料

序 号	平均抽穗期/d	表型方差(V)
1	102	88.33
2	94	74.00
3	92	39.00
4	95	80.11
5	101	89.00
6	104	90.78
7	90	81.33
8	76	69.22
9	92	80.31
总 数	846	692.08
平 均	94	76.90

（四）数量性状遗传的应用

农业生产上许多重要的经济性状多数为数量性状，所以，在育种工作中应根据数量性状的特点，采取相应的措施，提高工作成效。

1. 注意试验条件的一致性

数量性状对环境条件反应敏感，环境条件的微小差异，可以导致相同基因型的个体之间在表现型上产生差异。这种不遗传的变异与遗传的变异往往交织在一起，难以区分。为此，在育种工作中的一切实验和选择，应尽可能地在地力均匀和管理一致的条件下进行，只有把由环境因素所引起的变异缩小到最低限度，才能提高育种、试验的成效。

2. 杂种后代应有较大的群体

在杂交育种中，某些性状的超亲类型的出现，是杂种后代有利变异的重要来源。但超亲遗传个体出现的频率一般很低，因此，要选出优良的超亲变异类型，必须使 F_2 及以后各代保持较大的群体，而且亲本选配必须得当，选择时必须细致。否则，某些优良的超亲类型就难以选到。

3. 对数量性状的选择要连续多代进行

这是因为数量性状是多基因控制，杂种个体异质结合基因越多，分离世代就越长，往往需要通过较多的世代才能把所需要的有利变异分离出来，稳定下来。只要某些微效基因处于杂合状态，就能因基因的分离和重组使有利的微效基因在后代中得到积累，选择就有成效。

4. 根据遗传力的大小确定各世代选择的主攻方向

不同的数量性状常具有不同的遗传力。而遗传力的大小直接影响着选择效果。一般说来,对遗传力大的性状选择的效果较好;对遗传力小的性状选择的效果差。为此,在杂种后代的选择中,应根据不同性状遗传力的大小,确定各世代选择的重点。在早期世代,应重点选择遗传力大的性状,如成熟期、产品器官的形态等,并可从严要求。遗传力小的性状,如产量、营养成分含量等,易受环境影响而产生非遗传的变异,因而难以在早期确定优劣,对于这些性状,需要进行连续多代的系统观察和后期的比较试验,才能把遗传基础真正优良的个体选出来。

任务2　选育园艺植物新品种

植物新品种选育工作的一般流程是:首先制定育种目标和工作计划;其次要实施好育种工作计划;最后,还需要开展品种试验和品种审(鉴)定、良种繁育和推广应用工作。

一、制定育种目标

育种目标就是育种希望达到的目标性状,也就是培育的新品种在一定的自然、生产及经济条件下,在一定的地区栽培时,应具备的一系列优良性状的指标。育种目标制定得合理与否,将直接影响到育种具体实施方式的正确性和育种能否成功。育种目标涉及产量、品质、生育期、适应性和抗耐性等诸多目标性状,根据育种单位或个人的具体情况制定合适的目标,从中抓住主要矛盾,是成功地制定和实施育种工作计划的前提,也是育种工作成败的关键。

要制定好育种目标,首先应了解品种类型和种质资源的概念和类型。

(一)品种类型

1. 品种的概念

品种是指在一定生态和经济条件下,人类根据自己的需要而创造的遗传上相对稳定、个体间相对一致且有别于其他群体的某种栽培植物群体。品种是育种的产物,即品种是通过人工进化和人工选择培育出来的,它具有特异性、一致性、稳定性、适应性等特点。

(1)特异性。是指该品种具有一个或多个不同于其他品种的形态特征、生理特性等。一个品种如果主要性状发生变异,而且具有一定的经济价值,并能稳定遗传,那就不再是该品种而是另一个新品种了。所以,申请品种权的植物新品种,至少应当有特征明显地区别于目前已知的其他相同植物品种的特性。

(2)一致性。是指同品种内植株的性状整齐一致,能指出品种内植株间一些特异性状的变异,即品种内个体间在株型、生长习性、生育期和产品主要经济性状等方面应是相对整齐一致的。品种个体间的整齐一致性直接影响其商品价值,其成熟期、株高、结果部位等的一致性对机械化收获也有很大影响。

(3)稳定性。是指采用适合于该品种的繁殖方式的情况下,保持前后代遗传的稳定。

例如,自交系品种在遗传上是纯合的,在若干年内都是稳定的;营养系品种虽然遗传上是杂合的,但在用扦插、嫁接等无性繁殖方法繁殖后代时,能保持前后代的遗传稳定性。

(4)适应性。是指对一定地区的气候土壤、病虫害和逆境的适应,对一定栽培管理、利用方式的适应,以及对加工及其工艺过程的适应。适应性又包括地区适应性和广泛适应性。

2. 园艺植物的主要品种类型及其特点

目前,生产上应用的园艺植物品种主要包括自交系品种、杂交种品种、群体品种和无性系品种四种类型。

(1)自交系品种。又称纯系品种,是从自然变异或人工变异中经过选择育成的基因型同质和纯合的后代群体。基因型高度纯合和性状优良且整齐一致是对自交系品种的基本要求。自交系品种是遗传背景相同和基因型纯合的一个植株群体,它的理论亲本系数应达0.87或更高,即具有亲本纯合基因型的后代植株数达到或超过87%。自花授粉和常异花授粉作物因天然异交率较低,育成自交系品种后,一般异花授粉植物为了利用杂种优势,往往也需要先选育成基因型纯合的自交系品种,再利用两个或多个自交系品种配组成杂交种应用于生产。

严格地讲,自交系品种是来自一株优良的纯合基因型的后代,必须采取自花授粉和单株选择相结合的育种方法。自花授粉植物本身靠自交繁殖后代,只要选出具优良基因型的单株,它的优良性状就可稳定地传递给后代,且可从生产田直接留种,连续使用。异花授粉植物和常异花授粉植物由于其异花授粉特性和基因型的杂合性,必须采用连续多代套袋自交结合单株选择的方法,才能育成自交系品种,且这类自交系品种一般不直接用于大田生产,而是用作配制杂交种的亲本。

(2)杂交种品种。杂交种品种是指在严格选择亲本和控制授粉的条件下生产的各类杂交组合的F_1植株群体。它们的基因型是高度杂合的,群体又具有较高程度的同型性,表现出很高的生产力。杂交种品种通常只种植F_1,即利用F_1的杂种优势。杂种优势品种不能稳定地遗传,F_2发生基因型分离,杂合度降低,产量明显下降。

杂交种品种是自交系间杂交或自交系与自由授粉品种间杂交产生的F_1。基因型高度杂合、性状相对一致和较强的杂种优势是对杂交种品种的基本要求。育种实践表明,自交系间的杂交种品种的杂种优势最强,F_1增产潜力最大。而杂种优势的强弱是由亲本自交系的配合力和遗传力决定的。因此,实际上杂交种品种的育种包括两个育种程序,第一个程序是自交系育种,第二个程序是杂交组合育种,而其中的关键环节是自交系的和自交系间的配合力测定,所以配合力测定是杂交种育种(杂交优势育种)的重要环节。

F_1杂交种子生产的难度是生产上利用杂交种品种的主要限制因素,因此对影响亲本繁殖和配制杂交种种子的一些性状,如对亲本自身的生产力、两个亲本花期的差距、母本雄性不育系的育性稳定性、父本花粉量的大小等性状,也应加强选择。过去,由于受到去雄和制种困难等限制,杂交种品种主要在异花授粉植物中利用。随着许多园艺植物雄性不育系的相继育成,解决了大量生产杂交种子的困难,自花授粉植物和常异花授粉植物的杂交种品种也得到了广泛利用。

(3)群体品种。群体品种的基本特点是遗传基础比较复杂,群体内的植株基因型是不一致的。因栽培植物种类和组成方式不同,群体品种包括下面四种:

第一种，异花授粉植物的自由授粉品种。自由授粉品种在种植条件下，品种内植株间随机授粉，也经常和相邻种植的异品种授粉，包括杂交、自交和姊妹交产生的后代，个体基因型是杂合的，群体是异型的，植株间有一定程度的变异，但保持着一些本品种主要特征、特性，并区别于其他品种。

第二种，异花授粉植物的综合品种。综合品种是由一组选择的自交系采用人工控制授粉和在隔离区多代随机授粉组成的遗传平衡的群体。综合品种的遗传基础复杂，每一个个体具有杂合的基因型，各个体的性状有较大的变异，但具有一个或多个代表本品种特征的性状。

第三种，自花授粉植物的杂交合成群体。杂交合成群体是用自花授粉植物的两个以上的自交系品种杂交后繁殖出的、分离的混合群体，把它种植在特别的环境条件下，主要靠自然选择的作用促使群体发生遗传变异，并期望在后代中这些遗传变异不断加强，逐渐形成一个较稳定的群体。杂交合成群体实际上是一个多种纯合基因型混合的群体。

第四种，多系品种。多系品种是若干自交系品种的种子混合后繁殖的后代。一般可以用自花授粉植物的几个近等基因系的种子混合繁殖成为多系品种。由于近等基因系具有相似的遗传背景，而只在个别性状上有差异，因此多系品种可以保存自交系品种的大部分性状，而在个别性状上得到改进。

群体品种的遗传基础比较复杂，群体内植株间的基因型是各不相同的。异花授粉植物的综合品种和自由授粉品种内每个植株的基因型都是杂合的，不可能有基因型完全相同的植株。自花授粉植物的多系品种是若干近等基因系或若干非亲缘自交系的合成群体，这种群体内包括若干个不同的基因型，而每个植株的基因型是纯合的。自花授粉植物的杂交合成群体，随着世代增长，最终也成为若干纯系的混合体。

群体品种育种的基本目的是创建和保持广泛的遗传基础和基因型多样性，因此必须根据各类群体的不同育种目标，选择若干个有遗传差异的自交系作为原始亲本，并按预先设计的比例组成原始群体，以提供广泛的遗传基础。对后代群体一般不进行选择，用尽可能大的随机样本保存群体，以避免遗传漂移和削弱遗传基础。对异花授粉植物的群体，必须在隔离条件下多代自由授粉，这样才能逐步打破基因连锁，充分重组，达到遗传平衡。

（4）无性系品种。无性系品种是由一个可繁殖的营养器官或几个近似的营养器官经无性繁殖而成的群体。它们的基因型由母体决定，表现型和母体相同。许多蔬菜作物和果树品种都是这类无性系品种。由专性无融合生殖如孤雌生殖、孤雄生殖等产生的种子繁殖的后代，因并未经过两性细胞的受精过程，也属无性系品种。

用营养体繁殖的无性系品种的基因型受栽培植物种类及来源而定。异花授粉植物的无性系品种的基因型是杂合的，但表现型一致。自花授粉植物的无性系品种如果来自自交后代则基因型是纯合的，如来自杂交后代则基因型是杂合的。由于上述特性，可以采用有性杂交和无性繁殖相结合的方法进行育种，即利用杂交重组丰富遗传变异，在分离的 F_1 实生苗中选择优良单株进行无性繁殖，迅速把优良性状和杂种优势稳定下来。此外，无性繁殖植物的天然变异较多，芽的分生组织细胞发生的突变，称为芽变。芽变发生后，可在各种器官和部位表现变异性状，如芽颜色、叶脉颜色、蔓色、薯色和薯肉色等性状都可由芽变引起变异。因此，芽变育种是营养体无性系品种育种的一种有效方法，国内外都曾利用芽变选育出一些马铃薯、甘蔗等无性系品种。

（二）种质资源

种植资源是指在植物新品种选育中所使用的各种原始材料。它可以是群体、个体，也可以是器官、组织、细胞，甚至可以是染色体乃至 DNA 的片断。根据园艺植物的特点，种质资源可以分为栽培品种资源、野生植物资源和人工创造的种质资源。

1. 栽培品种资源

（1）改良品种。指通过现代育种手段选育得到的、当前生产上正在大面积栽培的优良品种。它们具有良好的经济性状和较广泛的适应性，能够适应经济上的新要求或生产条件的改变。改良品种既有本国（地）育成的，也有从国外引进的。

（2）地方品种。指未经过现代育种手段改进的、在局部地区内当地农民群众长期栽培的农家品种。它们往往是一个较复杂的群体，包含许多不同的类型，而且适应当地的自然环境条件和生产条件，并符合市场的某些需求，如能够适应当地特殊的生态环境、抗某些病虫害或适合当地的一些特殊要求。

2. 野生植物资源

野生植物资源指与栽培植物近缘或介于栽培和野生类型间的各种过渡类型，包括近缘野生种和原始栽培类型。野生植物资源往往具有栽培植物所没有的顽强抗性，对病害有极强的免疫能力以及对恶劣环境的适应性。

3. 人工创造的种质资源

人工创造的种质资源是指在杂交、诱变等育种过程中产生的具有某些专长的株系或中间材料。这些材料虽然综合性状不符合育种目标或存在某些缺点而不能成为生产上可以利用的品种，但具有某些明显优于一般品种或类型的特殊性状，能提供育种所需的基因资源。

（三）育种目标的主要内容

1. 产量

丰产是育种的基本要求，无论过去、现在还是将来，培育具丰产潜力的优良品种都是一项重要的育种目标。园艺植物推广的高产品种增产效果一般在 15%～30% 以上。产量可分为生物产量与经济产量，两者的比值称为经济系数或收获指数。在高产育种中不但要注意丰产性的选育，而且在一定情况下经济系数也可作为高产育种的选择指标。对产量进行选择时，产量的构成因素是很重要的选择指标，对其选择有时更能反映株系间的丰产潜力。

2. 品质

随着生活水平的提高，人们对品质的要求也越来越高。根据产品用途和利用方式，品质可分为感官品质、营养品质、加工品质和贮运品质等。感官品质包括植株或产品器官的大小、形状、色泽和风味、香气、肉质，它们往往因不同时期、不同地区人们喜好的影响而有着不同的评价标准。在营养品质方面要求提高人体需要的营养、保健成分的含量，降低和消除不利和有害成分的含量。随着生活水平的提高，对园艺产品品质的要求也在不断提高。

3. 成熟期

成熟期对于生产上的品种配套、避开自然灾害的影响、调节农产品上市时期都有着重要的意义。园艺植物由于其耐贮运性较差，成熟期目标性状尤为重要。

4. 对环境条件的适应性

对环境条件的适应性包括对温度、水分、土壤矿物质、大气污染以及农药的反应程度，观赏植物还需要有对某些特殊环境的适应性，如地被植物和草坪植物对耐阴、耐旱、耐灰尘污染、耐践踏等方面就有特殊要求。

5. 对病虫害的抗耐性

选育抗病虫害品种不仅可以降低生产成本，而且可通过减少农药的使用而减轻农药残留和环境污染的问题。但由于病原菌生理小种存在多变性，解决抗病性的稳定性就成了抗病育种的关键所在。

6. 对设施栽培和机械化栽培、集约化管理的适应性

随着近几年生产的发展，园艺植物的保护地栽培技术已得到普遍应用，这就需要植物适应弱光照和高温多湿环境。育成适应于保护地生产的品种对降低设施园艺的能耗可起到明显的作用。例如，象牙红一般的品种开花要求条件为白天28℃、夜间25℃，使用温室品种在白天14℃、夜间12℃就能正常开花，使得在栽培生产中能节省许多能源。而机械化程度的增加，对品种的成熟期、植株形态的一致性等方面的要求进一步提高，要求品种株型紧凑，枝杆粗壮不易倒伏、生长整齐、果实大小均匀、长短一致、果皮韧性强，结实部位适中。例如，番茄矮生直立品种的育成使得机械化采收作业可以顺利地进行。在集约化生产中，播种、育苗、整枝、包装、采收等工序需花费较多的人工，培育出适应集约化生产的品种对提高劳动生产率是很有帮助的。例如，花坛、盆栽用的小花菊、万寿菊、一串红、熊耳草等要求有较多的分枝和株型紧凑，以往多用多次摘心的方法，需花费较多的人工，而分枝性强的矮生品种的育成就解决了这一问题。

开展植物育种工作时，首先必须确定育种目标，它是选育新品种的设计蓝图，贯穿于育种工作的全过程，是决定育种成败与效率的关键。只有有了明确而具体的育种目标，育种工作才会有明确的主攻方向，才能科学合理地确定品种改良的对象和重点；才能有目的地搜集种质资源；才能有计划地选择亲本和配置组合，进行有益基因的重组和聚合，或采用适宜的技术和手段，人工创造变异，引进外源基因；才能确定选择的标准、鉴定的方法和培育条件等。

育种目标是育种工作的依据和指南。如果育种目标不科学合理，忽高忽低、时左时右，或者不够明确具体，则育种工作必然是盲目进行。育种的人力、物力、财力和新途径、新技术很难发挥应有的作用，难以取得成功和突破。

不同单位，应该根据不同的市场需求，以及本单位的技术优势，制定科学的育种目标。以下为某种苗公司的育种目标：

胡萝卜——熟期一致，整齐度高，商品率高，根长18cm，根粗4cm，根圆筒状，根尖钝，表面光滑有色泽，肉色红，黄色髓心不明显，不裂根，抗病性好。

白花菜——熟期一致，整齐度高，杂株少，长势强，花球颜色白，包叶性好，表面光滑无

毛,紧实,硬度好,切开后里面颜色白,抗病性好。单球约重800g,外贸出口的要求花球较小。

松花菜——熟期一致,整齐度高,商品率高,长势强,花球颜色白,花梗绿色,在田间可以留的时间长,抗病性好。现在市场需要大球。

甘蓝——熟期一致,整齐度高,长势强,抗病性好,外叶亮绿色,根系发达,球形(圆形、扁平或牛心形)好看,紧实,耐抽薹,底部颜色和形状好。

大白菜——熟期一致,整齐度高,长势强,根系发达,抗病性好,合抱或叠抱紧密,球形或圆筒形,耐抽薹,外叶深绿,内部黄色,耐运输,产量高。

西兰花——熟期一致,整齐度高,长势强,花球蘑菇形,深绿色,花粒细小均匀,无棕色花粒和烂点,茎粗,产量高,冬季花球不发紫,花球紧实。

粉番茄——早熟,抗病,坐果性好,产量高,果实粉红,无绿肩,单果约250g,果型丰满,萼片绿色,不裂果,硬度好,货架期长。

辣椒(大棚)——植株长势强,侧枝少,连续坐果性好,商品率高。果实光滑,牛角形,辣度适中,硬度好,耐热或耐寒性好。

(四)制定育种目标的注意事项

(1)制定育种目标既要从当前生产实际出发,符合当时、当地客观需求,又要有预见性。

(2)制定育种目标要集中抓住生产中的主要矛盾,一般不能超过3个,并要根据性状在育种中的重要性和难度分清主次。

(3)育种目标要简单明确,要把育种目标落实到性状组成上,并尽可能有数量化的、可以测量的客观指标。

(4)育种目标要相对稳定,并在实施中根据实际情况进行必要的充实和调整。

二、实施育种方法

在园艺植物的育种实践中,常用的方法有选择育种、杂交育种、杂种优势育种、诱变育种和现代生物技术育种等,应根据育种目标灵活选用。

(一)选择育种法

选择育种是指直接利用和选择自然变异并通过比较试验进而育成新品种的方法。按照选择方法的不同,选择育种又包括系统育种、混合育种和集团育种等,以系统育种最常用。选择育种的共性特点有两个:一个是其利用的变异是自然变异,而不是人工创造的变异;另一个是都借助选择,只是所用的选择方法不同而已。选择育种法的主要优点是:因为是优中选优、连续选优的结果,育成品种的综合性状较好,适应性较强;利用的变异是自然变异,纯合速度快,育种方法简便易行,育种周期较短。其主要缺点是:自然变异发生的频率低,符合育种目标要求的就更少;育成的品种是由一个单株或少数单株繁衍而来的,遗传基础比较狭窄,难以取得重大突破。

选择育种是所有作物育种方法中最古老的一种,正是应用这种方法,我们的祖先将野生植物变成了栽培植物,并创造了大量的农家品种。选择育种又是最基本、最简便快捷的一种育种方法,无论是现在还是将来,它仍不失其应用价值。

1. 选择育种的理论依据

(1) 纯系学说。由一粒种子或一对双亲所繁衍出来的后代群体,是一个系,如一个品系或一个家系。系内的不同个体间基因型可能一致,也可能不一致。由一粒纯合基因型的种子或两个相同纯合基因型的双亲所繁衍出来的后代群体,称为一个纯系。很明显,纯系内个体间的基因型相同,如果所处的外界环境相同,则个体之间也应该表现整齐一致。实际上,对于大多数数量性状来说,个体与个体之间的表型是不可能一致的,因环境条件的影响,它们的表型会出现差异,但这种差异是不能遗传的。

纯系学说是丹麦学者约翰逊在对自花授粉的菜豆进行 6 年的选择试验的基础上,于 1907 年提出的,其要点有二:

一是在自花授粉作物的原始品种群体中选择有效。从市场上购买的种子形成的群体是混杂群体,基因型是杂合的,其自交后代因基因重组会出现性状分离,从中可以选择到不同基因型的个体,因此选择是有效的。

二是在同一纯系内继续选择无效。在同一纯系内,个体与个体之间的基因型是同质(相同)的,其表型差异是环境因素造成的,是不能遗传的,所以在同一纯系内无法选择到遗传的变异,因此在纯系内继续选择是无效的。

纯系学说第一次区分了遗传的变异和不遗传的变异,为自花授粉作物的选择育种提供了重要的理论依据。

(2) 园艺植物品种群体中自然变异的来源。从理论上讲,同一纯系内不同个体基因型相同,从同一纯系内继续选择是无效的。但品种遗传性的稳定性和群体的一致性是相对的,而遗传性的变异性和群体的异质性是绝对的。这种遗传变异性主要来自天然异交、基因突变和剩余变异等自然变异。

① 天然异交。在自然界,百分之百的自花授粉是不存在的,即便是自花授粉作物,其仍然有 4% 以下的天然异交率,常异花授粉作物的天然异交率就更高。天然异交必然导致基因杂合,其自交后代因基因重组将会出现性状分离,形成遗传的变异。天然异交虽然为品种的保存带来了困难,但也为新品种的选育提供了重要的变异源。

② 基因突变。园艺植物品种在繁殖和生产过程中,特别是在引种的过程中,由于温度、水分、营养等环境条件的变化以及天然辐射、化学物质等因素的影响,基因随时都可能发生突变。有些突变在当代即可得到表现(如显性突变),有些突变当代虽不能表现出来,但通过自交即可表现性状并得到突变纯合体(如隐性突变);有些突变可以通过种子传递下去、保存下来,有些突变则可以通过营养器官予以保留,并通过无性繁殖繁衍起来(如芽变)。在自然条件下发生的基因突变其频率虽大大低于人工突变,但仍具有较高的育种利用价值,应不失时机地加以选择和利用。

③ 剩余变异和潜伏变异。一些自花授粉植物新品种在推广应用时,性状并未达到较高的纯合程度,仍然有一些基因位点是杂合的,这就是剩余变异;从外地引进的新品种,由于环境条件发生较大的变化,可能致使其本来潜伏的一些性状得到表现,形成变异。

2. 选择的方法

根据选择的主体,选择可分为自然选择和人工选择。前者是生物体对自然环境的适应,凡是对生物体生存有利的变异,就能适应环境条件而被保存,对生物体生存有害的变异,就由于不能适应环境条件而被淘汰。这种选择作用不是快速的,但由于每时每刻都在发挥,长年累月地积累,可产生巨大的作用。人工选择则是人为地选择淘汰,其作用较为明显。自然选择的结果不一定符合人们对栽培作物的要求,而栽培作物的经济性状多为人工选择的产物,往往不利于对自然条件的适应。所以在利用优良品种的过程中不能放松选择,要根据植物的具体情况,采用相应的选择方法,保持品种的优良特征、特性。选择的方法很多,但基本的选择方法只有单株选择法和混合选择法两种。

(1) 单株选择法。从混杂的原始群体中,选择符合要求的优良单株,分别留种,次年分别播种在不同的小区中,比较各单株后代的优劣,即单株选择法。在单株选择法中,同一单株的后代为一个株系,如果单株选择只进行一次,在后代株系中不再进行单株选择,就称为一次单株选择法(图2-12);如在第一次选择得到的株系中,继续选择优株分别采种,并分别播种成下一代株系,进行株系比较,则为二次单株选择法;如此反复进行,直至株系内植株间表现一致。进行二次以上单株选择的称多次单株选择法(图2-13)。

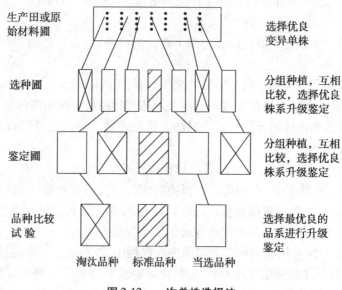

图 2-12　一次单株选择法

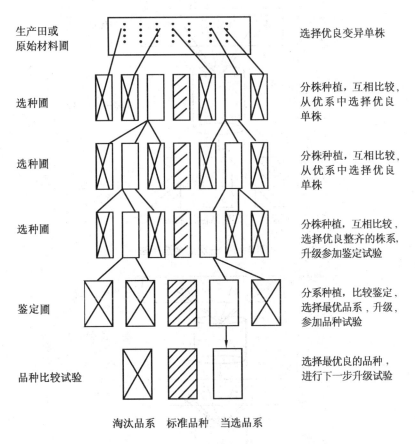

图 2-13　多次单株选择法

(2) 混合选择法。即从混杂的原始群体中,选择符合要求的优良单株,混合采种,次年播种在同一小区内,进行鉴定。如果对原始群体只进行一次选择,将得到的一次混选种与原始群体和对照品种比较后,选出比其优良的即推广用于生产,则称为一次混合选择法(图 2-14);如连续进行多次的混合选择,在混选种表现不一致的群体中按照既定目标继续选择优株,混合采种,直至群体内整齐一致为止,称为多次混合选择法(图 2-15)。

单株选择法与混合选择法的比较：

单株选择法在选择过程中进行系谱编号,可以清楚地了解各株系的来源,根据株系的表现能对所选单株的优劣进行鉴定,消除环境条件造成的误差,选择效果高于混合选择法。选择过程中,株系间不进行杂交,能使性状迅速达到高度一致。

混合选择法较单株选择法操作简单,花费人工少,成本低,无须专设试验地;一次可选出大量植株,采种量可明显多于单株选择法,能将所选群体迅速用于生产;对异花授粉植物,混选种群体内不同株的异花授粉可防止生活力的衰退。

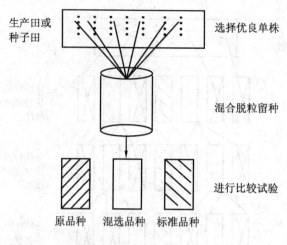

图 2-14　一次混合选择法

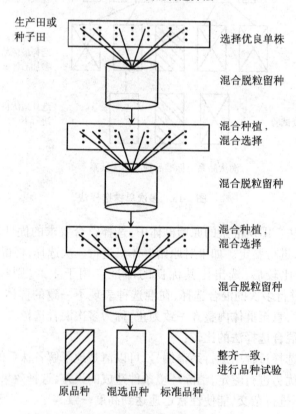

图 2-15　多次混合选择法

3. 有性繁殖植物的选择育种

（1）自花授粉植物的选择方法。自花授粉植物是指在自然情况下异花传粉率仅在 5% 以下的植物。这类植物由于历代长期自交，各个体的基因型都表现纯合一致，自交不衰退，且后代表现稳定，与亲本基本相似。由于自然变异的发生通常只涉及个别基因，因此在选择育种中，无论是采用单株选择法还是混合选择法，往往只需进行一次选择。选择过程中，各株系间不必隔离,也无生活力衰退的问题,故为提高选择效果,常采用单株选择法。

(2) 常异花授粉植物的选择方法。常异花授粉植物在自然情况下的异花传粉率因品种和环境条件有很大不同,一般为 5%~50%。由于存在一定程度的异花传粉,群体内有一定数量的基因型为杂合的个体。这类植物自交退化较轻,异交表现变异。因此要采用多次单株选择法,并结合必要的隔离和控制自交来提高选择效果。

(3) 异花授粉植物的选择方法。异花授粉植物在自然情况下异花传粉率达 50% 以上,因而在其品种群体内,各个体都是杂合的,后代与亲本间及同一亲本的后代个体间,虽然在主要性状上表现一致,但仍有较大的差异,因此要进行多次选择才能获得比较一致的系统。但多次单株选择中如进行隔离,会因连续近亲繁殖导致生活力的衰退;如不隔离,或进行多次混合选择,选择效果不好,并因杂交导致进一步的混杂。为兼顾经济性状的选择和生活力两个方面,常采用由两种基本方法衍生出的选择法,主要有单株—混合选择法、混合—单株选择法、集团选择法、剩余种子法(半分法)、亲系选择法(留种区法)、母系选择法等。

(4) 选择育种的一般程序。有性繁殖植物的选择育种,从搜集原始材料、选择淘汰、比较鉴定到育成新品种要按照一定的步骤和程序进行(图 2-16)。

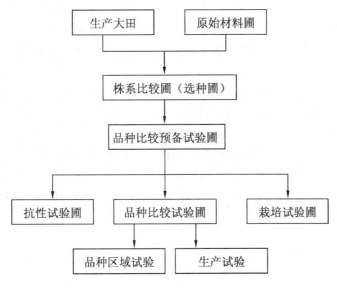

图 2-16 选择育种的一般程序

① 原始材料圃。将本地或引进的原始材料在代表本地区气候条件的环境中,设置对照。通过观察研究,从中选出优良单株供株系比较,也可直接从生产田中随意选择而不设专门的原始材料圃。原始材料圃依实际情况确定设置年限,为完成某项特定的育种任务,只需保持一两年,专业的育种单位则常年设置。

② 株系比较圃(选种圃)。将从原始材料圃或生产田中选出的优良单株后代分别种成各个小区(株系),通过对各个株系进行有目的的比较鉴定,从中选出优良株系或群体。设置年代取决于当选植株后代群体表现的一致性,当群体表现稳定一致时,就升级进入品种比较预备试验。

③ 品种比较预备试验圃。将株系比较圃入选的株系混合采种后播种,这一后代称为品

系。一般通过一年品系间的比较,进一步鉴定入选株系后代的一致性,选留少于10个品系参加品种比较试验。

④ 品种比较试验圃。将所获优良品系按系播种,进行全面比较鉴定,了解其生长发育特性,最终选出在产量、品质及其他经济性状上优于标准品种的优良新品种。一般设置2~3年。在品种比较试验阶段,除了对参加试验的品系进行产量、品质等经济性状进行多方面的比较鉴定外,还应根据具体情况安排栽培试验和抗性试验,通过抗逆性、栽培技术和室内分析等鉴定工作,准确估计出该品种的增产效益,并提出适合该品种的栽培技术措施,编写出推广该品种的说明书。

⑤ 品种区域试验和生产试验。对所选出的新品种,进行多个代表性试验点(至少5个以上)的比较试验,以确定该新品种适宜推广的区域范围,并在当地主产区进行较大面积(不少于667m^2)的试验,栽培管理同实际生产,直接接受生产者和消费者对新选品种的评判,确定其实用价值。

4. 无性繁殖植物的选择育种

无性繁殖植物各株间的基因型虽然相同,但每一单株大多具有杂合的遗传基础,有性繁殖后代分离大。

(1) 芽变选种。芽变是发生自然变异的体细胞发生于芽的分生组织或经分裂、发育进入芽的分生组织而形成的变异芽。芽变选种是指选择芽变材料,将其育成新品种的选择育种方法。

(2) 营养系混合选择法和营养系单株选择法。方法同有性繁殖的混合选择法和单株选择法,只是每一代选择时收获的材料为营养繁殖体。此外,每一单株繁殖成的营养系内基因型是相同的,因而单株选择只进行一次。

(3) 实生选种。这是在自然授粉产生的种子播种后形成的实生植株群体中,采用混合选择或单株选择得到新品种的方法。即通过逐代的混合选择,按照一定的目标来改进植物群体的遗传组成,形成以实生繁殖为主的群体品种;或从实生群体中选择优株,通过嫁接繁殖以形成营养系品种。

(二) 杂交育种法

1. 有性杂交育种

有性杂交育种是根据育种目标,有目的地选配不同的亲本,通过人工杂交的手段,把分散在不同亲本上的优良性状组合到杂种中,对其后代进行多代培育选择和比较鉴定,获得遗传性状相对稳定的新品种的一种育种方法。杂交育种按其亲本亲缘关系的远近可分为品种间杂交育种和远缘杂交育种,前者双亲属不同的品种,后者双亲属不同的亚种、种或属;按育种指导思想的不同可分为组合育种和超亲育种,前者是通过基因的分离和重组,将原来分属双亲的优良性状组合到后代中进而育成新品种,后者则是通过基因重组使有效基因或无效基因聚集在后代个体中,进而育成在目标性状上明显优于双亲的新品种。

(1) 亲本的选配。在有性杂交育种中,根据育种目标选择恰当的亲本,配置合理的组合,这就是亲本选配。亲本选配直接关系到育种的效率,在杂交育种中,亲本的选配要遵循一定的原则,以增加获得符合育种目标的变异类型。这些原则是:亲本应该优点多缺点少,且其优、缺点尽可能互相弥补;选用生态类型和系统来源上差异较大、亲缘关系较远的材料作亲本;亲本之一要能适应当地条件,最好为当地优良品种;选用一般配合力高的材料作亲本,即与其他若干品种杂交后杂种后代在某个数量性状上有较好表现的品种。

(2) 杂交方式的确定。选配好杂交亲本,以下的工作就是要决定杂交方式,这也与杂交育种的成效密切有关。根据育种目标和所选亲本的特点,需要确定在一个杂交组合中要用几个亲本,以及各亲本间该如何配置。

① 单交。又称成对杂交,是两个品种互为父母本进行杂交的方式,以 A×B 表示。当选配的亲本完全能满足育种目标时,尽可能采用此方法。因为这能使后代的分离不至于过度复杂,尽快得到纯化,又容易组合得到所需的目标性状。此杂交组合中,双亲各提供一半核遗传物质给后代,在未加选择时,双亲对后代的影响相同。因此,育种目标不涉及细胞质遗传时,正、反交均可采用。

② 复交。指多个亲本杂交产生后代。根据参与杂交的亲本数,可分为三交、四交。当参与杂交的亲本数过多时,后代性状分离复杂,不易稳定,所以在一次杂交育种中,很少有 5 个以上的亲本进行杂交。在实际操作过程中,根据所选亲本的性状对育种目标的满足程度来确定在一个杂交组合中要用几个亲本。根据亲本参与杂交的先后顺序和方式,复交可分为添加杂交和双交。添加杂交是在单交的基础上,使其余亲本逐个参与杂交的方式,记为 (A×B)×C,或 [(A×B)×C]×D。添加杂交的亲本对后代遗传基因的贡献与该亲本参与杂交的先后有关,在 (A×B)×C 中,A 为 25%,B 为 25%,C 为 50%;在 [(A×B)×C]×D 中,A 为 12.5%、B 为 12.5%、C 为 25%、D 为 50%,所以通常使最优良亲本最后参与杂交。双交是将两个单交种的后代再次进行杂交的方式,记为 [(A×C)×(B×C)],或 [(A×B)×(C×D)]。亲本对后代遗传基因的贡献为:[(A×C)×(B×C)] 中,A 为 25%、B 为 25%、C 为 50%;[(A×B)×(C×D)] 中各为 25%。

③ 回交。回交是指将杂交后代与亲本之一再次进行杂交的方式。其中再次参与进行杂交的亲本称为轮回亲本,而另外一个亲本称为非轮回亲本。由于连续多代回交后代的表现会趋向于轮回亲本,因此,在每次回交过程中,我们都选择具有非轮回亲本某个优良性状的后代与轮回亲本进行回交,这样,若干代后,就能获得综合性状表现同轮回亲本,但具有非轮回亲本该优良性状的后代。所以回交育种常用于改良优良品种的个别不良性状。然而,在非轮回亲本的个别优良性状为隐性表现时,要将各后代通过自交使其得到表现后才能加以选择。

④ 多父本授粉。将多个父本品种的花粉混合后给一个母本品种授粉的方式即多父本授粉。多父本授粉组合的后代实际上是多组合的混合群体,分离类型较单交丰富,有利于选择。

(3) 杂交技术。具体的杂交技术应各种植物的花器构造和授粉习性而不同,但都首先要制订详细的杂交工作计划,确定杂交组合数、具体的杂交组合、每个杂交组合的花数。在亲本选定后,要通过调节播种期,使双亲花期能相遇,以保证杂交得以进行,并运用适当的栽培条件和栽培管理技术,使性状能充分表现,植株生长健壮,为获得充实饱满的杂交种子打下基础。在开花前要进行隔离和去雄,防止母本接受非目的花粉。在适当的时间采集花粉和授粉,在杂交后做好标记并进行详细登记(表 2-11)。

表 2-11 有性杂交登记表

组合名称：

母本株号	去雄日期	授粉日期	授粉花数	果实成熟期	结果率	有效种子数	果均种子数	备注

（4）杂交后代的培育与选择。杂种后代播种后，要创造使其正常生长发育并充分表现变异性状的条件，同时要注意培育条件的一致性，减少由于环境条件对杂种植株的影响而产生的差异，以保证选择的正确性。对杂种后代的选择，常用系谱法，即连续单株选择法。现以自花授粉植物为例介绍用系谱法进行杂种后代处理的技术要点。

① 杂种一代（F_1）。自花授粉植物的 F_1 同一杂交组合植株间没有多大的差异，F_1 代一般不进行严格选择，只是通过杂交组合与父母本间的比较，淘汰假杂种和个别显著不良的单株。以杂交组合为单位播种及收获。

② 杂种二代（F_2）。这是性状分离最强烈的世代，因而是选择的关键世代，重点针对质量性状进行选择。以杂交组合为单位播种，先通过组合间的比较选择，淘汰综合表现较差的组合，再在选留的组合内根据育种目标选择表现优良的变异单株，分株收获留种。

③ 杂种三代（F_3）。以 F_2 代入选的单株后代为单位（株系）各种成一个小区，首先进行株系间的比较，再在当选的优良株系中选择优良单株。原则上选留的株系多一些，每个株系内入选的单株可少一些。该代的选择仍以质量性状选择为主，并开始对数量性状中遗传力较大的进行选择。

④ 杂种四代（F_4）。以 F_3 代入选的单株后代为单位（株系）各种成一个小区，在该代中来自于 F_3 同一株系的不同 F_4 株系为一个株系群，同一株系群内的各个株系为姊妹系。比较选择时，先比较株系群的优劣，再在当选的株系群中选择优良株系，最后在当选的优良株系中选择优良单株。从 F_4 代开始，已能出现一些性状较为整齐一致的株系，所以工作重点可开始转为选拔优良一致的株系，将选留的株系去除劣株后混收，下一代种成一个小区升级鉴定。对表现优良但仍有明显分离的株系继续选单株，下一代种成株系，继续比较，直至选出稳定一致的株系。该代是对质量性状和数量性状选择并重的世代。

⑤ 杂种五代（F_5）及其以后各世代。进入以数量性状选择为主的世代，主要进行株系间的比较和选择，同时进一步观察各株系的分离情况和综合性状的表现。对表现不稳定的株系继续单株选择，直至选出稳定一致的株系为止。随着世代的推进，系统逐渐集中于少数优良系统群，所以 F_5 代以后，可以系统群为单位比较选择，从优良系统群中选出优系混合留种，升级鉴定。

对于异花授粉植物，由于基因型为杂合，在 F_1 就开始性状的分离，所以各世代的工作，比自花授粉植物提早一代进行。另外注意单株选择过程中的隔离，通过套袋自交来保证所选单株不被混杂。

(5) 有性杂交育种的一般程序。

① 原始材料圃和亲本圃：是指种植从国内外搜集来的供育种用的种质资源的田块。将用于杂交的亲本原始材料按组合相邻种植，以备杂交。若组合很多而土地面积较小或受其他条件限制，不能将全部亲本材料种于亲本圃，应将全部母本和重点父本种于亲本圃内，其他父本的花粉可到原始材料圃中去采集。同时，重点亲本材料应分期播种，以确保花期相遇。为了便于杂交操作，种植的行距应适当宽些。

② 选种圃：是指种植杂交组合各世代群体的田块。采用系谱法时，在选种谱内连续选择单株，直到选出优良一致的升级品系为止。F_1、F_2 按组合播种。从 F_3 开始，将当选单株种成株行，并按有关规定种植对照及亲本品种。杂种株行或株系在选种圃的年限，因性状稳定所需世代的不同而不同。

③ 鉴定圃：主要种植从选种圃升级的新品系，目的是进行初步的产量比较试验及性状的进一步评定。由于升级的品系数目较多，而每一个品系的种子数量较少，所以鉴定圃的小区面积较小，因此需重复 2～3 次，多采用顺序排列，每隔 4 个或 9 个小区设置一个对照小区。每一个品系一般进行 1～2 年试验，然后将产量超过对照品种并达一定标准的优良一致品系升级至品种比较试验，其余淘汰。

④ 品种比较试验：种植由鉴定圃升级的品系，或继续进行试验的优良品种。参加品种比较试验的优良品种相对较少，小区面积较大，重复 4～5 次。在较大面积上对品种的产量、生育期、抗性等进行更精确和详细的考察。小区设计宜采用随机区组设计，以提高试验的准确性。品种比较试验应参加 2 年以上，然后选出优良的品种参加区域试验、生产试验和栽培试验。

⑤ 生产试验和区域试验：通过大面积的生产试验来了解品种在实际生产中的表现，通过区域试验以了解品种的适应范围。

2. 营养系杂交育种

营养系杂交育种，是指对无性繁殖植物通过有性杂交综合亲本的优良性状，再用无性繁殖来保持品种的同型杂合，同时利用双亲杂交产生杂种优势。

(1) 营养系品种性状遗传特点。营养系品种大多数是多年生异花授粉植物，因此在遗传上杂合程度高，但可通过无性繁殖稳定地遗传，并保持杂种优势。其有性繁殖的后代常产生大幅度的变异，为选择提供了较大的余地。

(2) 营养系杂交育种亲本选配及杂交技术的特点。营养系杂交育种在亲本选配上和常规杂交育种基本一致，但由于其又为无性繁殖，因此必须注意育种植物性细胞的育性、配子间的亲和性和受精卵的发育特点。在杂交技术上，要采取相应的措施，如诱导开花、对杂交花进行培育和选择、对花期进行调节、对不同种类的植物采取相应的去雄授粉和管理，以提高杂种出现的频率。

(3) 营养系杂交育种杂种培育选择特点。营养系杂交育种对无性繁殖植物采用了其生产中不用的有性繁殖方法获得杂种后代，因此必须根据育种对象种子休眠及发芽的生物学特性，特别是对那些难以正常发芽的种子要采取特殊措施以提高杂交种子的发芽出苗率，并通过各种措施缩短幼年期，促使植物提早开花结果，以提高育种效率。在营养系杂种后代选择上，多采用一次单株选择法，并结合无性繁殖获得营养系进行后代鉴定；对幼年期较长的还要分阶段进行早期选择。

(三) 杂种优势育种法

1. 杂种优势的概念、度量方法及遗传机制

(1) 杂种优势的概念。杂种优势是指两个遗传性不同的亲本杂交后产生的杂种第一代(F_1),在生长势、繁殖力、抗逆性、品质、产量等方面表现出的优于其双亲的现象。

研究表明,杂种优势是生物界的普遍现象之一。杂种优势的大小取决于双亲在来源及遗传上的差异程度以及双亲基因型的纯合程度,同时还在很大程度上受到环境条件的影响。

杂种优势只能在F_1得到表现。F_1的自交后代将会因为基因重组而出现性状分离,失去优势和利用价值,因此在实际生产应用中杂交种需年年制种。也正因为这个原因,生产上利用杂种优势的最大限制是杂种种子的生产成本,其主要因素是去雄和授粉所需的劳动力。

(2) 杂种优势的度量方法。杂种优势的大小可以用超亲优势、中亲优势和超标优势等指标来度量。

① 超亲优势:指杂交种的产量或某一数量性状的平均值与高值亲本(HP)同一性状差数的比率,计算公式为:超亲优势(%) = $(F_1 - HP)/HP \times 100\%$。

② 中亲优势:指杂交种在产量或某一数量性状的平均值与双亲同一性状平均值差数的比率,也叫平均优势,计算公式为:中亲优势(%) = $[F_1 - (P_1 + P_2)/2]/(P_1 + P_2)/2 \times 100$。

③ 超标优势:指杂交种的产量或某一数量性状的平均值与当地推广品种(CK)同一性状平均值差数的比率,也称竞争优势,计算公式为:超标优势(%) = $(F_1 - CK)/CK \times 100$。

(3) 杂种优势的遗传机制。杂种优势的遗传机制主要有显性假说和超显性假说。

① 显性假说。显性假说认为优势来源于等位基因间的显性效应和位点间这些显性效应的累加作用;显性基因对生长有利,隐性基因对生长无利或不利。杂交后,母本的某些有利显性基因掩盖了父本不利隐性等位基因,父本的另一些有利显性基因也掩盖了母本的不利等位基因,从而使杂种获得多于双亲任何一方的有利显性基因,因而表现出杂种优势。

根据这种假说,F_1经过多代自交后应该可以获得各个位点都是纯合显性的后代,杂种优势依旧能保持下去。但实际上,即使经过多代自交也无法获得与F_1一样的后代,说明这种假说仍存在一些缺陷。

② 超显性假说。超显性假说认为等位基因之间有超过显隐关系的互作效应,即 Aa 的效应值有可能大于 AA 的效应值。超显性假说还认为非等位基因之间也存在超过累加作用的互作效应。有人认为是由于两个等位基因分别产生不同的产物,或分别控制不同的反应,杂合体能同时产生两种产物或进行两种反应,因而F_1具有超过双亲的功能。也有人认为存在超显性是由于杂合体能产生杂种物质,即纯合体 AA 只能产生一种物质,aa 产生另一种物质,杂合体 Aa 不仅能产生上述两种物质,还能产生第三种物质。

2. 选育杂交种品种的一般程序

(1) 自交系的选育。根据杂种优势产生的条件,双亲纯合才能使F_1表现一致而有较强的优势。因而对自花授粉植物可用品种间杂交生产F_1,而对异花授粉植物则需培育自交系,利用纯合的自交系间杂交生产出一致的F_1。自交系的选育采用连续单株选择法,淘汰自交后生长过弱和表现不良的自交系统,在选留下的系统中选单株自交,直至选出主要性状

整齐一致、纯度很高、生活力衰退不明显的株系(即自交系)。其中自交第二代是选择的关键世代,因为经二代自交,不耐自交的系统会出现明显的衰退。一般经4~5代连续自交就能获得自交系。

(2) 配合力的测定。准备好亲本材料后,接着要通过配合力的测定来决定用哪些材料配组。性状优良的材料不一定是优良的杂交种亲本,只有性状优良、配合力高的材料作杂交亲本,才能获得较强的杂种优势。配合力分为一般配合力和特殊配合力,前者是指一个被测自交系或品种和其他自交系或品种配组的一系列杂交组合的产量(或其他数量性状)的平均表现,后者是指两个特定亲本系所配组的杂交种的产量(或其他数量性状)水平。配合力测定的方法包括测交与测交种的产量比较两步,具体有:

① 不规则配组法。将亲本材料按照育种目标、亲本选配原则和育种工作者所掌握的性状遗传规律配成若干组合进行测交,取得的各测交种子经产量比较后选出最优组合加以利用。这种方法省工,但有把最优组合漏配的可能性。

② 顶交配组法。由一个当地最优良的品种作为测验种,各亲本材料作为被测验种配制一系列测交种,称为顶交种。对顶交种进行产量比较试验,水平高的即特殊配合力高。顶交种的产量差异则反映出各被测系间配合力的不同。

③ 轮配法。将各亲本材料彼此间全部加以配组,比较各杂交组合的 F_1 产量。当有 n 个材料时,杂交组合数为 $n \times (n-1)$,称全轮配法;为节省劳力,可只进行正、反交中的一个,减少一半组合,称半轮配法。这种方法既能测定一般配合力,又能测定特殊配合力,能准确选出最优杂交组合,但组合数太多。在实际应用中,在亲本材料较多时,可将其与顶交法配合使用,先用顶交法淘汰一部分亲本材料,再用轮配法测验。

(3) 配组方式的确定。亲本材料决定后,根据亲本的特征特性,决定制种的亲本数目和配组方式,一般有以下四种:

① 单交种:即 A×B,由两个自交系或品种杂交获得。株间一致性高,杂种优势强,制种程序简单,但自交系产量低,种子生产成本较高,对环境条件的适应力弱。如亲本为自交系,该配组方式在其本身繁殖系数较高的条件下方可使用。

② 三交种:即 (A×B)×C。在自交系繁殖系数低时,先用两个自交系杂交获得单交种作母本,再与第三个自交系杂交。三交种生命力强,产量也相当高,但性状整齐度比单交种低。此外,由于母本为自交系杂交后代,种子生产量大,质量好。

③ 双交种:即 (A×B)×(C×D)。为进一步减少亲本自交系的用种量,提高制种产量,降低制种成本,可采用此方式配组杂交种。得到的双交种由于遗传组成较复杂,故适应性较强,但制种程序复杂,一致性和优势不如单交种。

④ 综合杂交种:由多个(8~10个)自交系配组得到,为人工合成的遗传基础广泛的群体。一次制种后可连续多代使用,适应性也较强,有一定的优势。

(4) 比较试验。配组方式确定后,配制出相应的杂交种子后,就可按照一般的育种程序进行品种比较试验、生产试验和区域试验,并根据试验结果评估推广价值。

3. 雄性不育系的选育和利用

利用雄性不育系做母本配制杂交种,可以免去大规模杂交制种时去雄的麻烦,降低制种成本。

（1）植物雄性不育性的遗传。植物的雄性不育性是指雌性性器官正常产生可育雌配子，雄性性器官不正常，不能产生或只产生不育的雄配子的遗传现象。植物的雄性不育性，早在1763年就有人作过报道。目前，已在18个科110种植物中发现存在遗传的雄性不育性。自然界发现的雄性不育有些是由环境因素造成的生理、生化不协调所致，是不能遗传的，在育种上没有价值。可遗传的雄性不育是由于细胞内具有相应的不育基因。根据不育基因的遗传控制方式不同，可将植物雄性不育分为三大类：

第一类，细胞核雄性不育性。这类雄性不育性是受细胞核基因控制的，多数为隐性基因，但在少数植物中也发现了受显性基因控制的雄性不育性。用受隐性核基因（msms）控制的雄性不育材料作母本，用正常的雄性可育材料（MsMs）授粉，产生的F_1种子全部雄性可育（Msms），F_2个体的雄花的育性按孟德尔方式分离，不能稳定地遗传。因此，用这类材料做杂种优势育种必须采用特殊的遗传育种技术。

第二类，细胞质雄性不育性。细胞质雄性不育性的不育性完全由细胞质控制，与细胞核没有关系，因而其遗传特征表现为母系遗传，即其后代均为不育，有保持系但找不到相应的恢复系。这使得这种雄性不育性的利用往往限制于以营养器官为产品的植物（如叶菜、根菜类），而在需要开花结实的作物上不能得到利用。Ogura 萝卜不育细胞质的白菜不育系即属于这种类型。

第三类，质核互作雄性不育性。质核互作雄性不育性的育性是受细胞质育性基因与细胞核中对应的育性基因相互作用决定的，其遗传模式有三种：当某种植物的一个品系具有细胞质雄性不育基因（S）和对应的隐性雄性不育基因（rfrf）时，它的基因型是 S(rfrf)，表现型为雄性不育，就是质核互作雄性不育系；当一个品系具有正常的细胞质基因（N）和雄性不育系相同的隐性核基因（rfrf）时，它的基因型是 N(rfrf)，表现型为雄性可育，用它的花粉给雄性不育系的雌花授粉，遗传模式为 S(rfrf)×N(rfrf)→S(rfrf)，所产生的后代仍然保持不育性，我们把它称为保持系；当一个品系的细胞核具有与细胞质不育基因相对应的育性显性恢复基因（RfRf）时，不论它的细胞质是不育基因还是可育基因，它的基因型是 N(RfRf) 或 S(RfRf)，表现型均为雄性可育，用它的花粉给雄性不育系的雌花授粉，遗传模式为 S(rfrf)×N(RfRf)→S(Rfrf) 或 S(rfrf)×S(RfRf)→S(Rfrf)，所产生的后代恢复为雄性可育，为恢复系。

通过上述分析可以看出，质核互作型的不育性是通过细胞质和细胞核基因间的互作产生的，既可以找到保持系使不育性得到保持，又可以找到相应的恢复系使育性得到恢复。经过连续的定向选择，可以获得育性稳定的雄性不育系、保持系和恢复系，并通过三系配套繁殖制种，生产具有杂种优势的杂交种子（F_1）。

（2）雄性不育系的选育。要选育雄性不育系首先要获得不育株，对其鉴定后根据其雄性不育的遗传方式，采取成对测交或连续回交的方法得到雄性不育系的保持系，这样就可繁殖不育株为雄性不育系。因此，不育系和保持系实际上是一对姊妹系。

（3）雄性不育系的转育。获得的雄性不育系如有较高的配合力，就可直接利用其作母本配制一代杂种。如配合力低，虽然仍可方便地产生F_1，但该F_1优势不强，需将其雄性不育性转移到一个配合力高的品种上，在保持该品种优良特性和高配合力的基础上，使其获得雄性不育的特性。这一过程可通过回交育种来实现。

(4)雄性不育系的利用。利用雄性不育系制种,是通过三系配套来实现的。每年设置两个隔离区,即不育系繁殖区和杂交制种区。不育系繁殖区同时也是保持系的繁殖区,不育系上采收的种子仍为不育系,保持系上采收的种子仍为保持系。杂交制种区同时也是恢复系的繁殖区,恢复系上采收的种子仍为恢复系,不育系上采收的种子为杂种一代。

4. 自交不亲和系的选育和利用

自交不亲和性是指植物的雌、雄蕊都正常,但由于遗传上的原因,通过同一系统内不同植株间在开花期不能互相授粉产生后代的现象。因此,利用自交不亲和系制种,同样可以减免去雄的工序,降低制种成本。

(1)自交不亲和性的遗传。自交不亲和性是有性生殖的又一种特殊形式。白菜型油菜、向日葵、甜菜、白菜、甘蓝、蔷薇科、槭科、石蒜科等作物中都发现过自交不亲和材料。这类材料具有完全花并能形成有正常功能的雌、雄蕊配子,但由于遗传上的原因,在花期自交不能受精、结实,也不能通过同系统内不同植株间互相授粉产生后代,而在蕾期这种杂交则能进行。自交不亲和性产生的原因可用"对立因子学说"来解释,由于柱头在花期能产生一种抑制物,使雌蕊有排斥自花授粉的特性,使具有同一基因的花粉在受精的不同阶段生长发育受到阻碍:有的在柱头上不能发芽;有的在花柱中的生长受阻,不能到达子房。这种抑制物在蕾期没有合成,所以蕾期授粉能结实。

(2)自交不亲和系的选育。选育自交不亲和系,可用连续自交、分离和定向选择的方法。选用配合力高的品种或自交系作原始材料,从中选择优良植株上的健壮花序,通过花期套袋自交检验其亲和性,并在开花前2~4天选同株的另一些花枝上的1~2个花序通过蕾期自交繁殖后代。选择花期自交亲和指数低而蕾期自交繁殖系数高的单株种成株系,经连续4~5代的自交,大多数系统的自交不亲和性和经济性状会得到稳定。此时选出亲和指数低、性状优良、整齐一致的株系,从中选10株取花粉混合,把这10株作为母本分别授以混合花粉,通过系内异花授粉,选出株间互交亲和指数最低和蕾期自交结实率高的系统,这就是自交不亲和系。

(3)自交不亲和系的繁殖。自交不亲和系通常采用蕾期授粉来进行繁殖,对开花前2~4天的花蕾授粉结实效果较好。此外也可以用2%~5%的食盐溶液打破自交不亲和性,结合小空间放蜂授粉生产自交不亲和系。

(4)自交不亲和系的利用。在生产杂种一代时,如双亲都为自交不亲和系且正、反交表现一致,可将两者混合种植在隔离地块中混收得到F_1种子。如不是,则要将作为母本的自交不亲和系与父本间隔按3:1或4:1种植,分别收获使用。如父、母本花期不遇,还要通过调节播种期或对早开花的亲本进行花序摘心的方法,使其花期相遇。

(四)其他育种方法

1. 诱变育种

(1)诱变育种的概念和特点。诱变育种是人为地利用物理、化学的因素,诱发有机体产生遗传物质的变异,再加以选择后培育成新品种的方法。诱发得到的突变可以是自然界所罕见的甚至没有的,突变频率高。由于突变往往发生在个别基因上,故育种年限得到极大缩短。此外,诱变还可提高远缘杂交的结实率,获得雄性不育源。

(2)诱变育种的类别。诱变育种根据诱变因素可分为物理诱变和化学诱变。前者是利用辐射诱发基因和染色体突变,故又称辐射诱变。后者是应用化学物质(如烷化剂、碱基类似物等)诱发基因和染色体突变。

(3)诱变材料的培育与选择。由于诱变处理对植物体来说是非正常生长条件,得到的材料常出现形态畸形或生长发育迟缓。我们要创造适当的环境条件培育诱变后代,一方面要区分真正的突变和不遗传的变异,另一方面应使诱变的材料能正常生长发育,性状得到充分表现,以便于选择。对诱变后代的选择进程通常比杂交育种快,另外要注意对微突变的选择,这种突变与经济性状关系密切,易发生,累积后有较大的作用。

2. 倍性育种

(1)单倍体育种。单倍体为具配子染色体数的体细胞或个体,因此其染色体都没有相应的同源染色体存在,每个基因也就没有相应的等位基因。控制质量性状的主基因无论为显性还是隐性,都能在个体发育中得到表现。而且单倍体被加倍后,其所有位点的基因都为同质结合,而成为遗传上高度纯合稳定的双倍体。单倍体育种就是利用这一特点,在杂种分离世代中培育单倍体进行选择鉴定,并对所选植株加倍利用;也可通过单倍体获得纯合的育种材料后利用。与杂交育种比较,单倍体育种具有克服杂种分离、缩短育种年限(从花粉培养到形成稳定的品系只需2个世代)、提高获得纯合体的效率(可提高2^n倍)、克服远缘杂交不孕性等优势。

(2)多倍体育种。多倍体为体细胞中含3个以上染色体组的细胞或个体。由于染色体数目存在剂量效应,多倍体往往表现出相对的巨大性,具有某些营养成分含量高、抗性强等特点,奇倍数的多倍体通常还有可孕性低(无籽)的表现。多倍体的这些特点可在生产中直接利用。多倍体的产生,主要通过秋水仙素的处理获得,也可通过不同倍数的个体杂交获得新的多倍体。无籽西瓜就是用二倍体与四倍体的西瓜杂交而得到的三倍体西瓜,已在生产上得到了广泛的应用。

3. 现代生物技术育种

生物技术是指以生命科学为基础,利用生物体系和工程原理创造新品种和生产生物制品的综合性科学技术。现代生物技术是以现代生物学研究成果为基础,以基因工程技术为核心的新兴学科,已成为传统育种技术的重要补充和发展。

现代生物技术在园艺植物育种中的应用主要有以下几个方面:

(1)构建遗传图谱,选择育种亲本。目前已在番茄、辣椒、菜豆、甘蓝、荠菜、苹果、葡萄、杨树等多种园艺植物中构建出部分或饱和分子遗传图谱,从而为育种方案的定制及基因的克隆等奠定了基础。

(2)改良品种有效方法。育种若经过杂交、回交和自交等过程,其间对分离群体和个体要逐一进行选择和鉴定,时间长、效率低,而应用分子标记辅助选择会大大提高效率。采用分子标记辅助育种可以快速、有效地选择含有目标基因的单株,加快目前育种过程,有利于改良现有品种的个别形状。例如,对控制苹果果色基因等标记均可在早期定位选择。

(3)鉴定分析种质资源及亲本后代。应用分子标记可以有效地鉴别栽培品种,消除同物异名、同名异物的现象,而且可以较快分类、筛选种质资源,同时可对亲本的血缘关系及其后代进行鉴定。

4. 转基因育种

（1）转基因育种概念。作物转基因育种，就是根据育种目标，从供体生物中分离目的基因，经 DNA 重组与遗传转化或直接运载进入受体作物，经过筛选获得稳定表达的遗传工程体，并经过田间试验与大田选择育成转基因新品种或种质资源。

与常规育种技术相比，转基因育种在技术上较为复杂，要求也很高，但是具有常规育种所不具备的优势：一是拓宽了可利用的基因资源；二是为培育高产、优质、高抗性优良品种提供了崭新的育种途径；三是可以对植物的目标性状进行定向变异和定向选择；四是可以大大提高选择效率，加快育种进程；此外，还可将植物作为生物反应器生产药物等生物制品。

（2）转基因技术。转基因育种的目标性状主要是抗除草剂、抗虫和抗病毒。转基因研究技术的中心环节即为 DNA 重组技术，其最终目的是将 DNA 片段转入另一个生物体，从而使该生物体具有某种表现性状。转基因通过获取基因、重组基因和表达基因等过程来实现。转基因打破了物种的界限，使不同种生物的遗传物质在分子水平上重新组合在一起，并且完全可以按照人的意志或目的，实现对生物体的改造。

有效的转基因方法概括起来说主要有两类。第一类是以载体为媒介的遗传转化，也称为间接转移系统法。基因转移（transgenosis）是借助于物理、化学或生物的手段将外源基因导入受体细胞，并检查其在该细胞内表达情况的一种技术，是细胞工程中一项重要而应用广泛的技术。第二类是外源的 DNA 的直接转化。细胞直接摄取外源 DNA 的过程称为转化（transformation），通过噬菌体的释放和感染将 DNA 从一个细胞转移到另一个细胞的过程，称为转导（transduction）

（3）转基因植物的潜在风险。转基因植物潜在的风险有如下几种：

① 转基因植物释放引发"超级杂草"问题。目前转入植物的基因以抗除草剂的为多，其次为抗虫和抗病毒，然后是抗逆。如果这些基因逐渐在野生种群中定居，野生种群的杂草就具有选择优势的潜在可能，成为难以控制的"超级杂草"。

② 转基因植物中 35S 启动子的生物安全性问题。启动子是基因表达所必需的，决定了外源基因表达空间、表达时间和表达强度等，是人们定向改造生物的重要限制因素。最常用的启动子是 35S 启动子，该启动子能够在植物组织中高水平表达，因此已经被引入许多转基因植物中。35S 启动子内有一重组热点，如果 35S 启动子插入到隐性病毒基因组旁，可能会重新活化病毒；启动子插入到某一编码毒素蛋白的基因上游，可能会增强该毒素的合成；当转基因植物被动物或人类食用后，35S 启动子可能会插入到某一致癌基因上游，活化并且导致癌变。

③ 抗生素抗性标记基因的生物安全性问题。抗生素抗性标记基因是否能在环境中传播是学术界持续争论的话题。目前，转基因作物都使用细菌编码的抗生素抗性基因作为选择性标记。在过去的几年里，越来越多的报道指出：细菌可以获得对多种抗生素的抗性。这导致人们开始怀疑：转基因植物中的抗性基因是否会转移到细菌中？抗性标记基因是否会通过食物在肠道中水平转移至体内的微生物，从而影响抗生素治疗的有效性？抗性标记基因产物是否使人体产生抗药性（食品安全性）？

④ 转基因食品的安全性问题。转基因食品对人类的可能危害主要有三大类：一是可能含有已知或未知的毒素，对人体产生毒害作用；二是可能含有已知或未知的过敏源，引起人体的过敏反应；三是食品某些营养成分或营养质量可能产生变化，使人体出现某种病症。

三、新品种审（鉴）定

（一）主要农作物新品种审定

1. 园艺植物主要农作物目录

我国《种子法》规定，对主要农作物新品种实行国家和省两级审定制度。水稻、小麦、玉米、棉花、大豆5个作物是我国《种子法》规定的主要农作物；油菜和马铃薯为农业部规定的主要农作物；此外，《种子法》还规定，各省级农业行政主管部门可以确定1~2个农作物为主要农作物（表2-12）。下面以江苏省为例介绍主要农作物新品种审定程序。

表2-12 各省（市）规定的主要农作物目录

省（市）	主要农作物	省（市）	主要农作物	省（市）	主要农作物
北京	西瓜、大白菜	新疆	甜菜、油葵	广东	花生
天津	西瓜	浙江	西瓜、桑树	广西	西瓜、甘蔗
河北	尚未确定	安徽	尚未确定	海南	尚未确定
山西	向日葵、西瓜	福建	甘薯、茶树	重庆	柑橘、茎用芥菜
内蒙古	向日葵、高粱、甜菜	江西	辣椒、西瓜	四川	甘薯
辽宁	高粱	山东	花生、大白菜	贵州	尚未确定
吉林	高粱	河南	花生、西瓜	云南	甘蔗、蚕豆
黑龙江	甜菜、白菜	湖北	西瓜、花生	西藏	尚未确定
上海	暂不确定	湖南	辣椒、西瓜	陕西	苹果、向日葵
甘肃	胡麻	青海	蚕豆、青稞	宁夏	豌豆、胡麻

2. 提出申请

（1）申请人。申请人可以为单位或者个人。在中国没有经常居所或者营业场所的外国人、外国企业或者其他组织在中国申请品种审定的，应当委托具有法人资格的中国种子科研、生产、经营机构代理。

（2）申请品种。申请审定的试验品种，应该是人工选育或发现并经过改良，与现有品种有明显区别，遗传性状相对稳定，形态特征和生物学特性一致，具有适当名称的农作物群体。

（3）申请审定的范围。主要农作物品种实行国家或省级审定，申请者可以申请国家审定或省级审定，也可以同时申请国家审定和省级审定，也可以同时向几个省（自治区、直辖市）申请审定。省级农业行政主管部门确定的主要农作物品种实行省级审定。从境外引进的农作物品种和转基因农作物品种的审定权限按国务院有关规定执行。

（4）申请书填写。申请品种审定的，应当向品种审定委员会办公室提交申请书，申请书格式如表2-13所示。

表2-13　江苏省农作物品种试验申请书

作物种类：＿＿＿＿＿＿＿＿＿＿＿＿＿　　　　　　　　　　编号：苏种申第＿＿＿＿号

品种名称		亲本组合及来源	
是否已申请品种权保护		保护品种名称	
是否转基因品种		生产性试验批件编号	
参试组别		试验类别	□区域试验　□预备试验
选育单位		选育起止年限	
申请单位		通讯地址	
联系人		邮政编码	
联系电话		E-mail	

一、选育目的：

二、品种选育（引进）报告：（包括亲本及组合来源、选育方法或引进过程、选育世代及特征特性描述等，按时间顺序用示意图表示）

三、试验结果：（育成单位开展试验的说明） 试验产量情况 品质检测情况 抗性鉴定情况

四、主要农艺性状及特征、特性：（根据不同作物试验记载情况进行说明） （可附标准图片）

五、栽培技术要点：（适宜播栽期、栽培密度、肥水管理、病虫草害防治）

申请参试单位推荐意见（盖章）： 年　　月　　日

省品审办意见（盖章）： 年　　月　　日

3. 受理

(1) 受理机构。农业部设立国家农作物品种审定委员会负责国家级农作物品种审定工作。省级农业行政主管部门设立省级农作物品种审定委员会负责省级农作物品种审定工作。

品种审定委员会由科研、教学、生产、推广、管理、使用等方面的专业人员组成,下设立办公室,负责品种审定委员会的日常工作。品种审定委员会按作物种类设立专业委员会,如水稻专业委员会、小麦专业委员会等。品种审定委员会设立主任委员会,由品种审定委员会主任、副主任,各专业委员会主任,各审定小组组长,办公室主任组成。

(2) 受理。品种审定委员会办公室在收到申请书2个月内做出受理或不予受理的决定,并通知申请者。对于符合规定的,应当受理,并通知申请者在1个月内交纳试验费,提供试验种子。对于交纳试验费和提供试验种子的,由办公室安排品种试验。逾期不交纳试验费或者不提供试验种子的视同撤回申请。对于不符合规定的,不予受理;申请者可以在接到通知2个月内陈述意见或者予以修正,逾期未答复的视同撤回申请;修正后仍然不符合规定的,驳回申请。

4. 中间试验

品种试验包括区域试验和生产试验。区域试验是指在同一生态类型区的不同自然区域,选择能代表该地区土壤特点、气候条件、耕作制度、生产水平的地点,按照统一的试验方案和技术规程鉴定试验品种的丰产性、稳产性、适应性、品质、抗性及其他重要特征特性,从而确定品种的利用价值和适宜种植区域的试验。生产试验是在区域试验的基础上,在接近大田生产的条件下,对品种的丰产性、适应性、抗性等进一步验证的试验。

中间试验设对照品种,一般是符合试验品种定义,在生产上或特征、特性上具有代表性,用于与试验品种比较的品种。每一个品种的区域试验在同一生态类型区不少于5个试验点,试验重复不少于3次,试验时间不少于两个生产周期。每一个品种的生产试验在同一生态类型区不少于5个试验点,一个试验点的种植面积不少于300 m^2,不大于3 000 m^2,试验时间为一个生产周期。

抗逆性鉴定、品质检测结果以品种审定委员会指定的测试机构的结果为准。每一个生产周期结束后3个月内,品种审定委员会办公室应当将品种试验结果汇总并及时通知申请者。

5. 初审

对于完成品种试验程序的品种,品种审定委员会办公室应当在3个月内汇总结果,并提交品种审定委员会专业委员会或者审定小组初审。专业委员会(审定小组)应当在2个月内完成初审工作。园艺植物主要农作物品种的审定标准,由省级农业行政主管部门制定,报农业部备案。

专业委员会(审定小组)初审品种时应当召开会议,到会委员达到该专业委员会(审定小组)委员总数2/3以上的,会议有效。对品种的初审,根据审定标准,采用无记名投票表决,赞成票数超过该专业委员会(审定小组)委员总数1/2以上的品种,通过初审。通过初审的品种,填写品种审定申请书(表2-14)。

表 2-14　江苏省主要农作物品种审定申请书

作物种类		参试品种名称	
选育单位		选育起止年限	
品种权保护情况		品种保护名称	
是否转基因品种		安全证书号	
申请审定单位		建议审定定名	
通讯地址		联系电话	

一、选育目的：

二、品种选育(引进)报告：(包括亲本及组合来源、选育方法或引进过程、世代及特性描述等，按时间顺序用示意图表示)

三、品种区试结果：(以省品审办汇总数据为准)
　　　　　　平均亩产　对照亩产　比对照增/减产(%)　增/减点次　排列名次
预试情况：
区试情况：
第一年：
第二年：
两年平均：
生试情况：

四、品质检测情况：(以省品审办汇总数据为准)
　　　　　　　第一年　　　　　第二年　　　　　第三年
检测时间：
检测单位：
检测项目：
(按试验记载项目填写)

五、抗性鉴定情况：(以省品审办汇总数据为准)
　　　　　　第一年　　　　　第二年　　　　　第三年
检测时间：
检测单位：
检测项目：
(按试验记载项目填写)

六、主要农艺性状及特征特性：(按不同作物在试验中的结果填写，可附标准图片)

续表

七、栽培技术要点:(按适宜播栽期、肥料运筹、水浆管理、病虫草害防治要求填写)
八、主要优缺点: 主要优点: 主要缺点:
九、相关附件材料: 1. 品种选育报告 2. 栽培试验总结 3. 相关证明材料

申请审定单位意见(盖章):	审定单位意见(盖章):
年　月　日	年　月　日

6. 公告

初审通过的品种,由专业委员会(审定小组)在1个月内将初审意见及推荐种植区域意见提交主任委员会审核,审核同意的,通过审定。主任委员会应当在1个月内完成审定工作。审定通过的品种,由品种审定委员会编号、颁发证书,同级农业行政主管部门公告。编号为审定委员会简称、作物种类简称、年号、序号,其中序号为三位数。省级品种审定公告,应当报国家品种审定委员会备案。审定公告在相应的媒体上发布。审定公告公布的品种名称为该品种的通用名称。

审定未通过的品种,由品种审定委员会办公室在15日内通知申请者。申请者对审定结果有异议的,在接到通知之日起30日内,可以向原品种审定委员会或者上一级品种审定委员会提出复审。品种审定委员会对复审理由、原审定文件和原审定程序进行复审,在6个月内作出复审决定,并通知申请者。

审定通过的品种,在使用过程中如发现有不可克服的缺点,由原专业委员会或者审定小组提出停止推广建议,经主任委员会审核同意后,由同级农业行政主管部门公告。

(二)非主要农作物新品种鉴定

为加强非主要农作物品种的管理,加快非主要农作物新品种的选育、试验和推广,规范非主要农作物品种种子生产经营行为,维护品种选育者和种子生产者、经营者、使用者的合法权益,确保农业生产安全,部分省、市根据《种子法》有关规定,结合各地实际情况,在自愿原则下开展非主要农作物品种鉴定制度。这里所称的非主要农作物,是指国家规定的稻、小麦、玉米、棉花、大豆,农业部规定的油菜、马铃薯和各省、自治区自行规定的主要农作物之外的农作物。下面以江苏省为例,介绍非主要农作物新品种鉴定程序。

1. 提出申请

(1) 申请原则。非主要农作物品种鉴定遵循自愿申请的原则,特粮特经、蔬菜品种鉴定由育种单位和个人向江苏省种子管理站提出申请;果、茶、花品种鉴定由申请者向江苏省农业委员会园艺处提出申请。

(2) 申请人。在中国没有经常居所或者营业场所的外国人、外国企业或者其他组织,在江苏申请非主要农作物品种鉴定的,应当委托具有法人资格并在江苏注册的种子科研单位、企业、经营机构代理。从境外引进非主要农作物品种和转基因农作物品种的管理按国务院有关规定执行。

(3) 申请品种。申请鉴定的品种应当具备下列条件:人工选育或发现并经过改良,品种来源清楚;主要遗传性状相对稳定;形态特征和生物学特性一致;与现有品种有明显区别;具有适当的名称。品种名称应当符合《中华人民共和国植物新品种保护条例》的有关规定和国家品审会规定的品种命名规则。

(4) 申请书填写。申请鉴定的品种,应提交《江苏省非主要农作物品种鉴定申请书》(表 2-15)。

表 2-15　江苏省非主要农作物品种鉴定申请书

作物种类		参试品种名称	
选育单位		选育起止年限	
品种权保护情况		品种保护名称	
是否转基因品种		安全证书编号	
申请鉴定单位		建议鉴定定名	
通讯地址		联系电话	
一、选育目的:			
二、品种选育(引进)报告:(包括亲本及组合来源、选育方法或引进过程、选育世代及特征特性描述等,按时间顺序用示意图表示)			
三、品种区试结果:(以省品审办汇总数据为准) 　　　　　平均亩产　对照亩产　比对照增/减产(%)　增/减点次　排列名次 预试情况: 区试情况: 第一年: 第二年: 两年平均: 生试情况:			

续表

四、品质检测情况:(以省品审办汇总数据为准)		
第一年	第二年	第三年
检测时间:		
检测单位:		
检测项目:		
(按试验记载项目填写)		

五、抗性鉴定情况:(以省品审办汇总数据为准)		
第一年	第二年	第三年
检测时间:		
检测单位:		
检测项目:		
(按试验记载项目填写)		

六、主要农艺性状及特征特性:(按不同作物在试验中的结果填写,可附标准图片)

七、栽培技术要点:(按适宜播栽期、肥料运筹、水浆管理、病虫草害防治要求填写)

八、主要优、缺点:

主要优点:

主要缺点:

九、相关附件材料:

1. 品种选育报告
2. 栽培试验总结
3. 相关证明材料

申请审定单位意见(盖章):	审定单位意见(盖章):
年 月 日	年 月 日

2. 受理

（1）受理机构。江苏省非主要农作物品种的鉴定工作由江苏省农作物品种审定委员会统一管理。品种鉴定工作的组织实施,特粮特经、蔬菜由江苏省种子站负责,果、茶、花由江苏省农林厅园艺处负责,桑树由江苏省蚕种管理所负责。

按照非主要农作物的类型,设立特粮特经,蔬菜,果、茶、花和桑树 4 个鉴定专业委员会,其中蔬菜鉴定专业委员会不另行设立,鉴定工作由省品种审定委员会蔬菜专业委员会负责。非主要农作物各鉴定专业委员会由科研、教学、生产、推广、管理、使用等方面的专业技术人员组成。每个鉴定专业委员会分作物建立由 7~11 名专家组成的专家库。根据不同作物品种鉴定工作需要,每个鉴定专业委员会可从专家库中聘请相应的专家开展品种鉴定工作。

（2）受理。组织单位在收到申请书 1 个月内做出受理或不予受理的决定,并通知申请者。对于符合规定的应当受理,并通知申请者在规定时间内提供鉴定试验种子和交纳鉴定试验费(包括组织试验和品质、抗性鉴定等费用)。逾期不提供试验种子和不交纳鉴定试验费用的,视同撤回申请。对于不符合规定的不予受理,申请者可以在接到通知 2 个月内陈述意见或者予以修正,逾期未答复的视同撤回申请,修正后仍然不符合条件的,驳回申请。

3. 鉴定试验

受理鉴定的品种,由组织单位安排品种鉴定试验,主要对申请鉴定品种的丰产性、抗逆性、品质、适应性和农艺性状等进行鉴定。鉴定试验由组织单位主持或委托有关单位主持。具体试验方案和方法由各鉴定专业委员会制定。鉴定试验品种的抗逆性鉴定、品质检测等应由组织单位选择有法定资质的专业测试机构进行,其结果统一纳入鉴定试验结果进行分析。

4. 鉴定与公告

各鉴定专业委员会一般每年召开一次鉴定会议,初审申请鉴定的品种。召开鉴定会议时,到会委员(专家)达到该鉴定专业委员会委员总数 2/3 以上为有效。根据品种鉴定标准,赞成票数超过该专业委员会委员总数 1/2 以上的品种,即为通过初审。

通过初审鉴定的品种,由鉴定专业委员会提出鉴定意见,提交组织单位审核后,报省品种审定委员会主任委员会批准,批准同意的通过鉴定。通过鉴定的品种,由省品种审定委员会统一命名、编号、颁发证书,并由省农业主管部门公告。

鉴定未通过的品种,鉴定组织单位应在 15 日内告知申请者。申请者有异议的,在接到通知之日起 30 日内,可向鉴定组织单位申请复议。鉴定组织单位对复议理由进行审核后,可根据具体情况要求申请者提供有关材料或进一步安排试验,提请下一次鉴定专业委员会复议,复议结果为最终结果。

鉴定通过的品种,在使用过程中如发现有不可克服的缺点或不宜继续使用的,由鉴定专业委员会提出停止推广的建议,经省品种审定委员会主任委员会审核批准后,由省农业主管部门公告。

任务3 园艺植物引种

引种对种子企业增强市场竞争力、提高生产效益具有重要意义。引种工作者必须掌握必备的引种理论和引种方法,同时坚持先试验、后推广的原则,遵循引种的一般程序。

一、园艺植物引种的概念与规律

(一)园艺植物引种的概念

园艺植物引种是指从外地区或国外引进新的园艺植物类型、新的植物品种以及为育种和有关理论研究所需要的各种种质资源的过程。

按照引种后园艺植物可能产生反应的不同,引种又有简单引种和驯化引种之分。前者原分布区与引入地的自然条件差异小,或引种植物本身适应性广,植物不改变本身的遗传性就能适应新环境条件,因而引种后植物能正常生长;后者植物本身适应性很窄,且引入地的生态条件与原产地的差异很大,引种植物需经改变遗传特性后才能适应新的环境条件。无论是简单引种还是驯化引种,都在园艺植物的发展中有着重要的意义。我国古代就从国外引入了黄瓜、胡萝卜等蔬菜作物,番茄、马铃薯、甘蓝、洋葱等也都是近百年前从国外引入的。

(二)园艺植物引种的一般规律

1. 植物的适应性与引种

植物对环境的适应性受其基因型的控制,不同植物种类之间适应性有很大的差异,即便是同一种植物的不同品种之间,适应性也有较大的差异。适应性范围广的品种,常具有较强的自体调节能力,表现为对异常外界环境的影响具有某种缓冲作用,使其得以在自然界广泛分布。例如,白凤广桃品种在北京、江苏、江西、河北、辽宁等省市均表现为丰产优质,而肥城佛桃适应范围就很窄。此外,植物适应能力的大小,还与系统发育中历史上的生态条件有关,历史生态条件越复杂,其适应性越广泛。

2. 生态环境条件与引种

引种时除了考虑园艺植物对环境的适应性外,还应详细分析环境条件对引种植物的影响,通过对原产地和引入地环境条件的比较,选择合适的地区进行引种。能否正确掌握植物与环境关系的客观规律,是引种成败的关键。在园艺植物引种时需考虑综合生态因子的影响和个别生态因子的影响。

(1)综合生态因子的影响。20世纪初,德国林学者迈尔(H. Mayr)提出了气候相似论,认为"木本植物引种成功的最大可能性是在于树种原产地和新栽培区气候条件有相似的地方"。通常从生态型相似的地区引种容易获得成功,相反的则困难多些。对生态型的形成起较大作用的是气候条件,而地理位置是影响不同地区之间气候条件的主要因素。其中纬度的影响最为明显,相同纬度的日照长短、温度及雨量都很接近,相互引种较易成功。

（2）个别生态因子的影响。引种的生态学研究，既要注意各种生态因子总是综合地作用于植物，也要看到在一定时间、地点条件下，或植物生长发育的某一阶段，在综合生态因子中总是有某一生态因子起主导的决定性作用。引种时应找出影响引种适应性的主导因子，对个别生态因子进行分析研究。

① 温度。温度常常是影响引种成败的关键因子，温度支配着植物的生长发育，限制了植物的分布。对植物产生影响的温度因子主要是年平均温度，最高、最低温度，季节交替特点等。

一般来说，温度升高能促进植物的生长发育，提早成熟；温度降低，会延长生育期。对喜温蔬菜来说，北种南引，会有缩短营养生长期和果实提早成熟的趋势，有些蔬菜因不耐高温而生长发育不良。例如，番茄、甜椒的不耐高温品种在南引时如纬度相差过大，一定要改变播期，以避开高温季节，否则夏季往往生长不良。而南种北引，地区温度差异过大时，往往使营养生长和果实成熟期延长，从而缩短果实采收期，降低产量。

极限温度的影响包括最高、最低温度和低温持续时间对引种的限制。植物生长发育有一定的临界温度，这是植物所能忍受的最低、最高温度极限。对于喜冷凉、不耐高温的蔬菜而言，其生长起始低温和临界高温是其温度限制因子。引入地的日平均温度在这两个温度间的相隔天数决定了这类蔬菜的实际生长季节。对于多年生树木，即使从原产地与引种地的平均温度来分析能引种成功，最低温度却往往成为限制因子。除此之外，低温持续的时间也可成为引种的限制因子。

② 日照。日照对引种的影响有日照长短、强度等。不同园艺植物种类对光照强度的要求不同，有阳性植物和阴性植物之分，引种时必须掌握以上规律或引种后采取相应的措施，如遮阴、防寒等。

日照长短随纬度不同有较大差异，纬度愈高，同一时期的日照愈长。一年中夏季白昼时间长，冬季白昼时间短。长期生长在不同纬度的植物，对昼夜长短有一定的反应，即光周期现象。有些植物在日照时间长的时期进行营养生长，到日照短的时期进行花芽分化并开花结实，为短日照植物，如菊花中的秋菊。与之相反的是长日照植物，在日照短的时期进行营养生长，要到日照长的时期才能开花结实，如洋葱、甜菜、胡萝卜、莴苣、唐菖蒲等。而番茄的多数品种、茄子、甜椒及多果树种类品种在日照长短不同条件下都能开花结实，对日照长短反应不敏感。

因此，对日照长短反应敏感的种类和品种，以在纬度相近的地区间引种较为适宜。例如，北方型洋葱需在长日下形成鳞茎，引种到低纬度南方地区后，生长季节遇上日照较短，鳞茎开始膨大较晚，未及生长即遇到高温气候，表现为地上部徒长，鳞茎发育不良。相反，要求短日照的南方型品种引种到北方后，遇上日照较长，植株尚未长大已形成鳞茎，由于叶部同化面积小，养分不能充足供应，鳞茎膨大不充分，表现为产量降低。

③ 降水和湿度。降水对植物生长发育的影响主要表现在年降水量、降水在四季的分布和空气湿度上。我国降水量的变化规律为由低纬度的东南沿海地区向高纬度的西北内陆地区呈递减，从而影响了这些地区的园艺植物分布。降水量在一年中的分布有时也限制了某些品种的引入。例如，国光苹果引入江苏黄河故道地区后，就是由于某些年份在成熟季节降水过多而导致大量的果实果皮开裂，使其失去了商品价值，引种不成功。降水直接影响到大气相对湿度，对引种也产生影响。一般从降水多，大气相对湿度高的地区引种到降水少、湿

度低的地区,由于可通过灌溉进行调节而易获得成功。相反,就难以取得良好的效果。例如,新疆的甜瓜、欧洲的葡萄品种是适合干旱环境的生态型品种,引种到长江流域后由于多雨高湿造成落花落果、品质下降,还有严重的病害,难以符合经济栽培要求。

④ 土壤。土壤对引种产生影响的因素有理化性质、含盐量、pH 及地下水位的高低等。其中影响较大的是含盐量和 pH。

⑤ 其他生态因子。除以上常见的这些因子外,植物在长期的生长进化过程中,还与周围的生物建立了协调与共生的关系。有些植物根部与土壤中的真菌共生,如松属、楠属、椴属、桦属、板栗、兰花等在引种时,不引种菌根就难以成活。地形影响气温、日照强度、空气流动性、土层厚度和土温,也影响水分的再分配。通过选择合适的小气候,巧妙利用地形,就可能促使引种成功。

二、园艺植物引种的程序与方法

引种过程中,在分析两地情况及引种植物的基础上,还应该按照一定的程序有计划、有目的地开展,并通过引种试验确保引种成功。在引种中要坚持"既积极又慎重"的原则。

(一)引种试验

引种有一般的规律可循,但不同园艺植物的适应性确实是存在差异的。因此,要使引种材料在引入地顺利推广应用,必须进行实际的栽培试验,即引种试验。通过引种试验,可以检验引入材料的适应性,了解它们在原产地的优良性状能否在引入地保持,并比较各种材料之间的相对优劣,确定引入材料的实际利用价值。引种试验的程序如下:

1. 试引观察

通过少量试引,将初引进的材料进行小面积的试种观察,了解其对本地区生态条件的适应性及生产利用价值,以便从中选出最好的材料进行进一步试验。

2. 比较试验

对试引观察中表现优良的材料,设置重复品种比较试验,以做出更精确的比较鉴定,并从中选出优良材料,再通过较大面积的区域试验和生产试验,进一步选出优良的材料,予以扩大繁殖,推广应用。

(二)引种过程中栽培技术的研究

引种时要注意栽培技术的研究,避免由于栽培技术的不到位而低估了某些引入品种的使用价值,应通过适当的栽培技术克服两地环境条件的差异对植物生长发育的不良影响,确保引种成功。栽培技术的研究主要有以下几个方面:

1. 播种期

南种北引时,对于低温长日性作物,由于其生长期缩短,提早成熟,应适当晚播,但过晚易遭受后期冻害;高温短日性植物往往表现迟熟,以提早播种较好;对于多年生树木,则要通过适当延期播种来减少生长量,增加组织充实度,使枝条提早成熟,增强越冬性。而北种南引时,对于低温长日性作物,由于其成熟期延迟,易遭受后期自然灾害的威胁或者影响后作的播种、栽植,故应提早播种;对于高温短日性植物,对生育期缩短、提早成熟所采取的措施往往是延迟播种,这样自然使其营养生长期明显缩短,同时要考虑适度加强管理以保证高产;对多年生树木,则通过适当的早播来增加植株在长日照下的生长期,以增加生长量。

2. 栽培密度

南种北引时往往可通过适当密植来增加抗寒越冬能力;而北种南引时则要适当加大株距和行距。

3. 肥水管理

南种北引时要适当地节制肥水,以提高其越冬性。北种南引时则正相反,应通过多施氮肥和追肥来促进植物生长,并增加灌溉次数以增加土壤湿度、提高空气湿度和降低地温,减少炎热的危害。对多年生树木,还可延迟封顶,形成徒长枝条以抵制过短日照的有害作用。

4. 光照处理

南种北引时,可进行短日照处理,遮去早晚光,减少植株生长量;北种南引时则通过长日照处理延长植物生长期,增加生长量。

5. 土壤 pH

通常南方土壤偏酸,北方土壤偏碱。南种北引时,可适当浇含有硫酸亚铁螯合物等微酸性的水,或多施有机肥。对土地含盐量大的,要注意雨后覆盖土壤,以防止水分蒸发出现返盐;北种南引时,可适当施用熟石灰以改变土壤 pH。

6. 防寒遮阴

对从南向北引种的植物,要注意防寒以保证安全越冬;而对从北向南引种的植物,为使其安全越夏,要给予适当的遮阴。

(三) 一些特殊的引种程序

1. 从国外引进园艺植物品种

如果从国外引进园艺植物品种,必须遵守《进出口农作物种子(苗)管理暂行办法》。从事进出口生产用种子业务的单位应当具备中国法人资格,个人不能从事进出口生产用种子业务。

进出口大田用商品种子,应当具有与其进出口种子类别相符的种子生产、经营权及进出口权;没有进出口权的,由农业部指定的具有农作物种子进出口权的单位代理。

进口试验用种子应坚持少而精的原则。每个进口品种,种子以 10 亩播量为限,苗木以 100 株为限。进口试验用种子应在国家或省(自治区、直辖市)农作物品种审定委员会的统一安排指导下进行种植试验。

2. 引进转基因作物品种

如果引进的园艺植物品种为转基因生物,必须遵守《农业转基因生物安全管理条例》的有关规定。农业部负责农业转基因生物进口的安全管理工作,国家农业转基因生物安全委员会负责农业转基因生物进口的安全评价工作。从中华人民共和国境外引进农业转基因生物用于试验的,引进单位应当从中间试验阶段开始逐阶段向农业部申请。

(1) 从中华人民共和国境外引进安全等级 I、II 的农业转基因生物进行实验研究的,引进单位应当向农业转基因生物安全管理办公室提出申请,并提供下列材料:农业部规定的申请资格文件;进口安全管理登记表;引进农业转基因生物在国(境)外已经进行了相应的研究的证明文件;引进单位在引进过程中拟采取的安全防范措施。

(2) 从中华人民共和国境外引进安全等级Ⅲ、Ⅳ的农业转基因生物进行实验研究的和所有安全等级的农业转基因生物进行中间试验的,引进单位应当向农业部提出申请,并提供下列材料:农业部规定的申请资格文件;进口安全管理登记表;引进农业转基因生物在国(境)外已经进行了相应研究或试验的证明文件;引进单位在引进过程中拟采取的安全防范措施;《农业转基因生物安全评价管理办法》规定的相应阶段所需的材料。

(3) 从中华人民共和国境外引进农业转基因生物进行环境释放和生产性试验的,引进单位应当向农业部提出申请,并提供下列材料:农业部规定的申请资格文件;进口安全管理登记表;引进农业转基因生物在国(境)外已经进行了相应的研究的证明文件;引进单位在引进过程中拟采取的安全防范措施;《农业转基因生物安全评价管理办法》规定的相应阶段所需的材料。

经审查合格后,由农业部颁发农业转基因生物安全审批书。引进单位应当凭此审批书依法向有关部门办理相关手续。

3. 从相邻省份同一生态区引种审定的主要农作物品种

从相邻省份引进同一生态区已经审定的主要农作物品种,一般各省都制定了具体的操作程序。以江苏为例(表2-16),引种相邻省(市)(上海市、浙江省、安徽省和山东省)同一生态区审定的主要农作物品种,必须符合以下条件:

(1) 相邻省(市)已经审定通过。

(2) 适宜种植范围与江苏省相同生态区一致。

(3) 符合江苏省主要农作物品种审定标准。

(4) 具有江苏省权威部门出具的在江苏省适宜区域内的试验、鉴定报告,试验鉴定内容包括多点试验(参照生产试验)产量结果、指定检测单位的品质测定分析结果、主要病虫草害及逆境的抗性鉴定结果。

省农委受理引种申请后,应当在45日内做出是否同意引种的决定。同意在适宜地区引种的,颁发品种证书并公告,不同意引种的,答复申请者并说明理由。同意在适宜地区引种的品种,生产经营者应当在种子包装袋上同时加标识注明品种审定编号和江苏省的引种编号。

(四) 引种的注意事项

1. 目的明确,有组织地进行

引种必须根据生产上存在的问题,通过详细分析当地的具体条件,有目的、有组织地进行,选择引入材料必须具有育种目标的经济性状,对当地气候、土壤条件有适应的可能性,不可盲目乱引乱调,准备调入的品种要经主管部门批准,以免给生产带来不必要的损失。

2. 防止检疫性病虫害和杂草的传播,防止引种不当而破坏当地的生态平衡

《植物检疫条例》规定,凡种子、苗木和其他繁殖材料,不论是否列入应施检疫的植物、植物产品名单和运往何地,在调运之前,都必须经过检疫(表2-17)。国务院农业主管部门、林业主管部门主管全国的植物检疫工作,各省、自治区、直辖市农业主管部门、林业主管部门主管本地区的植物检疫工作。县级以上地方各级农业主管部门、林业主管部门所属的植物检疫机构,负责执行国家的植物检疫任务。引种时要严格执行检疫制度,防止病虫害和杂草随引种进行传播。同时要注意引种植物对当地生态平衡的影响,避免因引种植物的失控带来的灾害。

3. 引育结合

引入新品种后,由于两地的环境条件不一致,某些材料会由于生态显现而表现出原产地所不具备的优良性状;或某些材料群体表现一般,但其中出现一些特别优良的个体;也可能引入的材料中出现一些非常优良的性状。对这些情况,我们可结合选择育种,或将这些材料作为杂交育种的亲本进一步加以利用,充分发挥引入材料的作用,培育更优良的品种。

表2-16 江苏省引种相邻省份审定主要农作物品种申请书(共五项)

一、品种来源及产量结果

作物名称				品种名称				
育成单位(个人)								
亲本及组合来源								
审定情况	审定省份1			审定时间				
	审定省份2			审定时间				
审定省份中间试验产量结果(包括所有区域试验和生产试验资料,分省份、分年度填入表中)								
省份	年份	试验类别(区、生试)	试验亩产/kg	对照品种		较对照增(减)产/%	显著性	参试品种总数	产量位次
				品种名称	试验亩产				
其他试验结果:									

二、品质状况及抗性鉴定结果

品质检测单位和时间:						
	检测项目	第一年结果		第二年结果		两年结果平均	
		本品种	对照	本品种	对照	本品种	对照
品质检测结果							

续表

抗性鉴定结果	抗性鉴定单位和时间：						
	检测项目	第一年结果		第二年结果		两年结果平均	
		本品种	对照	本品种	对照	本品种	对照

备注：所有检测和鉴定的主要项目应全部填入表中，空格不够请自行添加。

三、主要农艺性状及特征特性（以省级区域试验结果为准）

主要农艺性状						
填报项目	区试第一年		区试第二年		两年结果平均	
	本品种	对照	本品种	对照	本品种	对照
全生育期/天						
株高(蔓长)/cm						

备注：在不同作物主要农艺性状填报项目栏中按作物要求填写。稻：每亩有效穗、每穗实粒数、结实率、千粒重；麦：每亩穗数、每穗粒数、千粒重；棉花：每亩株数、果枝数、单株结铃数、铃重、大样衣分、小样衣分、籽指、衣指；玉米：每亩株数、主茎叶片数、穗长、穗粗、每穗行数、行粒数、千粒重；油菜、大豆：每亩株数、每株结荚数、每荚粒数、百(千)粒重；甘薯：每亩株数、单株结薯数、干率；西瓜、辣椒：每亩株数，单株结瓜(果)数，平均单瓜(果)重。

主要特征特性	
幼苗形态(习性)	
成株形态	
收获物特征	
抗倒性	
耐寒性	
耐旱性	
耐湿性	

续表

耐瘠性	
田间抗病性	

适应种植区域分析：

四、品种自我评价及栽培技术要点

品种自我评价（分主要优点、主要缺点）：

栽培技术要点： 　　一、播种：适宜播种期、用种量、播种方式、播种密度、田间生长情况等。 　　二、栽培：栽培密度（包括行株距）、栽培方式、基本苗、不同生育阶段的群体消长动态及调控措施等。 　　三、肥水管理：施肥种类、施肥量、肥料运筹比例、施肥方式、田间沟系配套及管理技术措施等，旱作物需说明抗旱、降渍措施及敏感期。 　　四、病虫草害防治：主要病虫草害防治适期、使用药剂类型、用药量、防治效果等。

　　备注：杂优组合应简要说明繁殖、制种技术要点及产量情况。

五、审核意见

申请单位意见： 　　　　　　　　　　　　负责人签字：　　　　（单位盖章） 　　　　　　　　　　　　　　　年　月　日
申请者所在省级农作物品种审定委员会意见： 　　　　　　　　　　　　　　　　　　（盖章） 　　　　　　　　　　　　　　　年　月　日
江苏省农作物品种审定委员会审核意见： 　　　　　　　　　　　　　　　　　　（盖章） 　　　　　　　　　　　　　　　年　月　日
江苏省农业委员会审批意见： 　　　　　　　　　　　　　　　　　　（盖章） 　　　　　　　　　　　　　　　年　月　日

表 2-17　全国农业植物检疫性有害生物名单

昆虫		细菌	
1	菜豆象 Acanthoscelides obtectus（Say）	1	瓜类果斑病菌 Acidovorax avenae subsp. citrulli（Schaad et a.）Willems et al
2	柑橘小实蝇 Bactrocera dorsalis（Hendel）	2	柑橘黄龙病菌 Candidatus liberobacter asiaticum Jagoueix et al
3	柑橘大实蝇 Bactrocera minax（Enderlein）	3	番茄溃疡病菌 Clavibacter michiganensis subsp. michiganensis（Smith）Davis et al
4	蜜橘大实蝇 Bactrocera tsuneonis（Miyake）	4	十字花科黑斑病菌 Pseudomonas syringae pv. maculicola（McCulloch）Young et al
5	三叶斑潜蝇 Liriomyza trifolii（Burgess）	5	番茄细菌性叶斑病菌 Pseudomonas syringae pv. tomato（Okabe）Young, Dye & Wilkie
6	椰心叶甲 Brontispa longissima Gestro	6	柑橘溃疡病菌 Xanthomonas axonopodis pv. citri（Hasse）Vauterin et al
7	四纹豆象 Callosobruchus maculates（Fabricius）	7	水稻细菌性条斑病菌 Xanthomonas oryzae pv. oryzicola（Fang et al.）Swings et al
8	苹果蠹蛾 Cydia pomonella（Linnaeus）	真菌	
9	葡萄根瘤蚜 Daktulosphaira vitifoliae Fitch	1	黄瓜黑星病菌 Cladosporium cucumerinum Ellis & Arthur
10	苹果棉蚜 Eriosoma lanigerum（Hausmann）	2	香蕉镰刀菌枯萎病菌 4 号小种 Fusarium oxysporum f. sp. cubense（Smith）Snyder & Hansen Race
11	美国白蛾 Hyphantria cunea（Drury）	3	玉米霜霉病菌 Peronosclerospora spp.
12	马铃薯甲虫 Leptinotarsa decemlineata（Say）	4	大豆疫霉病菌 Phytophthora sojae Kaufmann&Gerdemann
13	稻水象甲 Lissorhoptrus oryzophilus Kuschel	5	马铃薯癌肿病菌 Synchytrium endobioticum（Schilb.）Percival
14	蔗扁蛾 Opogona sacchari Bojer	6	苹果黑星病菌 Venturia inaequalis（Cooke）Winter
15	红火蚁 Solenopsis invicta Buren	7	苜蓿黄萎病菌 Verticillium albo-atrum Reinke & Berthold
16	芒果果肉象甲 Sternochetus frigidus（Fabricius）	8	棉花黄萎病菌 Verticillium dahliae Kleb.
17	芒果果实象甲 Sternochetus olivieri（Faust）	9	小麦矮星黑穗病 Tilletia controversa Kuhn
线虫		病毒	
1	菊花滑刃线虫 Aphelenchoides ritzemabosi（Schwartz）Steiner & Buhrer	1	李属坏死环斑病毒 Prunus necrotic ringspot ilarvirus
2	腐烂茎线虫 Ditylenchus destructor Thorne	2	烟草环斑病毒 Tobacco ringspot nepovirus
3	香蕉穿孔线虫 Radopholus similes（Cobb）Thorne	3	番茄斑萎病毒 Tomato spotted wilt tospovirus
		4	黄瓜绿斑驳花叶病毒病（Cucumber green mottle mosaic Virus，CGMMV）

续表

杂草		
1	豚草属 Ambrosia spp.	
2	菟丝子属 Cuscuta spp.	
3	毒麦 Lolium temulentum L.	
4	列当属 Orobanche spp.	
5	假高粱 Sorghum halepense（L.）Pers.	

项目小结

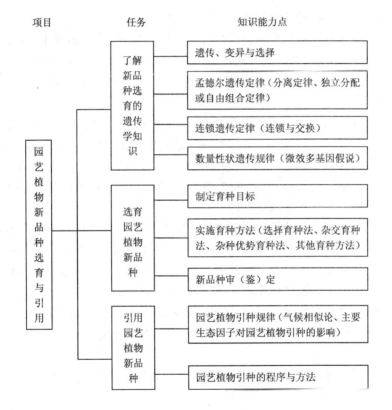

1. 植物的繁殖方式

植物的繁殖方式包括有性繁殖和无性繁殖。有性繁殖植物又有以自花授粉为主（天然异交率一般低于4%）的自花授粉植物、以异花授粉为主（天然异交率一般高于50%）的异花授粉植物和同时以自花授粉和异花授粉两种方式授粉（天然异交率一般为5%～50%）的常异花授粉植物。无性繁殖植物有营养体繁殖和无融合生殖两大类型。

2. 品种的类型及其特点

品种是农业生产上的一个特殊植物群体，它具有特异性、一致性、稳定性、地区性和时间性。栽培植物的品种类型主要有自交系品种、杂交种品种、群体品种和无性系品种，它们各有不同的特点:自交系品种是相对纯合的同质群体,可以从生产田直接留种,连续多年使用;杂交种利用的是 F_1 的杂种优势,其基因型高度杂合,自交后代会发生分离和重组从而失去杂种优势,因此必须年年制种;群体品种的遗传基础比较复杂,群体内植株间的基因型是不相同的,是遗传平衡的群体,可以连续多代利用,但要防止因遗传漂移而破坏群体的遗传平衡;无性系品种是用有性杂交和无性繁殖相结合的方法育成的,一般具有较稳定的优良性状和杂种优势,其遗传基础复杂,多为杂合体,需要用无性繁殖的方法繁殖后代。

3. 种质资源

种质资源是在培育植物新品种工作中所用的各种原材料,是植物新品种选育的基础。种质资源主要包括栽培品种资源、野生植物资源和人工创造的资源。种质资源的保存方法有种植保存、贮藏保存和离体试管保存等。

4. 育种

其基本方法是获得可遗传的变异后,再使其稳定下来。

(1) 选择育种。利用自然变异的育种方法为选择育种,选择的基本方法有单株选择法和混合选择法,要根据植物的繁殖方式和选择方法的特点决定相应的选择法。选择育种一般包括原始材料圃、株系比较圃(选种圃)、品种比较预备试验圃、品种比较试验圃、区域试验和生产试验等。

(2) 杂交育种。利用杂交得到杂种后代,并通过连续自交,使杂种后代的基因分离重组,用系谱法等方法选择获得稳定优良的品系,是杂交育种的基本原理。按双亲亲缘关系的远近,杂交育种可分为远缘杂交和常规杂交育种。杂交方式有单交、复交、回交和多父本授粉等。杂交育种包括原始材料圃、亲本圃、选种圃、鉴定圃、品比较试验、生产试验和区域试验。杂交育种还包括营养系杂交育种。

(3) 杂种优势利用。杂种优势则是直接利用杂种后代通过基因的杂合而产生的优势,因此需要年年制种。在育种时不但要考虑双亲杂种优势大小,还要考虑简便的制种方法。目前生产上利用的杂交种主要有自交系杂交种、雄性不育杂交种和自交不亲和杂交种。

(4) 其他育种方法。通过物理和化学诱变提高基因及染色体的突变率,增加获得变异的机会,就是诱变育种;倍性育种根据单倍体和多倍体的特点,分别通过间接利用单倍体和直接利用多倍体,使得染色体的整倍性变异在育种上得以利用。

5. 引种

引种是充分利用现有的品种的有效途径。但引种前一定要分析原产地和引入地的环境条件及被引种植物的特性,并做好引种试验。

 复习思考

1. 什么是遗传?什么是变异?它们之间的相互关系怎样?
2. 什么是自然选择?什么是人工选择?
3. "孟德尔遗传"是什么性质的遗传?
4. 分离定律的实质是什么?
5. 自由组合定律的实质是什么?

6. 孟德尔是如何验证分离规律和自由组合定律的?
7. 孟德尔遗传定律有何理论价值和应用价值?
8. 连锁遗传规律的实质是什么?
9. 什么是交换值?交换值有几种测定方法?为什么交换值总是小于50%?
10. 什么是数量性状遗传?数量性状遗传有哪些特征?
11. 微效多基因假说的主要内容是什么?
12. 什么是遗传率?如何计算?
13. 什么是超亲变异?怎样才能出现超亲变异?
14. 简述园艺植物的主要品种类型及其特点。
15. 简述园艺植物育种目标的主要内容。
16. 简述选择育种中选择的基本方法。
17. 简述选择育种的一般程序。
18. 简述杂交育种中杂交亲本选配的原则。
19. 简述杂交育种的一般程序。
20. 试比较常规杂交育种和杂种优势利用的异同点。
21. 简述杂种优势的主要度量方法。
22. 简述杂交种选育的一般程序。
23. 植物的雄性不育系是如何遗传的?如何利用?
24. 植物的自交不亲和性是如何遗传的?如何繁殖自交不亲和系?
25. 诱变育种有哪些主要特点?
26. 单倍体和多倍体育种有哪些主要用途?
27. 什么是转基因育种?转基因育种技术有哪些?
28. 转基因育种的主要风险是什么?
29. 什么是植物引种?植物引种的一般规律是什么?

项目 3 园艺植物种子生产技术

教学目标

知识目标：了解建立种子生产基地、办理种子生产经营许可证的相关要求；熟悉园艺植物品种混杂退化的原因及防杂保纯的方法；掌握园艺植物常规品种原种(良种)生产的基本程序和技术，杂交种的应用条件及制种技术，无性系种子生产的主要方式和技术要领。

能力目标：能根据要求制订主要园艺植物品种的种子生产工作计划、种子生产技术规程；能进行园艺植物常规品种种子生产、杂交品种种子生产和无性系品种种子生产，并能进行种子生产技术总结。

素质目标：具有实事求是的科学态度和良好的职业道德；有不断提高专业技能的进取心和毅力；有较强的市场意识和质量意识；具有良好的团队精神；具有较强的安全生产和环境保护意识。

项目任务

1. 了解园艺植物良种繁育工作。
2. 建立种子生产基地。
3. 办理种子生产经营许可证。
4. 实施常规品种种子生产。
5. 实施杂交种种子生产。
6. 实施无性系品种种子生产。

任务1　了解园艺植物良种繁育工作

一、园艺植物品种的混杂退化及其防止

（一）品种纯度

1. 品种纯度的概念

品种纯度可以从生产实践和遗传学两方面来理解。生产上所谓的纯是指品种群体的生物学性状、农艺性状和经济性状相对一致和相对稳定，这种相对一致和稳定可以遗传给下一代。只有一个品种群体的生物学性状、农艺性状和经济性状相对稳定一致，才便于栽培管理并获得优质高产。

从遗传学上看，即使是自然异交率很低的自花授粉作物的相对稳定一致的品种群体，其个体间的基因也不尽相同。但遗传上不完全一致的品种群体经过若干世代的随机交配后，其遗传组成将处于平衡状态，即达到遗传平衡。因此，这个品种群体的基因频率和基因型频率达到相对稳定状态，品种的特征、特性也表现相对稳定。通常我们把生物学性状、农艺性状和经济性状相对稳定一致的品种称为纯种，反之则称为不纯。

2. 品种纯度的相对性

品种的纯与不纯是一个相对的概念，绝对的纯种是没有的，这可以从以下几个方面来认识。

（1）遗传因素。现在生产上应用的品种大都是通过杂交育种方法育成的，是从杂交后代的分离世代中经过连续几代或十几代的选择而育成的符合育种目标的新品种群体。从遗传学规律来看，无论是自花授粉作物还是常异花授粉作物，即使经过几代或十几代的自交和选择，群体也不会达到完全纯合，总是或多或少存在"剩余变异"现象。例如，一个受10对基因控制的性状，经过7代的完全自交，群体中也只有85.42%的纯合个体，尚有14.58%的个体处于杂合状态。再如，由于跟产量、品质等密切相关的经济性状多数为数量性状，多由微效多基因控制，容易受环境条件的影响，所以在选择时，即使有1~2对基因处于杂合状态，从表现型上也难以区别开来；而处于杂合状态的这些个体在后续世代必然要出现表观性状分离。因此，从遗传组成分析，品种的纯是相对的。即使是一个刚刚育成的纯度很高的品种，也只是表现型非常相似，而个体的基因型不可能完全相同。

（2）外界因素。一个品种应用于生产后，因受到外界某些因素（如机械混杂、生物学混杂和不正确的人工选择等）的干扰，会发生遗传组成的变化，使得原有的基因频率和基因型频率发生改变，进而发生生物学、形态学和经济学的特征、特性等表现型变异，失去原品种的典型性和相对一致性，导致产量降低和品质下降。因此，生产上使用的品种，随着种植面积的扩大和繁育世代的增加，品种的纯度就会逐渐下降直至丧失使用价值。因此，为了确保生产上用到质量好、纯度高的优良品种，要做好良种繁育工作，同时要注重品种更新。

（3）异地效应。任何优良品种都是在一定的生态条件和栽培条件下育成的。在育成地的环境条件下，一些基因型不同的个体在表现型上的差异可能很小，但引到另一个生态条件和生产条件的地区后，这种差异就可能会变大，甚至表现得非常明显。这种因为环境条件的改变而导致品种某些性状发生较大变异的现象称为异地效应。异地效应同样说明这样一个问题，即通常我们认为的一个纯度很高的品种，甚至是一个刚刚育成的品种，也只是表现型非常接近或非常相似，而个体间的基因型不尽相同。由此可见，品种纯度只是一个相对的概念，通常所说的"纯中有异"就是这个道理。

（二）品种混杂退化

1. 品种混杂退化的含义

品种混杂退化是指品种在生产栽培过程中，纯度降低，种性变劣，致使品种原有的优良形态特征丧失，抗逆性和适应性减退，产量和品质下降的现象。品种混杂退化是植物生产上的一个普遍现象。当一个品种发生混杂退化后，群体中会出现多种变异类型，植株高矮参差不齐，成熟期早晚不一致，生长势强弱不等，抗病、抗逆性出现分离等现象，将严重影响产量和品质。例如，有些早熟春甘蓝品种在制种过程中，原种选择不严格，或杂交时没有严格隔离，所制的种子常失去原品种冬性强等性状，用这种种子进行春季商品菜栽培时，常造成春季大面积抽薹，从而失去其商品性。

品种的混杂和退化是两个不同的概念。混杂是指一个品种群体内混进了不同类型或品种的种子，或因上一代发生了天然杂交和基因突变，导致后代群体中分离出变异类型，造成品种纯度降低的现象。例如，一个包头类型的大白菜种子群体中混入直筒类型的大白菜种子，用该批种子进行商品菜生产，种植田就会长出包头和直筒两种类型的大白菜，进而出现产品不整齐、采收期不一致、不符合产品商品性要求等现象。

退化是指因品种的遗传基础发生了变化，使经济性状变劣，抗逆性减退，产品品质降低，从而丧失生产利用价值的现象。在园艺植物生产中，品种退化是经常发生和普遍存在的。例如，郁金香、唐菖蒲等球根花卉，常在引进的头一两年表现株高、花大、花色纯正鲜艳等优良性状，而随着繁殖代数的增加，会逐渐表现出植株变矮、花朵变小、花序变短、花色变晦暗等情况。

品种的混杂和退化有着密切的联系，往往是品种发生了混杂，才导致了品种的退化；而退化了的品种也必然加重混杂。因此，品种的混杂和退化虽然属于不同的概念，但二者经常交织在一起，很难截然分开。一般来讲，当品种在生产过程中发生了纯度降低，种性劣变，抗逆性减退，产品品质降低等现象，我们就称之为品种的混杂退化。

2. 品种混杂退化的原因

品种混杂退化的根本原因是缺乏完善的良种繁育制度，具体原因主要有：

（1）生物学混杂。生物学混杂是指在品种繁殖过程中，由于隔离不够而发生不同类型或品种之间的天然杂交，从而使优良品种的遗传组成发生变化的现象。生物学混杂往往是造成异花授粉作物品种混杂退化的最主要原因。例如，结球甘蓝与花椰菜或球茎甘蓝之间发生天然杂交，就不会再结球；大白菜与小白菜或菜薹之间发生天然杂交之后将不再包心。在常异花授粉作物及自花授粉作物良种繁育过程中，能够发生杂交的亚种、变种、品种间也需适当隔离,否则也有可能发生一定程度的天然杂交。引起生物学混杂的因素,除授粉习性和隔离距离外,还有天气状况(如风力大小)、传粉昆虫的种类、采种田面积大小、采种田周围的地理环境(如地势高低、有无障碍物)等。

(2)机械混杂。机械混杂是指在良种繁育过程中,没有按技术规程操作,使繁育的品种内混进了异品种或异作物种子或植株的现象。一个品种一旦发生了机械混杂,就会表现出高矮不齐和生育期不一致,进而影响产量和品质。造成机械混杂的机会很多,如在种子处理(晒种、浸种、拌种和包衣等)、播种、定植、收获、脱粒、晾晒、运输、包装等过程中,人为疏忽可造成机械混杂;前茬作物的自生苗、嫁接的自根苗以及未腐熟的有机肥中混有其他有生命的种子,也可能造成机械混杂。机械混杂是造成品种混杂退化的主要原因之一。发生机械混杂后如不及时采取提纯和严格的去杂、去劣等有效措施,还可能导致生物学混杂,进而加剧品种混杂退化的程度。

(3)品种本身的变异。目前生产上推广的品种绝大多数是通过杂交育种而成的,有些品种尽管在主要性状方面看起来很稳定一致,但仍有某些性状特别是多基因控制的数量性状表现不完全稳定,在品种自交繁殖过程中因基因重组而发生性状分离,使品种的典型性和一致性下降,导致品种混杂退化。在自然条件下,品种有时会由于某种特殊的环境影响发生基因突变,这些突变多数是不利的,如果不注意人工选择和淘汰,不良的变异类型和个体便会日见增多,造成品种纯度下降。

(4)不正确的选择和采留种。人工选择是种子生产过程中防杂保纯的重要手段,但若采用了不正确的人工选择,也会人为地引起品种的混杂退化。例如,在出口创汇型品种天鹰椒的生产过程中,人们为了追求高产往往会错误地选择果大的植株留种,经过连续几代的选择后生产辣椒的果型会超过出口要求的大小,致使出口难、价格低,高产不高效。再如,间苗时人们往往把那些表现好的,具有杂种优势的杂种苗误认为是该品种的壮苗加以选留、繁殖,结果导致混杂退化。此外,如果在良种繁殖过程中留种株数过少,会造成品种群体遗传基础贫乏,导致品种生活力下降,适应力减弱。留种植株过少,还会使上、下代群体之间的基因频率发生波动,改变群体的遗传组成,即发生遗传漂变。异花授粉植物在留种植株过少的情况下,还易因近亲繁殖使一些不利的隐性基因纯合而表现出来,这样也会造成品种退化。

(5)基因突变。一个新品种推广以后,受各种自然条件的影响,有可能发生各种不同的基因突变。在所发生的突变中,大多数是对人类的需要不利的,如果这些突变体继续繁殖,势必加大优良品种群体中的变异个体率。例如,繁殖抗抽薹的大白菜或萝卜优良品种时,常出现较易抽薹的个体,如果这些突变体不能被淘汰,所繁种子继续生产时,就会出现先期抽薹的个体,影响商品菜产量。

基因突变产生的芽变是无性繁殖的果树、花卉、蔬菜等园艺植物品种混杂退化的主要原因。虽然芽变有时出现对人类需要而言有利的变异,但更多的还是劣变。如果用芽变的枝条进行繁殖,就会导致品种退化。这就是在同一单株繁殖的后代群体中,个体间出现一些差异,甚至同一单株不同年份采取枝条繁殖的后代群体表现不同的原因。

(6)不良的生态条件与栽培条件。生产上栽培的品种都是在优良的栽培条件下选育出来的,尤其是近代采用重组育种和杂种优势等手段选育出来的品种,更是综合了不同生态区的突出性状而育成的。在良种繁育过程中,如果其生长发育条件长期得不到满足,优势性状长期得不到充分表达,便会引起退化。

(7) 病毒的侵染。对于一些营养繁殖的园艺植物而言,病毒侵染后世代相传,病毒积累会逐代增多,危害会越来越重,直至失去品种的优良性状,造成退化。

(三) 园艺植物品种防杂保纯的技术路径

防止品种混杂退化是一项比较复杂的工作,涉及种子生产的各项工作环节,技术性强,持续时间也长。要做好这项工作,就必须建立健全良种繁育体制,加强组织领导,制定规章制度,搞好种植规划,加强检查监督和良种繁育队伍的建设,并根据品种混杂退化的原因来制定防杂保纯措施。

1. 严格执行操作规范,避免机械混杂

从种到收以至贮藏、包装全过程,必须认真遵守良种繁育规程,合理安排繁殖田的轮作,严格执行种子的接收和发放手续,做好种子的处理和播种的各项工作,从种、收、运、脱、晒、藏、包装等各工作环节杜绝机械混杂的发生。

种子生产田不宜重茬,以防止上季残留在土壤里的种子出苗后造成混杂。在接收和发放种子的过程中,注意不要弄错品种或品种等级,严格检查种子的纯度、净度、发芽力和病虫害情况。如有疑问,必须彻底解决后方可播种。播种前的种子处理,如选种、浸种、拌种等措施,必须做到不同品种分别处理,用具要清洗干净,并固定专人负责。播种时,同一作物不同品种的繁殖地块,应相隔一定距离,繁殖田要留人行道,以便去杂去劣。注意严格执行收、运、脱、晒、藏、包装等操作规范,繁殖田必须单收、单脱、单晒、单藏。各项操作的用具及场地要打扫干净、专人负责,并经常检查。容器和包装材料内外应附上标签。

2. 采取严格隔离措施,防止生物学混杂

为了确保良种的纯度,在繁种时,对易于相互杂交的变种、品种,必须采取严格的隔离措施。具体隔离方法有机械隔离、花期隔离和空间隔离等。

(1) 机械隔离。主要应用于繁殖少量原种种子和繁殖系高、用种量小的种子。其方法是在开花期采取套袋、网罩、网室等进行隔离。套袋用于单个花或花序隔离。套袋可用新闻纸、硫酸纸等有韧性、耐雨淋的纸张,根据花序大小来制作。网罩一般用于套单株,多用尼龙网纱制作。网室用于群体隔离,可用塑料大棚骨架加盖尼龙网纱制作。在采用机械隔离时,对异花授粉蔬菜必须解决授粉问题。纸袋隔离后只能进行人工辅助授粉,而网罩隔离或网室隔离的,既可进行人工辅助授粉,也可采用蜜蜂、苍蝇等昆虫放入网罩、网室内进行虫媒辅助授粉。

(2) 花期隔离。也称时间隔离,即采取一定栽培措施和处理方法使容易发生杂交的不同品种的花期错开,以避免天然杂交。一般采用分期播种、分期定植、春化处理及光照处理、摘心、整枝结合生长调节剂的使用等方法。但多数园艺作物花期较长,一般在生产上很难采取此措施。

(3) 空间隔离。即将易于发生自然杂交的品种、变种、亚种、种之间相互隔开一定的距离进行露地留种(表3-1)。这种方式是良种种子生产中最常用的。隔离的距离应根据影响自然杂交的因素及杂交后对产品经济价值影响的大小来确定。

表 3-1　主要蔬菜作物的授粉方式及留种间隔距离

授粉方式		蔬菜种类	隔离距离/m	
			原种	良种
异花授粉作物	虫媒花	瓜类蔬菜：南瓜、黄瓜、冬瓜、西葫芦、西瓜、甜瓜等	1 000	500
		十字花科蔬菜：大白菜、小白菜、油菜、薹菜、芥菜、萝卜、甘蓝、花椰菜、芜菁、芜菁甘蓝等	2 000	1000
		伞形花科蔬菜：胡萝卜、芹菜、芫荽、小茴香等	2 000	1000
		百合科葱属蔬菜：大葱、圆葱、韭菜	2 000	1 000
	风媒花	藜科蔬菜：菠菜、甜菜	2 000	1 000
常异花授粉作物		茄科蔬菜：甜椒、辣椒、茄子	500	300
自花授粉作物		菊科蔬菜：莴苣、茼蒿	500	300
		茄科蔬菜：番茄	300	200
		豆科蔬菜：菜豆、豇豆、豌豆	200	100

3. 应用正确的选择方法和留种方式防止品种劣变

（1）掌握正确选种标准，定期去杂、去劣。首先应熟悉该品种的标准性状，制定正确选种标准，然后才能进行去杂、去劣，达到选优提纯的目的。去杂去劣就是把因生物学混杂、机械混杂以及基因重组或基因突变等原因造成的不符合本品种典型性状的植株，以及发生了病虫害的植株和生长势很弱的劣株去掉。去杂、去劣应在各个生育期进行，如苗期、营养生长旺盛期、开花期、结实期等，按不同生育期各品种的特征进行鉴别，其中以主要经济性状（如产品器官）形成期的选择最为重要，选择也最严格。

（2）繁殖原种要有较大的群体。为了防止群体过少造成遗传漂变和近亲繁殖，一般要求采种群体至少 50 株以上，选留的种株，在主要经济性状特别是产品器官性状一致的前提下，允许有细微的差异，以丰富其遗传基础。

（3）执行合理的选择和留种制度，坚持连续定向选择。针对有些单位只管留种，不管选种，只进行粗放片选，不进行株选或选择标准不一致等现象，应制定和执行合理的选择制度，每年连续定向地分生育期对留种株进行分次选择和淘汰；原种生产时要严格株选；生产用种繁殖时，进行片选，但要去杂去劣；用原种繁殖生产用种；用大株采种法生产原种；小株采种法只用于繁殖生产用种。

4. 改善采种条件，防止品种退化

根据生物适应进化原理，良种繁育过程中，要防止机械混杂、生物学混杂、基因突变和群体过小引起遗传学退化，创造良好的与大田生产相近的种株生长发育条件，这是防止品种退化的根本措施。

此外，有些地区或季节能进行园艺作物的商品生产，但不具备繁育良种的条件。例如，在南方冬季温暖的地区繁殖抗抽薹的大白菜、萝卜等品种，因冬季气温较高，不具备使种株通过春化的条件，就会发生不能正常抽薹开花的现象，如果勉强留种，所得种子再用于生产商品菜时，就会发生先期抽薹的现象。又如，在温暖的地区进行马铃薯以及一些无性繁殖的花卉留种时,常因感染病毒发生品种退化。

采种栽培的目的是收获高质量的种子,对播种期、栽培环境及田间管理要求更严。播种期的确定在于保证种株的发育和开花结实能在最适宜的季节。例如,蔬菜、花卉商品生产借助设施可周年生产,而繁殖良种则对季节要求较严。加强田间管理的目的,是使各个体植株的主要经济性状充分表现,以便于根据表现型进行选择。繁殖原种时,更应该采用有利于加强品种特性充分表现的栽培措施,这种措施有时恰好与繁殖生产用种或生产商品果菜相反。例如,一些抗病品种的原种繁殖时,应提供对抗病性能鉴定的栽培条件,以便淘汰感病株,而繁殖生产用种或生产商品果菜时,要避免因发病影响产量。

二、园艺植物良种繁育的概念、程序及意义

良种繁育(狭义的种子生产)是指依据植物的生物学特性和繁殖方式,按照科学的技术方法,生产出符合数量和质量要求的种子。良种繁育需要在特定的环境、特殊的生产条件下,由专业技术人员或在专业技术人员指导下进行,以保证繁育的种子具有稳定的遗传特性、稳定的生产潜力、较强的活力以及较高的繁殖系数。

良种繁育的一般程序是:确定要繁育的品种→建立种子生产基地→办理种子生产经营许可证→实施种子生产。

良种繁育是前承育种后接推广的重要环节,是连接育种和园艺生产的桥梁,是把育种成果转化为生产力的重要措施。

三、农作物良种繁育员

(一)农作物良种繁育员的含义

根据国家职业标准,农作物良种繁育员是从事一年生作物种子及种苗繁殖、生产和试验的人员。

该职业共设五个等级:初级(国家职业资格五级)、中级(国家职业资格四级)、高级(国家职业资格三级)、技师(国家职业资格二级)、高级技师(国家职业资格一级)。

(二)农作物良种繁育员的基本要求

1. 职业道德

除了掌握职业道德基本知识外,还需要把握以下职业守则:
(1) 爱岗敬业,依法繁种。
(2) 掌握技能,精益求精。
(3) 保证质量,诚实守信。
(4) 立足本职,服务农民。

2. 基础知识

(1) 专业知识:农作物种子知识,农作物栽培知识,植物学知识,植物保护知识,土壤知识,肥料知识,农业机械知识,气象知识。

（2）法规知识：农业法，农业技术推广法，种子法，植物新品种保护条例，产品质量法，经济合同法等相关的法规知识。

（3）安全知识：安全使用农机具知识，安全用电知识，安全使用农药知识。

3．工作要求

农作物良种繁育员职业标准对初级、中级、高级、技师和高级技师的技能要求依次递进，高级别涵盖低级别的要求（表3-2、表3-3、表3-4、表3-5、表3-6）。

表3-2　农作物良种繁育员职业标准（初级）

职业功能	工作内容	技能要求	相关知识
播前准备	种子（苗）准备	1. 能按要求备好、备足种子（苗） 2. 能按要求进行晒种、浸种、催芽等一般种子处理	种子处理用药知识
	生产资料准备	1. 能按要求准备农药、化肥、农膜等生产资料 2. 能正确使用常用农具	农机具常识
	整地施肥	1. 能进行一般的耕地、平整土地工作 2. 能施用基肥	耕作常识
田间管理	规格种植	能做到播种均匀、深浅一致	了解株距、行距、行比等种植规格
	水肥管理	会追肥和排灌水	
	病虫害防治	1. 能按要求配制药液 2. 能正确使用药械	
	适时收获（出圃）	1. 能进行收获、脱粒、清选、晾晒等工作 2. 能安全保管种子（苗）	种子保管知识
质量控制	防杂保纯	1. 能按要求防止生物混杂 2. 能按要求防止机械混杂	种子防杂知识
	去杂、去劣	能按要求识别并去除杂、劣株	

表3-3　农作物良种繁育员职业标准（中级）

职业功能	工作内容	技能要求	相关知识
播前准备	种子（苗）准备	1. 能独立备好、备足种子 2. 能独立完成较复杂的种子（苗）处理	1. 种子处理知识 2. 品种特性
	种植安排	能按要求落实地块及种植方式	
	生产资料准备	1. 能根据繁种方案准备所需化肥、农药、农膜等生产资料 2. 能准备、维修常用农具	
	整地施肥	能完成较复杂的整地、施肥工作	耕作知识
田间管理	规格种植	能按规格种植	
	水肥管理	能根据作物生长发育状况进行水肥管理	农作物生理知识
	病虫害防治	1. 能及时发现病、虫、草、鼠害 2. 能正确使用农药	

续表

职业功能	工作内容	技能要求	相关知识
	适时收获(出圃)	能进行较为复杂的收获、脱粒、晾晒、清选等工作	
质量控制	防杂保纯	1. 能防止生物学混杂 2. 能防止机械混杂	作物生殖、生长知识
	去杂、去劣	能准确去除杂、劣株	品种标准
田间观察	营养观察	能准确判断作物群体生长、营养、发育状况	作物营养、生长知识
	生育观察	1. 能观察、记载作物生育时期 2. 能观察、记载作物花期相遇情况	

表 3-4 农作物良种繁育员职业标准(高级)

职业功能	工作内容	技能要求	相关知识
播前准备	种子(苗)准备	能正确进行种子(苗)的分发和登记	
	种植安排	1. 能落实田间种植安排 2. 能按方案进行品种试验	1. 不同作物的隔离要求 2. 气象知识
	整地施肥	1. 能指导备足农用物资 2. 能指导整地施肥	
田间管理	规格种植	能选择适当的种植时期	农时常识
	水肥管理	能进行作物营养、生长诊断	
	病虫害防治	1. 能采用合理的病、虫、草、鼠害防治措施 2. 能指导使用农药、药械	田间常见病虫害识别知识
	适时收获(出圃)	能准确确定收获期	
质量控制	防杂保纯	1. 能指导防止生物学混杂 2. 能指导防止机械混杂	作物生长发育规律
	去杂、去劣	能指导田间去杂、去劣	
	质量检验	1. 能进行田间检验 2. 能通过外观对种子(苗)质量进行初步评价 3. 能测定种子水分、净度、发芽率等	
观察记载	田间记载	1. 能进行气候条件的记载 2. 能进行特殊情况的记载	
	生育预测	1. 能较准确地预测花期、育性、成熟期 2. 能进行田间测产	生物统计知识
	建立档案	能记载生产地点、生产地块环境、前茬作物、亲本种子来源和质量、技术负责人等	种子档案知识
包装贮藏	种子包装	能包装种子(苗)	种子包装知识
	种子贮藏	能防止种子(苗)混杂、霉变、鼠害等	种子贮藏知识

表 3-5 农作物良种繁育员职业标准（技师）

职业功能	工作内容	技能要求	相关知识
起草方案	明确任务	能起草具体的实施方案	
	选择基地	能落实地块	
	制定技术措施	能合理运用技术措施	
	人员分工	能合理确定人员	管理知识
播前准备	种子（苗）准备	1. 能根据种子（苗）特性、特征辨别品种 2. 能及时发现和解决种子（苗）处理中的问题	
	检查指导	1. 能检查评价整地施肥质量 2. 能检查农用物资和农机具准备情况	1. 土壤分类知识 2. 肥料知识
田间管理	水肥管理	能制定必要的水肥等促控措施	作物栽培知识
	病虫害防治	能制定科学合理的防治措施	病虫测报及防治知识
	适时收获（出圃）	能精选种子（苗）	
质量控制	保持种性	能进行提纯操作	种子提纯操作规程
	去杂、去劣	能确定去杂、去劣的关键时期	
	质量检验	1. 能进行田间质量检查、评定 2. 能进行室内检验	种子检验知识
观察记载	田间记载	能调查田间病虫害并记载	病虫害调查方法
	生育预测	1. 能调节花期相遇 2. 能组织田间测产	
	建立档案	能制定相应的调查记载标准和要求	档案管理知识
包装贮藏	种子（苗）包装	能检查指导种子（苗）包装	
	种子（苗）贮藏	能检查指导种子（苗）贮藏	
组培脱毒	组织培养	1. 能正确选用培养基 2. 能进行无菌操作	组培知识
	无毒苗生产	1. 会脱毒 2. 能进行无毒繁殖	脱毒原理
技术培训	起草培训计划	能起草繁种人员的培训计划	
	实施培训	1. 能对繁种人员进行现场指导 2. 能对初、中级繁育人员进行技术培训	

表 3-6 农作物良种繁育员职业标准(高级技师)

职业功能	工作内容	技能要求	相关知识
制订方案	明确任务	能确定繁种任务	1. 土壤学 2. 肥料学 3. 作物栽培学
	确定基地	能选定合适的地块	
	制定技术措施	能制定合理的技术措施	
质量控制	保持种性	能组织、指导提纯工作	种子学
	质量检验	能组织田间质量检查、评定	
组培脱毒	组织培养	能配制培养基	1. 培养基特性 2. 植物病毒学
	无毒苗生产	1. 能指导无毒繁殖 2. 能鉴定脱毒	
技术培训	制订培训计划	能制订完善的培训计划	1. 心理学 2. 行为学
	编写讲义	能编写培训讲义或教材	
	技术培训	1. 能阶段性地对繁种人员进行技术培训 2. 能对繁种人员进行系统的技术培训	

任务2 建立种子生产基地

一、了解种子生产基地

建立种子生产基地是逐步实现我国种子生产专业化、种子加工机械化、种子质量标准化、品种布局区域化、种子经营市场化的基本步骤,是实现农业和农村经济发展,改变传统农业,提高农业经济效益的重大举措。

(一)种子生产基地的主要任务

1. 迅速繁殖新品种或配制杂交种

新品种选育成功后,种子量一般很少,需要通过种子生产基地大量繁殖新品种、配制新杂交种和繁殖其亲本,迅速增加种子数量,以满足生产上对优良品种的需要,从而保证优良品种快速推广,尽快发挥其应有的经济效益。

2. 保持优良品种的种性和纯度

优良品种在大量繁殖和栽培过程中,往往由于机械混杂、生物学混杂,以及变异等原因,降低纯度和种性。因此,生产出数量足、质量高和播种品质好的优良品种、优良杂交种及其亲本种子,是每个种子生产基地的基本任务。这就要求种子生产基地必须具备可靠的隔离条件,适宜的生态条件,以及繁种、制种技术,防杂保纯措施等,确保优良品种和亲本种子在多次繁殖生产中保持其纯度和种性。

3. 降低种子生产成本

利用种子生产基地进行专业化的种子生产,不仅可以确保种子质量,而且还可以发挥规模效益,减少种子生产的成本,降低种子价格,扩大优良品种的推广利用率。

(二) 种子生产基地的类型

1. 国有种子生产基地

包括国有农场、国有原(良)种场和科研单位、大专院校的试验农场或教学实验场等。这类基地经营管理体制完善、设施设备齐全、技术力量雄厚,适合生产原种、杂交种的亲本以及比较珍贵的新品种。

2. 特约种子生产基地

这是种子公司与种子生产单位在共同协商的基础上,通过签订合同或协议书的方法建立的种子生产基地。它按种子公司的计划进行专业化生产,并接受种子公司的技术指导和检查,其生产的种子由种子公司收购。特约种子生产基地是目前和今后一个时期内种子生产基地的主要形式。

(三) 种子生产基地的条件

1. 气候条件

基地应建立在生态条件符合园艺植物最适宜区或适宜区内。不同作物及同一作物不同品种需要的温度、湿度、降雨、日照等气候条件不同,种子基地应能满足品种所要求的气候条件。

2. 地形、地势

基地应建在地势较平坦的平地。种子生产基地一般要求坡度不超过5°,水土不易流失,土壤比较肥沃,水源充足,便于机械化操作。山区可以利用有利的地形、地势进行空间隔离和自然屏障隔离,这对防杂保纯及隔离区的设置极为有利。

3. 各种病虫害发生情况

基地应选择无污染或远离污染源并且无危险性病虫害或病虫害较少的地块。不能在重病地、病虫害常发区以及有检疫性病虫害的地区建立种子生产基地。

4. 交通便利

种子生产基地应尽可能选择交通方便的地方,缩短运输距离,降低运输费用和运输中的损失。

5. 生产水平和经济条件

基地应有较好的生产条件和科学种田的基础,地力肥沃、排灌方便,生产水平较高,生产布局相对集中,种植面积大,产量高。

二、建立种子生产基地的程序和规划

建立种子生产基地可以更充分、有效地利用气候、土地等自然条件,生产出数量足、质量高、播种品质好的优良品种;便于生产管理,便于对种子生产进行宏观调控,也有利于促进业务水平的提高。

(一)建立种子生产基地的程序

1. 充分论证

在种子生产基地建立之前首先要进行调查研究,对基地的自然条件和社会经济条件进行详细的调查和考察,并在此基础上确定基地的规模、投资方向,写出种子生产基地的设计任务书,请有关专家论证。设计任务书的主要内容有:基地建设的目的、意义,基地建设的规划,基地建设的实施方案和基地建成后的经济效益分析,等等。

2. 做好规划

在充分论证的基础上,搞好种子生产基地建设的详细规划,确定基地的最后规模,主要生产作物的品种、类型、种植面积、产量水平,制定种子生产技术规程。

3. 组织实施

制定出基地建设实施的方案后,组织有关部门具体实施。

(二)种子生产基地的规划

种子生产基地规划是基地建设中的一项重要工作,要根据不同作物、不同品种、不同杂交组合及不同杂交亲本的特点做好基地规划。

1. 确定种子需求量,制订生产计划

为了防止生产的种子积压或不足,必须根据种子的需求量来制订种子生产计划。种子需求量一般根据常年和上年的种子供应量、农业发展形势、现有品种的利用情况、新品种发展趋势等来确定,从而制定种子生产计划。在计划种子生产基地面积时,要注意留有余地,宁多勿少,一般种子生产计划要大于种子需求量的10%左右。此外,要安排一定的繁殖面积,以生产来年基地本身的用种。

2. 基地的布点

根据不同作物的特点和要求确定基地是分散还是集中。原则上因地制宜,因作物制宜,适当集中。隔离条件要求严格的作物宜集中,如十字花科蔬菜杂交制种;隔离条件要求不严格的可适当分散,如甘薯、马铃薯制种。

三、种子生产基地的经营管理

在市场经济条件下,种子生产基地正朝规模化、专业化、商品化和社会化的方向发展,搞好种子生产基地的经营管理,有利于种子生产的可持续发展。

(一)计划管理

1. 以市场为导向,按需生产

种子是特殊商品,它的生产、销售具有明显的季节性,它的寿命也有一定的时间限制,一旦寿命丧失或贻误了季节,种子便可能失去其利用价值。而农业生产上对同一作物不同品种的种子需求量又是不断变化的,因此种子生产必须按计划进行。作为种子生产者,在制订种子生产计划时,首先必须增强市场意识,实行以销定产;其次要增强质量意识,以高度的责任感和事业心从事种子生产工作,严把质量标准关;同时还要增强效益意识,要尽可能拓展销售市场,降低成本,形成规模效益。

2. 积极推行合同制,预约生产、收购和供种

为了把按需生产建立在稳固的基础上,保护种子购、销双方的合法权益,协调产、购、销之间的关系,改善经营管理,提高经济效益,应积极推行预购、预销合同制。由种子公司同生产基地和用种单位分别签订预购、预销合同,实行预约繁育、预约收购、预约供种。

(二) 技术管理

1. 建立健全繁、制种的技术操作规程

繁、制种的技术操作规程应执行国家批准的 GB/T17314—1998、GB/T17319—1998 的标准以及 GB3243—82 标准。由于不同作物及同一作物的不同品种需要不同的管理技术,而且同一作物的原种、良种、亲本种子、杂交种子的管理要求各有所不同,因此,种子生产基地应根据上述标准,结合本基地情况制定出各品种种子生产具体的技术操作规程,以便于分类指导,具体实施。

2. 建立健全的技术岗位责任制

种子生产技术,特别是杂交亲本的繁殖和杂交制种技术比较复杂,工作环节多,必须专人负责把关,建立健全的技术岗位责任制,明确规定每个单位或个人在种子生产中的任务、应承担的责任和享有的权利,以保证种子生产的数量和质量,提高经济效益。

3. 做好品种试验、示范工作

任何一个品种都有其特征、特性、区域适应性及相适应的栽培管理措施。为了获得高产,就必须掌握其特点,做好试验、示范工作。种子生产基地的试验示范包括两个方面:

(1) 新品系(组合)的试验、示范。配合品种区域试验,在种子生产基地进行新品系(组合)的生产试验、示范、栽培试验、亲本生育期观察试验、分期播种试验,等等。通过这些试验,了解或掌握新品系(组合)的主要特征、特性、栽培管理要点及适宜的繁、制种技术。

(2) 原有品种(组合)的高产试验。正在生产的品种也应不断进行不同因素、不同水平的高产试验,掌握其高产栽培要点,不断提高繁种、制种的产量。尤其是杂交制种,应探索出最适宜的父、母本行比、播期、密度及施肥水平等关键技术,提高亲本产量和制种产量。

(三) 质量管理

1. 实行种子专业化、集团化生产

种子专业化、集团化生产,繁种、制种田成片连方,隔离安全,容易发挥基地的地理优势;有专业技术队伍和多年的生产实践,生产技术水平高,容易发挥基地的人才优势;先进的高产、保纯措施容易得到推广应用,容易发挥基地的技术优势;基地农民愿意接受技术指导,能认真执行种子生产的技术操作规程和保证种子质量的一系列规章制度,容易发挥基地的管理优势。因此种子专业化、集团化生产有利于提高种子的产量、质量,进而提高经济效益。

2. 建立质量管理体系与质量保证体系

实行全面质量管理,种子企业必须根据种子质量管理现状,在生产、经营的全过程中,建立一套完整的质量管理体系和质量保证体系。质量管理体系是指为了经济地生产出符合用户要求质量的种子所需要的各种制度和方法手段体系,主要包括明确质量标准、建立健全组

织体系、实行内部管理标准化、加强各环节管理。质量保证体系就是选用系统的概念和方法，明确各部门、各环节的责任和有关规定，在从新品种计划生产到售后服务的全过程中，实行有组织的质量保证活动，最终目的是让用种子者能够放心购买、使用本企业的种子。种子生产者要站在用种者的立场上来保证种子质量。作为一个种子企业，要长期稳定地生产高质量的种子，就要建立、落实各项质量管理措施；同时，要制定严格的技术标准、管理要求、工作制度和奖罚办法，把各环节的工作质量与种子质量联系起来，提高种子质量。

3. 严把技术难关

首先要严格做好隔离工作；其次要规范操作方法，适时去杂、去劣；此外要严格质量标准，实行优质优价政策。

4. 严格种子检验与精选加工

种子检验包括田间检验和室内检验，可促进基地种子质量的提高，具体检验方法参见项目四。进行种子精选加工，是提高种子质量、实现种子质量标准化的重要措施之一。实践证明，经过精选加工的种子，籽粒均匀，千粒重、发芽率、发芽势、净度都明显提高，播种质量好，用种量少。

四、种子生产经营许可证的办理

（一）办理种子生产许可证

1. 种子生产许可证的发放机关

《种子法》第二十条规定，主要农作物杂交种子及其亲本种子、常规种原种种子、主要林木良种的种子生产许可证，由生产所在地县级人民政府农业、林业行政主管部门审核，省（直辖市、自治区）人民政府农业、林业行政主管部门核发；其他种子的生产许可证，由生产所在地县级以上人民政府农业行政主管部门核发。

2. 申请种子生产许可证应当具备的条件

（1）《种子法》第二十一条对申请领取种子生产许可证的单位和个人应具备的条件作了以下规定：

① 具有繁殖种子的隔离和培育条件。
② 具有无检疫性病虫害的种子生产地点。
③ 具有与种子生产相适应的资金和生产、检验设施。
④ 具有相应的专业种子生产和检验技术人员。
⑤ 法律、法规规定的其他条件。

此外，申请领取具有植物新品种权的种子生产许可证的，应当征得品种权人的书面同意。

（2）农业部制定的《农作物种子生产经营许可证管理办法》（以下简称《办法》）还对申请种子生产许可证应具备的具体条件进行了规定。《办法》第六条规定申请领取种子生产许可证的单位和个人，除具备《种子法》规定的条件外，还需达到如下要求：

① 生产常规种子（含原种）和杂交亲本种子的注册资本100万元以上。
② 生产杂交种子的注册资本500万元以上。

③ 有种子晒场或者有种子烘干设备。
④ 有必要的仓储设施。
⑤ 有经省级以上农业行政主管部门考核合格的种子检验人员 2 名以上,专业种子生产技术人员 3 名以上。

3. 种子生产许可证的申请和发放

(1) 申请种子生产许可证应提交下列文件:

① 主要农作物种子生产许可证申请表,需要保密的由申请单位或个人注明。
② 种子质量检验人员和种子生产技术人员资格证明。
③ 注册资本证明材料。
④ 检验设施和仪器设备清单、照片及产权证明。
⑤ 种子晒场情况介绍或种子烘干设备照片及产权证明。
⑥ 种子仓储设施照片及产权证明。
⑦ 种子生产地点检疫证明和情况介绍。
⑧ 生产品种介绍。品种为授权品种的,还应提供品种权人的书面同意证明或品种转让合同。生产种子是转基因品种的,还应当提供农业转基因生物安全证书。
⑨ 种子生产质量保证制度。

(2) 申请种子生产许可证的程序为:

① 由申请者向生产所在地县级农业行政主管部门的种子管理机构提出申请。
② 县级农业行政主管部门种子管理机构接到申请后 30 日内,完成对种子生产地点、晾晒烘干设施、仓储设施、检验设施和仪器设备的实地考察,签署意见,呈农业行政主管部门审核、审批;审核不予通过的,书面通知申请者并说明原因。
③ 审批机关在接到申请后 30 日内完成审批工作,符合条件的,收取证照工本费,发给生产许可证;不符合条件的,退回审核机关并说明原因。审核机关应将不予批准的原因书面通知申请人。审批机关认为有必要的,可进行实地审查。

4. 种子生产许可证的主要内容及有效期

种子生产许可证应当注明许可证编号、生产者名称、生产者住所、法定代表人、发证机关、发证时间,生产种子的作物种类、品种、地点、有效期限等项目。许可证编号为"(×)农种生许字(×××××)第×号",第一个括号内为发证机关简称,第二个括号内为年号,号码为顺序号;品种是指批准生产的所有作物种类和品种。地点可以明确到县级及县级以下行政区。生产种子是转基因品种的,应当注明。

种子生产许可证的有效期限一般为 3 年。生产具有植物新品种权种子的生产许可证的有效期,应根据品种权人同意的期限确定,但不得超过 3 年。进入品种审定生产试验阶段的种子生产许可证有效期为 1 年。

5. 种子生产许可证的管理

《种子法》规定:禁止伪造、变造、买卖、租借种子生产许可证;禁止任何单位和个人无证或者未按照许可证的规定生产种子;不按规范的行为生产种子的,责令限期改正;生产假冒种子的依法吊销生产许可证。

在种子生产许可证有效期限内,许可证注明项目变更的,应当根据《农作物种子生产经营许可证管理办法》第八条规定的程序办理变更手续,并提供相应证明材料。种子生产许可证期满后需申领新证的,种子生产者应在期满前3个月,持原证重新申请。重新申请的程序和原申请的程序相同。

(二)办理种子经营许可证

1. 种子经营许可证的发放机关

种子经营许可证由农业、林业行政主管部门核发。主要农作物杂交种子及其亲本种子、常规种原种种子、主要林木良种的种子经营许可证,由种子经营者所在地县级人民政府农业、林业行政主管部门审核,省、自治区、直辖市人民政府农业行政主管部门核发。实行选育、生产、经营相结合并达到国务院农业行政主管部门规定的注册资本金额的种子公司和从事种子进出口业务的公司的种子经营许可证,由省、自治区、直辖市人民政府农业、林业行政主管部门审核,国务院农业、林业行政主管部门核发。

2. 申请种子经营许可证应当具备的条件

我国《种子法》第二十九条规定了申请领取种子经营许可证的单位和个人应具备的条件。此外,农业部《农作物种子生产经营许可证管理办法》和国家林业局《林业种子生产经营许可证管理办法》还对申请种子经营许可证的条件作了具体规定。

(1)《种子法》规定的条件。《种子法》二十九条规定,申请领取种子经营许可证的单位和个人应具备的条件是:具有与经营种子种类和数量相适应的资金及独立承担民事责任的能力;具有能够正确识别所经营的种子,检验种子质量,掌握种子贮藏、保管技术的人员;具有与经营种子的种类、数量相适应的营业场所及加工、包装、贮藏保管设施和检验种子质量的仪器设备;具备法律、法规规定的其他条件。

(2)《农作物种子生产经营许可证管理办法》规定的具体条件。根据农业部《农作物种子生产经营许可证管理办法》的规定,申请主要农作物杂交种子经营许可证的单位和个人,除应具备《种子法》第二十九条规定的条件外,还应达到以下要求:申请注册资本500万元以上;有能够满足检验需要的检验室,仪器达到一般种子质量检验机构的标准,有2名以上经省级以上农业行政主管部门考核合格的种子检验人员;有成套的种子加工设备和1名以上种子加工技术人员。申请主要农作物杂交种子以外的种子经营许可证的单位和个人,除应具备《种子法》第二十九条规定的条件外,还应达到以下要求:申请注册资本100万元以上;有能够满足检验需要的检验室和必要的检验仪器,有1名以上经省级以上农业行政主管部门考核合格的检验人员。申请从事种子进出口业务的种子经营许可证,除应具备《种子法》第二十九条规定的条件外,申请注册资本应达到1 000万元以上。

此外,实行选育、生产、经营相结合,向农业部申请种子经营许可证的种子公司,应当具备《种子法》第二十九条规定的条件,并达到如下要求:申请注册资本3 000万元以上;有育种机构及相应的育种条件;自有品种的种子销售量占总经营量的50%以上;有稳定的种子繁育基地;有加工成套设备;检验仪器设备符合部级种子检验机构的标准,有5名以上经省级以上农业行政主管部门考核合格的种子检验人员;有相对稳定的销售网络。

3. 种子经营许可证的申请和发放

(1)申请农作物种子经营许可证应提交的材料。申请农作物种子经营许可证应向审核机关提交的材料有：农作物种子经营许可证申请表，种子检验人员、贮藏保管人员、加工技术人员资格证明，种子检验仪器、加工设备、仓储设施清单、照片及产权证明，种子经营场所照片。

实行选育、生产、经营相结合的单位向农业部申请种子经营许可证的，还应向审核机关提交育种机构、销售网络、繁育基地照片或说明，自有品种的证明，育种条件、检验室条件、生产经营情况的说明。

（2）种子经营许可证申请办理的程序。由经营者向当地县级以上农业行政主管部门种子管理机构提出申请；县级农业行政主管部门种子管理机构收到申请后30日内完成对经营地点、加工仓储设施、种子检验设施和仪器的实地考察工作，并签署意见，呈农业行政主管部门审核、审批；审核不予通过的，书面通知申请人并说明原因；审批机关在接到申请后30日内完成审批工作，认为符合条件的收取许可证工本费，发给种子经营许可证。不符合条件的，退回审核机关并说明原因。审核机关应将不予批准的原因书面通知申请人。审批机关认为有必要的，可进行实地审查。

4. 种子经营许可证的内容及有效期

种子经营许可证应当注明许可证编号、经营者名称、经营者住所、法定代表人、申请注册资本、有效期限、有效区域、发证机关、发证时间、种子经营范围、经营方式等项目。许可证准许经营范围按作物种类和杂交种或原种或常规种子填写，经营范围涵盖所有主要农作物或非主要农作物或农作物的，可以按主要农作物种子、非主要农作物种子、农作物种子填写；经营方式按批发、零售、进出口填写；有效期限为5年；有效区域按行政区域填写，最小至县级，最大不超过审批机关管辖范围，由审批机关决定。

5. 种子经营许可证的管理

《种子法》规定，种子经营者按照经营许可证规定的有效区域（由发证机关在其管辖范围内确定）设立分支机构的，可以不再办理种子经营许可证，但应当在办理或者变更营业执照后15日内，向当地农业、林业行政主管部门和原发证机关备案；农民个人自繁、自用的常规种子有剩余的，可以在集贸市场上出售、串换，不需要办理种子经营许可证，由省、自治区、直辖市人民政府制定管理办法。

在种子经营许可证有效期限内，许可证注明项目变更的，应当根据《农作物种子生产经营许可证管理办法》和《林业种子生产经营许可证管理办法》规定的程序办理变更手续，并提供相应证明材料。种子经营许可证期满后需申领新证的，种子经营者应在期满前3个月（林木种子为期满前2个月）持原证重新申请。重新申请的程序和原申请的程序相同。具有种子经营许可证的种子经营者书面委托其他单位和个人代销其种子的，应当在其种子经营许可证的有效区域内委托。

此外，《种子法》规定：禁止伪造、变造、买卖、租借种子经营许可证，禁止任何单位和个人无证或者未按照许可证的规定经营种子，否则将受到相应的处罚，处罚内容同种子生产许可证。

任务3 实施常规品种种子生产

一、园艺植物原种生产

（一）种子分级

我国目前的种子分类级别是三级：育种家种子、原种、良种。

1. 育种家种子

育种家种子就是育种家育成的遗传性状稳定的品种或亲本种子的最初一批种子，用于进一步繁殖原种种子。育种家种子的品种典型性最强，其植株在良好的生长条件下表现的主要特征、特性就是该品种或亲本的性状标准。

2. 原种

原种指用育种家种子按技术操作规程繁殖的第一代至第三代种子，或按我国规定的原种生产技术规程生产的达到原种质量标准的种子。在我国，原种又分原种一代（相当于美国等国的基础种子）和原种二代。原种是用于繁殖良种的种子，原种在种子生产中起到承上启下的作用，所以对它的繁殖代数和商品质量都有严格的要求。我国各类作物原种的质量标准主要是以纯度、净度、发芽率、水分四个指标来确定的。

3. 良种

良种是用常规原种按技术操作规程繁殖的达到良种质量标准的第一至第二代种子，以及达到杂交种良种质量标准的杂交种一代种子。良种是供大面积生产使用的种子，是种子市场交易的种子，是主要的商品化种子，所以也称为生产用种。

（二）园艺植物原种生产程序与方法

一个品种按繁育阶段的先后、世代高低所形成的过程，叫作良种繁育程序。在目前的原种生产中，存在两种不同的程序或者说技术路线：一种是原种重复繁殖法，另一种是循环选择法。

1. 重复繁殖法

最熟悉品种特征、特性的人莫过于育种者。重复繁殖法即每年都由育种单位或育种者直接生产、提供育种家种子，能从根本上保证种源质量和典型性。育种单位或育种者要注意原种的生产和保存，可以采用一年生产、多年贮存、分年使用的方法，以保持品种的种性。

（1）重复繁殖法的基本程序。重复繁殖法又称保纯繁殖法，是从育种者种子开始到生产用种，实行分级繁殖。每个等级的种子只能种一次，即供下一个等级种植，每个等级自己不留种。这样，从育种家种子到生产用种，最多繁殖四代即可（图3-1），下一轮的种子生产仍按这个程序进行。

（2）重复繁殖法的特点。重复繁殖法在生产原种的整个过程中都要求有严格的防杂保纯措施和检测制度,把机械混杂和生物学混杂的概率降到最低限度。

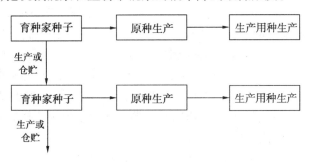

图 3-1　重复繁殖法生产原种

重复繁殖法生产原种,由于种源质量好,除了进行必要的去杂、去劣外,不需进行人工选择,不会造成基因流失,由此进一步生产得到的生产用种能够保持品种的纯度和种性。但使用这种生产原种的方法,由于一些繁殖系数小的作物原种数量有限,在投入生产前要经过多代繁殖,既耗费时间,又会增加混杂退化的概率。

重复繁殖法不仅适用于自花授粉作物和常异花授粉作物常规品种的种子生产,也可以用于自交系、"三系"亲本种子的保纯生产。

2. 循环选择法

循环选择法实际上是一种改良的混合选择法,这种方法对于混杂退化比较严重的品种的原种生产比其他方法更为有效。

(1) 循环选择法的基本程序。循环选择法是指在一个品种混杂退化后或者在新品种推广应用后通过"单株选择、分系比较、混系繁殖"生产原种,然后扩大繁殖生产用种,如此循环提纯生产原种。这种原种生产程序,常用于自花授粉作物或常异花授粉作物。基本程序见图 3-2。

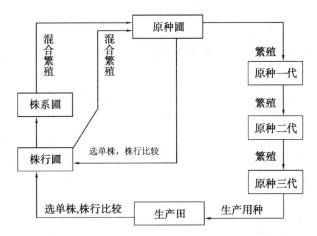

(引自《种子生产与经营管理》,郝建平,时侠清,2004)

图 3-2　循环选择法繁殖程序

(2) 循环选择的基本方法。循环选择法又有三年三圃制、两年两圃制和一圃制三种方法。

① 三年三圃制。这种方法包括单株选择、株行鉴定、株系鉴定和混系繁殖四个步骤。

第一，单株选择。单株选择的材料必须是生产上大面积推广并有利用前途的品种，或试验、示范表现好，准备推广的品种。选择在纯度较高的良种田中进行，最好是在原种一、二代种子中进行。为了便于选择，选择圃种植群体要大，播种宜稀，并采用优良的栽培技术，以利植株性状充分表达。另外，选择人员一定要熟悉本品种的特征、特性和典型性。依据品种特点，选择植株健壮、丰产性好、抗病性强、生育期适当、籽粒饱满的典型植株分别收获、编号、考种，决选后的单株分别贮存，供下年进行株行鉴定。为了确保选择的群体不偏离原品种典型性并生产足够的原种，选择数量要大。

第二，株行鉴定。选择地势平坦、肥力均匀的田块，将上年入选单株稀植于株行圃，或单粒点播，每株种一行或数行。田间管理均匀一致，在生长发育的各个关键时期进行观察、比较，根据株行的典型性和整齐度汰劣存优，入选株行严格去杂、去劣，混合收获，分别脱粒、考种、单独贮藏，供下年进行株系比较试验。

第三，株系鉴定。上年入选株行各成为一个单系，分别稀植于株系圃，每系一区。田间对其典型性、丰产性、适应性等进一步比较试验，栽培管理和观察评比与株行圃相同。根据株系的综合表现选优汰劣。入选各系经严格去杂、去劣后进行混合收获、贮藏。若系间有差异，也可分系收获，经室内鉴定决选后，入选系混合。

第四，混系繁殖。将上年混合收获的种子种于原种圃，扩大繁殖。原种圃要求隔离安全，肥水条件好，并采用稀植等技术提高繁殖系数。在田间严格进行去杂、去劣，收获后单独脱粒、单晒、单藏，由此生产的种子即原种。

"三年三圃制"作为原种生产的一种基本方法，也存在一些弊端。这种方法生产原种的周期长、得到的种量少，其费用和种子成本较高。如果单株选择的数量太少，易导致群体发生遗传漂变，破坏品种的遗传稳定性。此外，提纯者对品种典型性的了解，一般不及品种选育者本人，选择中难免会发生偏差。这些可能影响选择效果的因素，在实际工作中应予特别注意。

② 二年二圃制。二年二圃制即"二圃制"，除省略株系圃外，其他同"三圃制"。它是自花授粉作物提纯生产原种常用的方法，即将株行去杂、去劣、混收后，直接进入原种圃混合繁殖生产原种。

③ 一圃制。一圃制的理论基础在于，自花授粉作物品种是一个遗传性相对稳定的群体，在种子繁殖过程中，去除因机械混杂及基因突变等造成的杂、劣株，就能保持品种的遗传平衡。一圃制是快速繁殖原种的方法，其生产程序可概括为"单粒点播、分株鉴定、整株去杂、混合收获"。采用一圃制在一定程度上克服了三圃制生产周期长，成本高，因选择少数单株造成的遗传基础狭窄和人为定向选择导致的遗传漂变等缺点，而且简便易行，高效实用。

二、园艺植物良种生产

与杂交种相比，常规品种良种繁殖稳定，可以重复利用，因而不必每年换种。良种生产原理和技术与原种生产相似，但生产程序要简单得多，一般是在适当隔离的条件下，防杂保纯，扩大繁殖，提供大田生产用种。

1. 选择种子田

(1) 种子田选择。为了获得高产、优质的种子,种子田应该具备下列条件:自然气候、土壤条件等适合该作物、该品种的生长发育;地势平坦,土壤肥沃,排灌方便,旱涝保收;病、虫、杂草等危害较轻,无检疫性病虫害;对于忌连作的作物,可以轮作倒茬;集中连片,交通方便,有较好的隔离条件。

(2) 种子田种类。常规品种的种子生产田有一级种子田和二级种子田两类(图3-3、图3-4)。

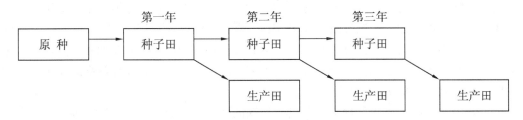

(引自《种子生产与经营管理》,郝建平,时侠清,2004)

图 3-3　一级种子田生产程序

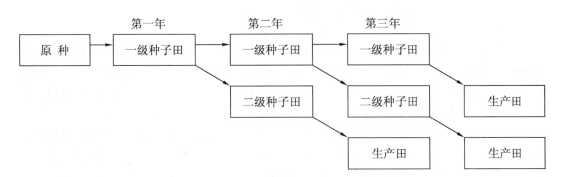

(引自《种子生产与经营管理》,郝建平,时侠清,2004)

图 3-4　二级种子田生产程序

一级种子田生产程序简单,适于繁殖系数高的小粒作物。除了定期用原种更新外,每年只在种子田中进行单株混合选择,入选株作为下年度种子田用种,其余经严格去杂、去劣后混合脱粒作为大田用种。一级种子田具有占地少、繁殖世代少、生产种子少、品种混杂退化概率低等特点。

二级种子田适于繁殖系数较小的作物。第一年在一级种子田中进行单株混合选择,入选株混合作为下年一级种子田用种,其余经严格的去杂去劣后混收,作为下年二级种子田用种。第二年在一级种子田中继续进行单株混合选择,重复上年过程,二级种子田经严格去杂、去劣后混合收获,用于生产田播种。与一级种子田相反,二级种子田具有用地较多、繁殖世代增加、混杂退化概率较高的缺点;但提供的生产用种较多,且由于进行两次扩繁,所以比一级种子田选择的单株数量可适当减少,从而在选择质量上可精益求精。

在生产良种时要特别注意,种子田中原种的繁殖世代不得超过三代,否则良种的质量难以保证。

（3）种子田面积。种子田的面积主要应根据种子生产计划和品种的繁殖系数确定。为了充分保证供种计划，在具体安排时要留有一定余地，各种作物种子田富余面积可参考以下比例：油菜0.3%～2%、玉米3%～5%、薯类8%～10%。

2. 防杂保纯

做好防杂保纯工作是良种生产最基本的要求。在良种生产中，除应对种子田进行合理的隔离以防止外来花粉串粉外，还应认真抓好以下环节：

（1）搞好单株混合选择。单株混合选择的方法与原种生产相似，主要是根据原品种的特征、特性，兼顾生长健壮、成熟一致、籽粒饱满、无病虫害等方面，在选纯的基础上选优。与原种生产中选择的区别在于选择数量较多，因此，要坚持标准，确保选择质量。

（2）严格去杂、去劣。种子田中去杂、去劣非常重要，一般在苗期、花期和成熟期多次进行。自交作物以形态特征充分表现的成熟期为主，异交与常异交作物则必须在开花散粉前及时除去杂、劣株，避免造成生物学混杂。

（3）定期进行种子更新。种子定期更新是保证种子纯度的一项根本性措施。尽管上述措施的配套进行可以在一定程度上有效地保持品种的种性和纯度，但随着繁殖世代的增加，混杂退化在所难免。因此，种子田中的种子经若干代（一般是3代）以后，应该用其原种进行更新，以确保品种的增产潜力，延长品种的利用年限。

3. 加速繁殖

新育成、新引进或新提纯的优良品种的原种数量很少，难以迅速推广应用。利用常规方法进行繁殖，速度慢、效率低。因此，采用特殊的方法加速繁殖，具有非常重要的作用。加速繁殖的方法有两类：一是扩大繁殖系数，如稀播繁殖、剥蘖分植、组织培养等；二是利用自然条件进行异地、异季繁殖，增加繁殖次数。

（1）稀播繁殖。稀播繁殖一方面可以节约用种量，在种子数量相同的情况下，采用稀播精管、育苗移栽、单株栽插可种植较大面积，提高种子利用率；另一方面可以通过扩大个体的生长空间和营养面积来提高单株生产力，从而增加繁殖系数，加快良种推广速度。

（2）剥蘖分植。具有分蘖习性的作物，通过提前播种、促进分蘖，可进行一次或多次剥蘖分植以提高繁殖系数。马铃薯、甘薯等无性繁殖作物可采用芽栽、切块、分丛、扦插或多次分枝的方法。

（3）组织培养。组织培养技术是依据细胞全能性的特点，在无菌条件下，将植物根、茎、叶、花、果实甚至种子的胚乳培养成为一个完整的植株。目前采用组织培养技术，可以对许多植物进行快速繁殖。组织培养用于快速繁殖有以下三种情况：

一是从根、茎、叶的表皮细胞、叶肉细胞直接分化不定芽，再经诱导生根，最后形成完整植株。

二是培养顶芽、腋芽或侧芽，使之分化出芽丛，通过继代培养大量增殖幼芽，然后把这些幼芽取下转到生根培养基中进行诱导生根，最后形成完整植株。

三是取植物体的幼嫩组织进行离体培养，先进行脱分化培养使其产生愈伤组织，然后转到分化培养基中诱导愈伤组织产生芽和根，或者产生胚状体，进一步生长为小植株。

组织培养技术的主要优点是繁殖系数高，用材少，能较好地保持原品种特征、特性，并有去病毒、提高产量的作用，且不受季节和地域的限制。

(4)加代繁殖。利用我国幅员辽阔、地势复杂、各地生态条件差别较大的特点,可进行异地、异季繁殖,一年多代,加快良种繁育过程。珍贵材料还可以利用人工气候室等进行异季加代快繁。

三、主要园艺植物常规品种种子生产技术

(一)大白菜常规品种种子生产技术

大白菜常规品种采种方法有大株采种法、半成株采种法和小株采种法三种。

1. 大株采种法

大株采种法又称成株采种法、结球母株采种法等。第一年秋季播种,培育成健壮种株,当叶球成熟时按照该品种的特征、特性进行严格选择,经过越冬贮藏或假植越冬,第二年春季定植于露地采种。大株采种法种子纯度高,抗病性、一致性、结球性等性状能得到较好的保持,但种子产量低,占地时间长,窖藏损失量大,种子的生产成本高,所以适合于原种繁殖采用。其技术要点如下:

(1)种株培育。采种用的种株秋季播种期与商品生产相比(在叶球长成前提下)应适当推迟5~10天。栽植密度可增加10%~15%的株数,即3 000~4 000株/667 m²。在水肥管理上,为增强种株的耐藏性,应减少氮肥的施用量,增施磷、钾肥,前期水分正常管理,结球后期偏少,收获前10~15天停止浇水。种株收获期比商品菜栽培早3~5天,以防受冻,特别防止根部受冻。收获时竖直连根拔起,就地晾晒2~3天,每天翻倒一次,以后根向内露天堆垛,天气转冷入窖贮藏。

(2)种株的选择。从种株培育到种子采收需经过多次选择:第一次在苗期,通过间苗拔除异型株、变异株、有病株等;第二次在成熟期,主要针对品种典型性状如株型、叶色、叶片抱合方式、有无绒毛等,同时注意选留健壮、无病虫害、外叶少、结球紧实的种株;第三次在贮藏期,前期应淘汰伤热、受冻、腐烂及根部发红的种株,后期应淘汰脱帮多、侧芽萌动早、裂球或衰老的种株;第四次在定植后的种株抽薹开花后,可根据种株的分枝习性,叶、茎、花等性状,进一步淘汰非标准株。

(3)种株贮藏及处理。种株贮藏最好采用架上单摆方式。入窖初期应2~3天倒菜一次,以后随着温度降低可延长倒垛时间。种株贮藏适温为0℃~2℃,空气相对湿度为80%~90%。通常在定植前15~20天把种株叶球上部切去,以利花薹的伸出,切菜头常用的方法是在短缩茎以上7~10cm以120°角转圈斜切成塔形,然后把菜栽子放在不受冻的场所进行晾晒,使其见光,叶片由白变绿,以提高定植后的成活率。

(4)种株定植及管理。

① 采种田选择。大白菜是异花授粉植物,天然杂交率在70%以上,所以采种田应严格隔离,与容易杂交的其他大白菜品种、小白菜、白菜型油菜、乌塌菜、菜心、芜菁等采种田隔离2 000m以上,有障碍物应隔离1 000m以上。大白菜的采种田应选择土质肥沃、疏松、能灌能排地块,忌重茬,与十字花科植物轮作2~3年以上。

② 定植。在确保种株不受冻的情况下尽量早定植,一般在距表土10cm的土温达到6℃~7℃时即可定植。采用地膜覆盖栽培可使种子提早成熟、饱满,产量显著增加。大白菜

种株定植为防止软腐病一般采用垄作,每667 m² 栽植3 500~4 500株,挖穴栽植,定植深度以菜头切口和垄面相平为宜,为防止种株受到冻害,周围用马粪土踩实,不可留有空隙。

③ 田间管理。定植时若墒情好,可不浇水。当主茎伸长达10cm高时,结合追肥浇一次水,开花期应多次浇水,满足水分供应。盛花期后应减少灌水,种子成熟期前停止浇水。种株定植前应施足基肥,每667 m² 施农家肥5 000kg,氮、磷、钾复合肥20kg,特别是钾肥对种子生长非常有利,应施草木灰15~20kg。大白菜属虫媒花,传粉媒介的多少与种子产量关系密切,通常每1 000 m² 采种田需设一箱蜂,以辅助传粉,这样不仅可以提高种子产量,还可以提高种子纯度。种株结荚后,为防止倒伏,最好设立支架。种株生长期间要注意防治病虫害。

④ 种子收获与脱粒。大白菜从开花到种子成熟需要35~40d,当种株主干枝和第一、二侧枝大部分果荚变黄,主枝种子变褐时即可采收。一般于早晨露水未干时用镰刀或剪子从地上部割断,一次性收获,将收获后的种株放在晾晒场上晾晒2~3d,然后脱粒。

2. 半成株采种法

半成株采种法比大株采种法晚7~10d播种,使之达到半结球的状态,密度增加15%~30%株数,然后选择种株贮藏,第二年春季定植采种。半成株采种法的技术要点和成株采种法基本相同。半成株采种法由于密度大,种子产量高,而且抗寒性、耐藏性比大株法强,在南方可露地越冬,但选择效果不如大株法好,所以种子质量不如大株法高。

3. 小株采种法

小株采种法是采用当年播种、当年采种的方法。分为春育苗采种、春直播采种、春化直播采种、露地越冬采种。小株采种法占地时间短,种子生产成本低,但无法对叶球进行选择,故种子质量不能保证,只能用于生产用种的繁殖。其技术要点如下:

(1) 春育苗小株采种法。早春在冷床、阳畦、塑料大棚、塑料小拱棚等都可育苗。南方多采用阳畦育苗,1月份或者2月份播种,往北依次顺延。出苗后注意给予一定时间的低温处理,使之通过春化阶段。2~3片真叶可移植一次,6~10片真叶时定植露地,密度3 000~3 500株/667m²。定植时坐水栽苗,3~5d后浇缓苗水,然后中耕松土,提高地温,促进缓苗。开花期应保持土壤湿润,当花枝上部种子灌浆结束开始硬化时要控制浇水。在基肥比较充足的情况下不用多追肥,但肥力差的地块,在种株抽薹开花后可能会出现缺肥现象,应立即追施复合肥,每667m² 施15~20kg左右,盛花期叶面喷施0.1%磷酸二氢钾1~2次、0.1%硼砂2~3次效果更好。春育苗小株采种法种子的成熟期比大株采种法晚10~15d,其他同大株采种法。

(2) 露地越冬小株采种法。在冬季平均最低温度高于-1℃的地区,可在冬前露地直播或育苗移栽,到翌年春采种。为使幼苗正常越冬不受冻害,越冬期幼苗以维持10片叶大小为宜,必要时可适当用稻草、麦糠等物覆盖。通过一个冬天的低温,第二年春季即可抽薹开花。这种方式开花早,产量高,种子成熟早,有利于当年种子的调运和使用。

(二) 小白菜常规品种种子生产技术

小白菜(普通白菜、鸡毛菜等)常规品种的采种方法有大株采种法、半成株采种法和小株采种法三种。

1. 大株采种法

第一年秋季培育种株,使其充分发育,通过选择、贮藏,第二年春季定植采种的方法即大株采种法。此种方法的优点是能够根据品种的典型性状进行选择,保持了种性,所以种子纯度高,质量好,适合于原种、亲本的繁殖。缺点是繁种的成本高,产量低。其技术要点有:

(1) 种株的培育。普通白菜的采种应选择地势高、土壤肥沃及排灌方便的地块,每 $667m^2$ 施入腐熟有机肥 5 000kg,磷肥 30kg,畦作。华北地区一般 8 月中旬播种育苗,苗出齐后,注意保墒,及时间苗和拔除小苗、弱苗、病杂苗。当幼苗长到 4~6 片叶时可定植,苗龄一个月左右,株行距 20cm×25cm,定植 5~7d 后浇一次缓苗水,及时中耕。其他的栽培管理与生产栽培相同,只是肥水要少,注意病虫害的防治。收获前应进行选择,淘汰不符合本品种特性的植株和生长势差的、得病的植株及杂株。

(2) 种株的收获及贮藏。收获时将种株连根拔起,在田间稍加晾晒,使其水分减少,萎蔫后方可贮藏。贮藏沟宽 80cm,深 33cm。贮藏期间要防止种株伤热、受冻、腐烂。

(3) 种株定植及管理。当土壤解冻后要及时整地,方式同前。在保证种株不受冻的情况下,尽量早定植。种株定植缓苗后要及时浇缓苗水,然后中耕松土、培土,进入盛花期之前要加强肥水管理,保持土壤湿润,可追施 2~3 次复合肥,喷施 0.3%~0.5% 的磷酸二氢钾 2~3 次。注意病虫害的防治。为防止倒伏可设立支架。

(4) 种子采收。当种荚变黄时采收。为防止脱粒,应在清晨收割,后熟 3~5d 后进行脱粒,晾晒,精选后装袋入库。

2. 小株采种法

小株采种法多采用阳畦育苗采种。首先于冬前选好地,挖好畦,播种前配好床土;种子可播于营养钵、营养土块或撒播,撒播的在播后 40d 可移苗,株距 7~8cm;苗期要根据秧苗长势及外界气温的高低进行管理,随着温度的升高,可逐渐加大放风量,当秧苗长到 6~10 片叶时,可定植,株行距为 (25~30)cm×40cm。其他方面同大白菜种子生产。

(三) 甘蓝常规品种种子生产技术

1. 采种方法

甘蓝的采种方法有秋季大株采种法、秋季半成株采种法和春老根腋芽扦插法三种。

(1) 秋季大株采种法。将甘蓝种子于秋季播种,越冬前长成叶球,经过冬季贮藏,第二年春季定植,使之抽薹、开花、结实的方法,即秋季大株采种法。此法又可分为带球采种和割球采种两种。带球采种法是将选出的叶球第二年春季把叶球顶端用刀切成十字形,使花薹容易抽出。割球法有两种,一种是将叶球外部及外叶切去,另一种是将叶球切去。秋季大株采种法的优点是可按植株性状严格选择,采到的种子纯度较高,所以原种生产一般常采用此方法。但春甘蓝不宜连续采用此法采种。

(2) 秋季半成株采种法。与秋季大株采种法相比播期晚 15d 左右,收获的种株是松散的尚未长成的叶球,经过冬季的贮藏,第二年春季定植,使之抽薹开花结实的采种方法,即秋季半成株采种法。半成株采种法的优点是比大株采种法耐贮藏,春季定植后成活率高,并有利于露地倒茬。缺点是不利于种株经济性状选择,种子纯度不如大株法高。

(3) 春老根腋芽扦插法。这种方法适合于春甘蓝的采种。在春甘蓝生产田中选择优良种株,切去叶球,留下老根和连座叶,待腋芽长出4~6片叶时,将其连同部分老茎组织切下扦插。为提高成活率,扦插后应搭遮阴棚,防雨防晒,并保持土壤湿润,生根后减少浇水次数。秋季长成小叶球,越冬后第二年采种。此法的优点是种株经过了春季严格的选择,可保持春甘蓝良好的种性;缺点是费工、费时、成本高。

2. 秋季成株采种法的技术要点

(1) 种株的培育。种株第一年的栽培管理与商品菜基本相同,只是播期可稍晚,北方地区可6月下旬播种,早熟品种在7月下旬播种育苗。由于育苗正值高温雨季,所以应作小高畦育苗,并应搭遮阴棚,防雨防晒,注意水肥管理和病虫害防治。当幼苗长到2~3片叶时可定植,行株距(40~50)cm×(33~43)cm。

(2) 种株的选择。一般于苗期、叶球形成期、抽薹开花期进行种株的选择。为保持原品种的特性,苗期选择无病、健壮且叶片形状、叶色、叶缘、叶柄等性状均符合本品种特性的秧苗;叶球形成期,选择植株生长正常,无病害,外叶少,叶球大而圆正,外叶及叶球主要性状符合本品种特性的植株留做种株;抽薹开花期主要根据种株的高度及分枝习性、花茎及茎生叶颜色等性状进行选择。

(3) 种株的越冬。露地越冬期间要防止种株受冻、腐烂。

(4) 种株的处理。种株成熟时,须对植株进行处理,方法有以下三种:一是留心柱法,将外部及外叶切去,只留心柱,然后连根移栽;二是刈球法,将叶球从基部切下,切面稍斜,待外叶内侧的芽长到3~6cm时切去外叶,带根移栽于采种田;三是带球留种法,经露地越冬或窖藏后的叶球,春暖前用刀在叶球顶部切划十字,深度为球高的1/3,以利抽薹。

(5) 采种田的管理。甘蓝为异花授粉植物,易与其他甘蓝类作物杂交,为保证种子纯度,原种地隔离距离2 000m以上,生产用种地要求距离1 000m以上。通常每667m² 定植4 000株左右,定植后,应加强管理,促进缓苗,种株抽薹后,可将下部老叶、黄叶去掉,开花后要摘去弱侧枝及顶部的花,为防止花枝折断,可在植株四周支架围绳。进入盛花期,每隔5~7d浇一次水,每667m² 追施硫铵15kg,磷酸二铵10kg,硫酸钾10 kg。进入结荚期,应减少肥水次数。要注意防治蚜虫、斑潜蝇、小菜蛾和菜青虫。

(6) 种子收获。当1/3的种荚开始变黄时即可开始收获,并应在上午9~10点前收获,以免种荚炸裂而造成损失。收获后可在晒场后熟3~5d,应勤翻动,防止雨淋,然后进行脱粒、晾晒、清选、包装。一般每667m² 可产种子50kg左右。

(四) 萝卜常规品种种子生产技术

萝卜的采种方法有大株采种法、半成株采种法和春育苗采种法三种。

1. 大株采种法的技术要点

大株采种法又叫成株采种法,是第一年秋季播种使肉质根长成,通过冬季贮藏,第二年春季定植的采种方法。此种方法生产的萝卜种子纯度高、种性好,但种子生产成本高,种株生活力下降,易发生病害,产量低,主要适用于原种繁殖。其技术要点如下:

(1) 种株的培育。

① 整地施肥。萝卜的播种期正值高温雨季,所以宜选择地势高,排灌良好,土层深厚、疏松、肥沃的壤土或沙壤土,pH为5.8~8.6。忌重茬,应与十字花科作物轮作3~5年。每

667m² 施腐熟有机肥 3 000～5 000kg,磷酸二铵 30kg,硫酸钾 15kg。一般为垄作,行株距为 (40～50)cm×(25～30)cm。

② 适时播种。萝卜采种的播种期可以和菜用栽培相同或晚 3～5d,原则上以收获前肉质根进入充分商品成熟期为准。

③ 间苗与定苗。第一次间苗应在子叶充分展开,真叶露心时进行,条播的每隔 3cm 留一棵,第二次间苗在 2～3 片真叶时进行,苗距 13～16cm。5～6 片真叶时定苗。间苗、定苗时要进行选择,去杂、去劣,保证种株纯度。

④ 田间管理。播种时如土壤干旱,必须进行播前或播后浇水,封垄前要进行 3～4 次中耕,定苗后浇一次水,注意培土。肉质根膨大期满足水分供应,保持土壤湿润,收获前 5～6 天停止浇水。结合浇水追肥 2～3 次,每 667m² 追施尿素 15kg,硫酸钾 10kg。追肥第一次在定苗后进行,第二次在连座期进行,第三次在肉质根生长盛期进行。

(2) 种株选择及贮藏。在肉质根收获前要进行选择,淘汰病虫害、叶色或叶形不正、叶片数过多或过少的植株,选择符合本品种特征、特性,侧根少,表面光滑,色泽纯正,形状端正,无病虫危害的肉质根,收获后留 1～2cm 叶柄,留作采种种株。

肉质根冬季多采用埋藏法,即将入选的肉质根在田间稍加晾晒后,于立冬前后埋藏到事先准备好的沟内。北方地区可入窖,初期可不埋沙土堆放,随着窖温下降,可改为分层沙培埋藏,即一层萝卜一层沙,潮湿细沙覆盖,一般以 5～6 层为宜。萝卜冬藏最适宜温度为 0℃～3℃。

(3) 种株的定植及田间管理。

① 种株的定植。如亲本为自交不亲和系或自交系,可将种株定植于纱棚内,采用人工蕾期或花期混合授粉的方法繁殖原种。如果是雄性不育系与保持系,可将其定植于与其他萝卜品种隔离 2 000m 以上的地块,花期自然授粉。整地施肥、株行距等同前。定植前把埋藏的萝卜取出,淘汰黑心、糠心、腐烂和抽薹过早的种株。定植时肉质根长的可采用卧式栽植,也可将长根切去 1/3～1/4 尾部后再行栽植,红圆萝卜竖直栽植,覆土 3～4cm,每埯上面覆盖一层马粪可镇压,土壤干燥可浇定植水。

② 田间管理。缓苗后,萝卜新叶、新芽抽出土表,可浇一次缓苗水,以后中耕、松土、培土。植株抽薹现蕾开始,满足水分供应,结合浇水,每 667m² 追施尿素 10kg、硫酸钾 15kg。盛花期过后进入结荚期,减少浇水次数,并要打顶,去掉花序顶端的花和花蕾。为防止种株倒伏,种株开花前要插好支架。

(4) 种子采收。当种荚变黄时可一次性收获。河北省中南部多在 6 月上、中旬,辽宁省中北部可在 7 月上、中旬采收。萝卜脱粒比较困难,可先脱下种荚,然后用磨米机脱粒,晾晒,当含水量降至 8% 以下时,可贮藏。萝卜的采种量每 667m² 为 50～80kg。

2. 半成株采种法

这是播期比成株法晚 15～30d,采收时的肉质根未充分膨大,第二年春季定植采种的方法。该法的优点是采种量高,占地时间短,便于倒茬,肉质根耐藏,种株病害少;缺点是种子纯度不如成株法。目前常规品种的种子繁殖多采用半成株采种法。它与大株采种法相比有如下不同:

(1) 秋季的播种期比成株采种法晚播 15～30d。

(2) 半成株采种法种植的密度比大株采种法大,株行距为(20~25)cm×(40~50)cm,增加15%~30%株数。

(3) 秋季减少肥水管理次数,春季相同。

(4) 半成株采种法的种株病害少,肉质根耐贮藏,采种量较高。

(五) 番茄常规品种种子生产技术

1. 采种田的选择

番茄对土壤条件要求不严格,但为增加采种量,提高种子质量,应创造良好的根系发育条件。所以,采种田应选择土层深厚,排水良好,富含有机质的肥沃壤土,pH以6~7为宜。番茄忌连作,可与茄果类蔬菜轮作3~5年。原种的隔离距离为300~500m,生产用种应隔离50~100m。

2. 去杂、去劣及选优

在番茄整个生长期间都要对植株进行严格选择,苗期可根据叶型、叶色、初花节位进行选苗,合格者定植。生长期间应进行田间的去杂、去劣、去病工作,拔除生长势弱、主要性状不符合本品种特性、得病严重、花序着生节位高的植株。果实采收时应选择坐果率高的植株,在其上选果形、果色、果实大小整齐一致,没有裂果,果脐小的果实进行采种。

3. 果穗选择及疏果

采种时,第一穗果不留,选留第二、第三、第四穗果。每一果穗着果数多时要进行疏果,即畸形果、小型果淘汰,选留大型、端正、发育良好的果,每穗留果个数依品种而异,大型果2~3个,中型果4~5个,小型果留8~10个。

4. 果实的采收及取种

早熟品种从开花到果实生理成熟需45~55d,中晚熟品种则需55~60d。当果实进入生理成熟期(即完熟期)后应及时采收,经后熟1~2d后再进行取种。取种时用刀横切顶或用手掰开果实,将种子连同汁液倒入非金属容器中(量大时用脱粒机将果实捣碎),放在自然温度下发酵1~2d,每天搅拌2~3次,当表面有白色菌膜出现,种子没有黏滑感时,表明已发酵好,应及时用水清洗干净,用洗衣机甩干,摊开晾晒。当种子含水量至8%以下可装袋贮藏。

取种也可把种子浸没在浓度为1%的稀盐酸溶液中保持15min,期间不断搅动,种子取出后在清水中晃动漂洗干净后,脱水、晾晒。

(六) 辣(甜)椒常规品种种子生产技术

1. 采种田的选择

辣(甜)椒的采种田应选择排灌方便、肥力较好的砂壤土地块,土壤pH为6.5~7.5。切忌与茄科作物重茬,为避免品种的相互杂交,采种隔离距离应在400~500m。小面积原种生产用塑料网纱棚隔离也能达到良好的隔离效果。

2. 去杂、去劣及选优

辣(甜)椒为常异交植物,及易发生天然杂交和品种退化。所以在保证隔离距离的情况下,应进行严格的选择。在开花前及时彻底拔除杂株、劣株,在整个生长发育时期分三次考察品种的典型性状,坐果初期主要选择株型、叶型、叶色、第一果着生节位、幼果颜色、植株开张度等符合原品种标准的植株,淘汰杂株、病株;在果实进入商品成熟期,主要选择植株生长类型、抗病性、果实大小、果形、果色、不同层次果实整齐度、果实心室数、坐果率高低等均符合原品种标准的植株;果实成熟期,主要选择熟性、抗病性、果实大小、果色、果实心室数符合原品种特性的植株及果实留种。

3. 选留种果

辣(甜)椒二、三层果实的种子在质量上均优于其他层的果实,所以应以第二、第三层的果实用做留种果实。生长势强的品种可留第四层果实。门椒发育差,果内种子少,不宜留种,应及早摘除。

4. 种子采收

辣(甜)椒从开花到种果成熟一般需要 50~60d。红熟是辣(甜)椒果实达到生理成熟的标志,说明种子已发育成熟,应及时分批分期收获。收获时应剔除病果、畸形果。采收后可放在通风阴凉处后熟 3~5d。然后用手掰开果实或用刀从果肩环割一圈,轻提果柄取出带籽胎座,剥下种子,放在席片或尼龙网上晾晒,当种子含水量降至8%以下时可装袋入库。辣(甜)椒单果种子数因品种不同差异很大,多则达 400 余粒,少则 100 粒左右。一般每 $667m^2$ 产种子 30~50kg。

(七) 黄瓜常规品种种子生产技术

根据栽培方式的不同,黄瓜栽培可分为保护地栽培、春露地栽培和夏秋露地栽培三种类型。适合保护地栽培的品种其原种繁殖应在早春大棚等保护设施内进行,生产种可在春露地进行;春露地栽培品种可在春露地进行繁种;夏秋品种只能在夏秋季节进行繁种。对原种生产采用选优人工隔离交配法留种,对生产用种采用去杂、去劣法留种。

1. 春露地采种法技术要点

(1) 采种田的选择。黄瓜根系较浅,喜肥,所以应该选择土壤富含有机质、通气性良好、灌水、排水方便的地块。黄瓜适于在微酸性至微碱性土壤中栽培。瓜类作物有共同的病虫害,且病虫害能在土壤中潜伏多年,所以应与其他瓜类作物轮作 5 年以上。为保持品种纯度,原种与其他种空间隔离距离为 1 000m 以上,生产种与其他种间隔 500m 以上。

(2) 选优去杂。原种生产需要进行选优去杂,一般选优去杂分 3 次进行,第一次在第一雌花开放前,将第一雌花节位、雌花间隔节位、花蕾形态、植株叶片形状、抗病性选择等符合品种特性的植株进行人工隔离,株间授粉;第二次选择应在大部分授粉瓜达商品成熟时进行,根据株上瓜的形状、雌花多少、节间长短、分枝性、结果性、抗性等淘汰一部分第一次所选植株;第三次应在采种前,进一步淘汰不符合品种特征、特性的植株,选择一般以第二个雌花结的瓜来鉴定是否符合本品种瓜的特性。生产用种的繁殖可进行去杂、去劣,在第二、第三次优选时进行,淘汰一些性状不典型、生长势弱、病虫害严重的植株及种瓜。

(3) 人工辅助授粉。为提高黄瓜采种量,人工授粉是必需的技术措施,其方法是:每天上午 7~9 时,当雄花开放散粉后,连同花柄将雄花摘下来,然后将雄花的雄蕊对准选定的雌花柱头,用手指弹雄花的花柄,使花粉自然落到柱头上,或用手指将花粉涂抹在柱头上,通常要求株间授粉,最好不要单株自交,每株留 2~3 条种瓜。采用人工授粉则每 $667m^2$ 种子产量可达30kg,多者达50kg。

(4)种瓜收获与采种。种瓜一般从开花到生理成熟需35~45d,当瓜皮变黄或黄褐色时即可采收,放到阴凉通风处后熟一周,然后纵剖种瓜,取出籽和瓤放入缸内或非金属容器发酵1~2天,使黏性物质与种子脱离。当种子下沉缸底,手摸无滑感时,将浮在上面的秕籽、瓜瓤、发酵物一起倒掉,清洗饱满种子,放入苇席或纱网上晾晒1~2天,切忌放在水泥地上暴晒。当含水量降至8%以下时,可装袋贮藏。

少量采种,可不用发酵直接洗籽。方法是将种子和瓜瓤放入纱布中,在盛水的盆中搓洗,使种子脱离瓜瓤,然后清洗种子,种子沉入底层,瓜瓤和秕籽浮在上面,将浮物倒掉,得到干净种子,这种方法比发酵法洗出的种子更为洁白有光泽,发芽率高。

2. 春季保护地采种法

凡适合于保护地栽培的品种,都应该在保护地条件下进行采种,至少原种应该如此。

保护地采种多利用温室或塑料大棚,江苏地区温室采种在12月下旬至1月上、中旬播种育苗,2月中旬至3月上旬定植,株行距100cm×20cm,6月中、下旬种瓜生理成熟。大棚采种、播种定植时间应比菜用栽培晚7~10d,其管理技术同生产。

春季保护地采种病虫害发生较严重,应注意防治。

由于早春温度低,黄瓜性器官发育不完善,昆虫又少,授粉受精极其不良,必须进行人工辅助授粉,并使第一、第二个雌花及早摘除,从第三朵雌花开始授粉,每株授3~4朵雌花,选留1~2条种瓜采种。

3. 夏秋季露地采种法

适合于夏秋季露地生产的黄瓜品种,采种时最好采用夏秋季露地采种法,尤其原种,为保持优良种性,必须用此方法繁殖。

夏秋季露地采种法一般在晚霜来到之前采收种瓜,向前推迟90~100d就是播种时间,播种时正是高温雨季,幼苗生长势弱,易形成高脚苗,所以应及时间苗、定苗、选苗,加强肥水管理。秋黄瓜苗期处于高温、长日照时期,雌花分化少,第一雌花节位往上移,因此选择雌花节位相对较低的优株采种十分重要。高温多雨、阴天潮湿的天气影响传粉昆虫的活动,为提高结实率,增加采种量,人工辅助授粉是非常必要的。秋黄瓜采种一般在第二条瓜以上留1~3条种瓜。每667m^2约采种10~15kg。

(八)西瓜常规品种种子生产技术

西瓜采种有直播和育苗移栽两种方式,现多采用地膜覆盖结合育苗移栽采种的方式。

1. 采种田的选择

西瓜对土壤条件要求不太严格,北方寒冷地区为了提高地温,以砂壤土为宜,温暖地区黏壤土也可以,但以排水良好,土层深厚的冲积土或沙壤土最为合适。种植西瓜最忌重茬、连茬,因此要求种过西瓜的地块在6~10年内不能再种西瓜,前茬最好是玉米、谷子、豆类等大田作物。采种田需与其他品种隔离1 000m以上。

2. 去杂选优

在授粉前对整个采种田进行一次检查,将植株特征、幼苗形状与原品种不符的杂株及病弱株及时拔除。收获种瓜时,严格检查授粉时做的自交标记,没有标记或标记不清的,果形、果色有变异的单瓜提前采收,不能留作种瓜。采种时剔除瓜瓤颜色不一致、肉质低劣的单瓜后混合采种。同时要选留部分果形端正、大小均匀、含糖量高、品质好,能充分表现品种特征、特性的果实,单采单留为原种,其余可做生产种。

3. 田间管理

(1) 整枝。

单蔓式:主蔓结瓜为主,只留一主蔓,其余侧枝全部摘除。授粉结果后视生长情况决定是否摘心,这种方式的密度1 500株/667m²。

双蔓式:主侧蔓都结瓜,留一主蔓和一个从基部长出的健壮侧蔓,并将两蔓并压平行延伸,其他侧枝全部摘除,结果后留15片叶摘心,这种方式的密度为1 000~1 100株/667m²,采种多采用两蔓式整枝。

(2) 压蔓。当蔓长50cm时,开始压蔓,促使产生不定根,扩大吸收面积,防止"跑藤",以后每隔4~5节压一道,压蔓宜在晴天进行。

(3) 肥水管理。植株进入伸蔓期后需浇一次水,当大部分幼瓜发育到鸡蛋大小时,开始浇膨瓜水,并每667m²追施尿素15~20 kg或磷酸二铵15kg,也可叶面喷施磷酸二氢钾。膨瓜期后果实发育速度快,需水量增加,保持土壤见干见湿为宜。注意病虫害的防治。

4. 隔离和人工授粉

当瓜蔓发生8~12片真叶时,雌花便开始开花。和黄瓜一样,一般不留根瓜,主蔓第二瓜和侧蔓第一瓜作为种瓜。种瓜坐住后再次进行选瓜,将每株上的两个种瓜选留一个,另一个瓜疏去。

人工辅助授粉可显著提高单瓜结实率及采种量,具体参考杂交制种。原种繁殖要单株套袋自交,授粉后做好标记。

5. 种瓜成熟和采种

种瓜果实一般从开花到生理成熟需30~40d,要比商品瓜晚5~6d采收。收获的种瓜后熟3~5天后再行取种,取种时用刀横剖种瓜,将种子同瓜瓤一起挖出放入缸里或非金属容器中发酵半天,然后洗籽晒干,当含水量降至8%以下可包装入库。

(九) 菜豆大田用种生产

1. 留种地的选择

采种田应选择土质肥沃、疏松、土层深厚的土壤,避免连作。土壤过于黏重或地下水位高,都不适于菜豆留种。

2. 整地与播种

采种田与菜用栽培田的整地要求基本一致。将采种田整平以后施足底肥,有机肥施用量为2 500kg/667m²以上,再加上(20~30)kg/667m²的过磷酸钙和适量的氮肥,混合后铺施。

菜豆春秋两季均可采种,但最好是秋种春用,因为秋季所收的种子比较充实饱满,贮藏期间没有高温高湿的危害。一般采用平畦直播方式,用育苗钵效果更好。矮生菜豆的株行距为(17~20)cm×(33~40)cm,蔓生菜豆的株行距为(17~20)cm×(17~20)cm,每穴播种4~5粒,播后要封土压盖。

播种前需进行粒选,要选用大小、形态和色泽符合品种特征,纯度高,发芽力强的种子,去掉杂粒、砂粒、带病虫和发过芽的种子,然后用1%的福尔马林溶液浸种20min,以防治炭疽病;浸种后用清水冲洗干净并晒干后播种,播种量为$(5\sim10)kg/667m^2$。

3. 田间管理

采种田播种后的田间管理与菜用田基本一致。出苗前一般不浇水,当幼苗长出2~3片真叶时,如土壤干燥,可少量浇水,此时地温低,浇水后应及时中耕,并在以后可连续中耕2~3次,以利提高地温、保墒和促进根系发育。花期一般不浇水,要抑制枝叶生长过旺,控制浇水半个月左右,当植株已经坐果,幼荚长到3~4cm时,可开始浇水。初期1周左右浇1次,以后逐渐加大浇水量(视降雨情况合理浇水),使土壤水分稳定在田间最大持水量的60%~70%。到了结荚后期应适当控制浇水,促进籽粒成熟。开花结荚期应进行2~3次追肥,每次用尿素$(5\sim7.5)kg/667m^2$、过磷酸钙$(15\sim20)kg/667m^2$。

4. 种子采收和脱粒

种子采收前要拔除病株和弱株,蔓生菜豆选择2~5花序上的果荚留种,矮生菜豆选中部留种,使植株养分集中。矮生菜豆选中部荚留种,使植株的养分集中。当种荚由绿变黄,全株有一半以上果荚干燥,弯曲果荚不易折断时,将留种的果荚全部摘下,后熟1周即可脱粒。开花后25d收的种子,收获后立即播种的发芽率仅55.6%,后熟5d播种,发芽率即可增加到97.7%。由此可见,后熟可显著提高种子的发芽力。

果荚全部干燥后可在干净、平整的场院脱粒,切不可轧压,以免损伤种子。脱粒后的种子经风选过筛后,再晒2~3d(切忌直接在水泥地上曝晒),待种子水分下降至12%以下时即可收藏。

(十) 大葱种子生产技术

目前国内大葱生产基本采用常规品种,其采种技术一般分为成株采种(包括秋播三年采种和春播二年采种)、半成株采种和老根采种三种方法。成株采种可在秋季播种,经三个年度获得种子;也可在春季播种,经二个年度完成采种。成株采种,因种株经过多次选择,纯度高,种子质量好,多用于繁殖原种。半成株采种的生长周期短,成本低,但由于种株未经选择,种子质量次于成株采种法生产的种子,常用于扩大繁殖生产用种。老根采种,即于种子收获后,对老根加强肥水管理,促发腋芽,再获得种子。该法省工省时,但花枝少,种子产量低,目前已经很少应用。

1. 秋播三年采种法

(1) 播种育苗及苗期管理。越冬前葱苗的生长期控制在30~70d,使幼苗具有2~3片真叶,株高10cm左右,茎粗0.3~0.4cm。播种过早,幼苗冬前过大,翌年容易发生先期抽薹现象。播种过迟,幼苗过小,越冬期间容易冻死。播种量一般$(4\sim5)kg/667m^2$,每亩苗床所育秧苗可栽植8~10亩。

越冬前控制浇水,防止秧苗过大或徒长。结冰前浇足封冻水,覆盖有机肥,有利于幼苗安全越冬。翌年返青后,适时浇水追肥,促进幼苗生长。

(2) 栽沟葱及田间管理。施肥整地后,按行距60~70cm、深30cm、宽20cm开沟,株距6~7cm定植。定植前进行挑选,去除杂苗、分叉苗、病株及细小的葱株,选健壮苗定植。

定植缓苗后,一般不浇水,注意排水防涝,加强中耕,促进根系发育。立秋以后,进入生长盛期,应及时追肥浇水,多次培土,促进葱白伸长。

(3) 种株收获、定植及管理。收获时,按品种特征在田间进行单株选择,挑选生长健壮,叶管直立,葱白粗长、紧实、不分叉、无病虫的植株作为种株。种葱可以冬栽,也可以春栽。冬栽根系发育好,种株生长健壮,采种量高。采种田施肥整地后,按行距 50~60cm、深 25~30cm、宽 20cm 开沟,株距 10~15cm 定植。

翌春,种株返青时,进行中耕 2~3 次,提高地温,促进根系发育。抽薹后,及时浇水培土,防止植株倒伏,注意防治病虫害,及时拔除有侧生花薹的植株。

(4) 种子收获与脱粒。6 月中、下旬,当花球上的种子有 60%~70% 成熟时即可收获。采收过晚,先成熟的种子容易脱落,以分批采收为宜。收获时,将花序割掉,置通风干燥处后熟脱粒。

此法采种,也可以结合商品葱生产,从收获的商品葱中按品种特性进行单株选优,选出的优良植株用作采种。

2. 春播二年采种法

此法于 3 月下旬或 4 月上旬播种育苗,幼苗 5~6 片叶时(约 7 月上、中旬)栽沟葱,11月上、中旬种株收获后,经挑选再定植于采种田,翌年 6 月中、下旬种子成熟收获。田间管理同秋播三年采种法。

3. 半成株采种法

利用纯度较高的原种,6 月下旬至 7 月中旬播种育苗,保证种株冬前达到一定大小,可顺利通过春化抽薹开花。经验证明,播种早些,葱苗长得大些,采种量高。为提高采种量,幼苗最好于 10 月上、中旬定植,行距 30cm,株距 5~6cm(或行距 30cm,穴距 25cm,每穴 3~4株)。幼苗单株重 40g 以上,栽苗密度为 4 万株/667m^2;幼苗单株重 30g 左右,栽苗密度为 5万株/667m^2。栽后田间管理同成株采种法。6 月下旬种子陆续成熟,及时采收。

任务 4 实施园艺植物杂交种品种种子生产

一、园艺植物杂交种品种种子生产程序

(一) 杂交制种条件及类别

1. 杂交制种的条件

在杂种优势的利用上,不论是哪种授粉方式的园艺植物,也不论是哪种杂交方式,欲获得优良的杂交种并充分发挥其作用,必须具备下列条件:

(1) 具有强优势的杂交组合。利用杂种优势首先应有强优势的杂交组合,这是利用杂种优势的基础和前提。否则,若杂交种表现平平,甚至还不如常规品种,该杂交种就失去利用价值。杂种优势强弱、杂交种的好坏包括产量优势、抗性优势、品质优势、适应性优势和生

育期优势等。一般来讲,作为一个品种,杂交种除应具有较理想的产量、性状外,还应具有较好的稳产性和适应性以及较好的综合农艺性状。

(2) 具有纯度较高的杂交亲本。亲本的纯度直接关系到杂交种优势的表达,只有亲本纯合度高时,杂交种才能整齐一致,充分发挥其增产性能。相反,当亲本纯合性差时,杂种一代就表现出分离现象,影响产量。随着某一杂交种的推广,亲本纯度可能会逐年变差,这就要求在配制杂交种的同时,建立亲本繁殖体系,实施严格的种子防杂保纯措施与管理制度。

(3) 繁殖制种成本低,工序简单易行。一是要有简单易行的亲本繁殖方法。杂交种需年年制种,所以必须保证每年提供足够数量的亲本满足制种的需要。其中,母本繁殖更为重要,如利用雄性不育系或自交不亲和性进行制种,母本不能自交结实,需通过其他方法来繁殖,这种特殊的繁殖方法应简单易行,成本低,成效大。二是要有简易的杂交技术。多数园艺植物是雌雄同株,在配制杂交种时的首要问题是母本要去雄防止自交,这就必须有一个简单易行的去雄方法,才能大规模地生产杂交种子,满足生产需求。如果获得杂交种子的杂交技术非常复杂,需大量投入人力、物力,或不能很好解决去雄问题,就不能保证种子质量或降低种子成本,这样就会影响杂交种的推广应用。随着雄性不育系和化学杀雄剂的研究和利用,杂交制种技术已变得越来越简单方便,这为自花授粉作物在生产上利用杂种优势带来了极大的方便。

(4) 较高的制种产量。制种产量与成本有着直接关系,也会在很大程度上影响杂交种的推广应用。一般杂交种的增产效益应足以弥补生产杂交种增加的投入。影响杂交制种产量的因素很多,如亲本生长势,花期能否很好相遇,母本接受花粉能力,父本的散粉时间,父、母本比例及栽培管理是否得当等。

2. 杂交种的类别

配制杂交种时,根据亲本类型及数目的不同,杂交种可分为以下几种类型(图3-5):

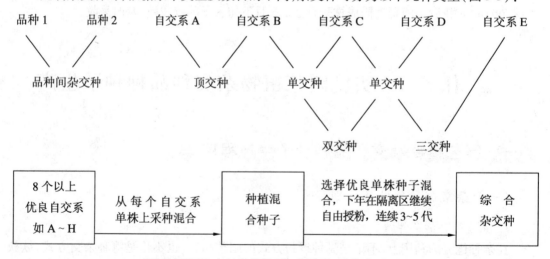

(引自《种子生产与经营管理》,郝建平,时侠清,2004)

图3-5 杂交种类型

(1) 品种间杂交种。品种间杂交种是指用两个亲本品种组配的杂交种。在自花授粉作物的品种群体内,个体间基因型同质,表现型一致,只要配合力比较理想,该杂交种就是一个优良品种。而异花授粉作物的品种间杂交种,由于亲本品种的基因型纯合性差,所以杂种优势并不太强,植株个体之间性状表现不整齐,增产幅度不大,仅比一般自由授粉品种(常规品种)增产5%~10%。

(2)顶交种。顶交种是指用一个品种(自由授粉品种)与一个自交系进行杂交得到的杂交种。一般以当地推广的优良品种作母本,另一个为自交系,作父本。顶交种的适应性较强,制种产量较高,顶交种的产量和整齐度均优于品种间杂交种,而不及自交系间杂交种。

(3)自交系间杂交种。自交系间杂交种是指用不同自交系作亲本组配的杂交种。根据亲本数目、组配方式的不同,可分为以下四种:

① 单交种。单交种指用两个自交系组配成的杂交种,组配方式可用A×B表示。由于单交种的亲本自交系基因型高度纯合,所以杂交种的性状表现整齐一致、杂种优势强、增产幅度大,而且制种程序比较简单,是当前杂种优势利用的主要类型。但选育自交系的过程所需时间长,制种产量较低,因而种子成本较高。

② 三交种。三交种指用三个自交系组配而成的杂交种。组配的方式是(A×B)×C,即A与B先杂交配成单交种,再以此为母本,以自交系C为父本,组配成三交种。这种制种方式产量较高。三交种产量表现不及单交种,而且制种时比单交种还要多设置一个隔离区。

③ 双交种。双交种指用四个自交系组配而成的杂交种。组配方式是(A×B)×(C×D),即先配成两个单交种,再用两个单交种配成双交种。双交种杂种优势较大,适应性较强,制种产量也较高,但产量及整齐度比不上单交种,而且制种程序比较繁琐。

④ 综合杂交种。综合杂交种是将若干个优良自交系(一般不少于8个)或自交系间的杂交种混合播种在一个隔离区内,经过充分自由授粉、多次混合选育而成的遗传平衡的杂交后代群体。综合杂交种的杂种优势不及单交种、三交种和双交种,但遗传基础广泛,因此适应性强、优势稳定,同时制种程序简单,F_2杂种优势减退不显著,制一次种就可以在生产上连续种植多年,不用像单交种那样年年制种。

(二)杂交制种的技术路线

1. 人工去雄杂交制种

人工去雄配制杂交种是杂种优势制种的常用途径之一。采用这种方法的园艺植物要具备以下三个条件:一是花器较大,易于人工去雄;二是人工杂交一朵花能够得到数量较多的种子;三是种植杂交种时用种量较小。目前,人工去雄制种常用于茄果类、瓜类等蔬菜作物。

2. 利用自交不亲和性制种

用具有自交不亲和特性的品系作母本配制杂交种可以省去母本人工去雄的麻烦,降低制种成本。

3. 利用雄性不育性制种

利用雄性不育系作母本配制杂交种不仅可以省去去雄授粉所需的大量劳动力,而且还可以避免因人工去雄而造成的操作创伤导致的杂交种产量降低。目前,应用最广泛、最有效的方法是利用质核互作不育型雄性不育系,即利用不育系(A系)、保持系(B系)和恢复系(C系)三系配套法生产杂交种子。

4. 利用理化因素杀雄制种

由于雌、雄性器官对理化因素反应的敏感性不同,因此,用理化因素处理后,能有选择地杀死雄性器官而不影响雌性器官,以代替去雄。

5. 利用标志性状制种

用父、母本杂交不去雄直接授粉,用某一显性或隐性性状作标志区别真假杂种的杂交制种方法,即利用标志性状制种。

(三) 杂交制种的技术要领

1. 选地和隔离

(1) 选地的要求。配套的杂交制种生产系统,首先要确定所要配制杂交种的亲本繁殖田和制种田的块数和面积。例如,人工去雄制种单交种,需要设立两块自交系繁殖田,分别种植父、母本亲本自交系,同时要设立一大块单交制种田,种植父、母本进行制种生产单交种子。一般要根据下一年的制种任务来确定父、母本自交系繁殖田的面积,然后根据现有父、母本的种子量来确定制种田的面积。为了保证制种的质量和数量,繁殖田和制种基地应该选择地势平坦,土壤肥沃,地力均匀,排灌方便,旱涝保收及病、虫、鼠、雀等危害轻,没有检疫性病虫害,便于隔离,交通方便,生产水平和生产条件较高,劳力技术条件较好的地方。

(2) 隔离区的设置。杂交种亲本繁殖与制种都必须进行安全隔离。隔离方式除小面积采用网室以外,应根据当地实际情况灵活采用以下方法:

① 空间隔离。要求在亲本繁殖和杂交制种区周围一定距离内,不种植非父本品种。关于不同园艺植物的隔离距离,一般自花授粉植物较小,异花授粉植物与常异花授粉植物要求较大。借风力传粉的作物隔离距离较小,借昆虫传粉的作物隔离距离较大。亲本繁殖区的偏离距离要比制种区稍大。其不同作物的具体要求,应按照国家或省制定的相应的作物种子生产技术规程执行。

② 自然屏障隔离。利用山岭、村庄、房屋、成片树林等自然屏障隔离。

③ 时间隔离。就是通过播种期调节,使制种田或亲本繁殖田的花期与周围同类作物的生产田花期错开,从而达到隔离目的。隔离时间的长短,主要由该作物花期长短决定。

④ 高秆作物隔离。即在制种区周围一定范围内种植高粱、麻类等高秆作物,把制种区与周围大田隔开。此法通常作为辅助性措施,要求高秆作物提前播种 20d 以上。

(3) 确定种子田面积。杂交种子生产必须按比例安排亲本繁殖田和制种田的面积,使各类种子数量比例协调。制种面积根据下年杂交种子需求量及制种田杂交种子的单产来确定,计算公式如下:

$$\text{亲本繁殖田面积}(hm^2) = \frac{\text{下年制种田面积}(hm^2) \times \text{母本或父本播种量}(kg/hm^2) \times \text{亲本行比}}{\text{亲本单位面积计划产量}(kg/hm^2) \times \text{种子合格率}(\%)}$$

$$\text{杂亲制种田面积}(hm^2) = \frac{\text{大田计划播种面积}(hm^2) \times \text{播种量}(kg/hm^2)}{\text{制种田预计单产}(kg/hm^2) \times \text{母本行比例} \times \text{种子合格率}(\%)}$$

确定制种田面积时,除了要考虑当地大田用种需要量以外,还需根据供销合同,考虑种子的外销量。要以销定产,再依据单位面积产量确定制种田面积,避免供求关系失衡。

2. 制种田的规格和种子播种

杂交制种时,应合理确定父、母本行比,既要保证有足够的花粉,又要最大限度地提高母本行数,以提高制种田产量。制种田播种前要精细整地、保证墒情,以提高播种质量。具体要求如下:

(1) 确定父、母本行比。行比是制种田中父本行与母本行的比例关系,行比大小决定着母本占制种田面积的比例大小和结实率,进而影响制种产量。母本行增加,母本结实率降低,但在一定范围内制种产量会有所增加。因此,确定行比的原则是:在保证父本花粉充足供应的前提下,尽量增加母本行的比例。当制种田水肥条件好、父本植株高大、花粉量多时,可适当增加母本行数,父、母本的株高相差太大或错期播种时,为避免高秆、早播的亲本对矮秆、晚播亲本的影响,应适当调整行比。在确定具体行比时,应根据制种组合中父本的株高、花粉量及花期长短等因素灵活掌握。瓜类蔬菜的父、母本一般均为雌雄同株异花的自交系,按大约父、母本 1∶10 比例播种育苗,分行定植;茄果类蔬菜可根据父、母本花的多少,生长类型,长势等确定行比,以父本品种的栽植株占母本的 10%~20% 为宜。为了避免果实采收时发生混杂错乱现象,父本和母本可以分区栽植。

(2) 提高播种质量。无论是亲本繁殖区还是制种区,都要精细播种,力求一播全苗。这样既便于去雄授粉,又可以提高制种产量和制种质量。播种时必须严格分清父、母本行,不得串行、错行、并行、漏行。为了便于区分父、母本,可在父本行的两端和中间隔一定距离种上一穴其他作物作为标志。为了在需要时提供花粉,还应在制种区附近分期播种一定行数的父本,作为采粉区。

3. 花期调节

制种田花期是否相遇决定制种产量的高低甚至制种的成败。调节父本花期是制种工作的中心环节。

(1) 播期调节。准确安排父、母本播期是保证花期相遇的根本措施,尤其对于父、母本生育期相差较大的组合,更是其他措施所不能代替的。保证花期相遇必须以调节播期为主,以其他调节方法为辅。

花期相遇指标。花期相遇的标准是父、母本盛花期相遇,但在不同作物实际应用的诊断指标有所不同。

① 影响花期的因素。保证父、母本花期相遇,在确定和调节播期时应考虑可能影响的因素,如双亲的生物学特性、外界环境条件、生产条件与管理技术等,事先做好处理与调整,以减少生产期间调节花期的麻烦,有效地保证花期相遇。

a. 亲本的生物学特性。不同亲本的生育规律有所不同,应对制种亲本先进行系统观察,掌握物候期以及开花时间与生育进程,以便能准确安排播期。从双亲生育期来说,有的相同,有的不同,生育进程也有可能相同或不同。如果生育期及其进程相同,则花期也会相同,父、母本可以同期播种,或者母本花期比父本略早 1~2d,也可同期播种;双亲花期相差太大,则需调节播期,即生育期较长、花期晚的亲本先播。根据双亲生育期长短和花期相差天数决定另一亲本晚播指标。

b. 外界的环境条件。考虑外界环境条件的影响,因地、因时调节播期。

c. 生产条件与管理技术。生产条件与管理技术对花期也有一定影响。例如,土壤肥力和施肥水平不同,不同亲本可能有不同反应,须对播期进行适当调整。又如,种植密度过大会延缓生育过程,则播期应适当提前。

② 播种差期的确定。确定父、母本播期应遵循"宁可母等父,不可父等母"的原则。具体方法如下:

a. 根据亲本生育期确定播种差期。这是一种简便的方法,某一杂交组合在某一地区同一季节制种,亲本生育期长短一般是相对稳定的,因此可用这种方法确定播种差期。

b. 根据叶龄确定播种差期。用主茎叶片数表示生长发育进度,称为叶龄。在一定的条件下,同一品种的主茎叶片数是比较稳定的,但是当气候和栽培条件发生变化时,叶龄会发生变化,如温度低则出叶速度慢。必须指出,按叶龄确定父母本播种差期,首先要了解亲本在当地的总叶片数以及各叶伸出时期,其次要在田间对父本准确观察,这样才能达到花期相遇的目的。

c. 根据有效积温确定播种差期。同一亲本在某一生育阶段的有效积温是比较稳定的,而不同亲本的全生育期以及各生育阶段的有效积温不同。据此,首先要确定父本在一定播种条件下的始花期;其次按气温资料,以父本始穗期这一天为基点,将向前逐日的有效积温累加达到母本播种至始穗有效积温数值的那一天,即为母本播种期。确定父、母本播种差期的准确度依次为:叶龄＞有效积温＞生育期。

③ 调节播期的辅助措施。为减少错期播种的麻烦,对于双亲错期较小的组合,可将早播种子浸种催芽,与另一亲本种子同期播种;对于散粉期短的自交系,如作父本,为延长散粉期,可将种子分3份,1份浸种催芽与另1份干种子同期播种,第3份迟播5～7d,以保母本充分授粉受精。为防意外,可在制种田边地头单设父本采粉区,比隔离区内父本再晚播6～7d,以备急需。

(2) 花期预测。即便根据各方面条件合理地确定并调节了父、母本播期,也不能保证父、母本花期能很好地相遇,播后还可能因某些因素的影响,使双亲生育进程发生异常变化,造成父、母本花期不能很好地相遇。为此,应在生育期间仔细观察,预测花期是否相遇。花期预测的方法主要有叶片检查法和镜检花芽(幼穗)法等。

(3) 精细管理。对于亲本繁殖田和杂交制种田的田间管理要比大田管理精细得多。总体上要满足水肥要求,加强中耕除草,加强防治病虫害。要保证花序发育得早和好,花开得好,种子籽粒成熟得好。

管理制种田时,在常规管理的前提下,还要注意通过一些农业技术措施,促进和保障父、母本花期相遇。在出苗后要经常检查,根据两亲生长状况,判断花期能否相遇。经预测花期不能良好相遇,要积极采取补救措施,如对生长慢的亲本,可采取早间苗、早定苗、留大苗、偏肥、偏水等办法来调节生长发育;对生长快的可采用控制肥水、深中耕等办法来抑制生长;有的园艺植物有自己的抑制开花和生长的方法,如蔬菜的打尖、去杈等技术也可用。也有使用化学药剂喷洒来抑制或促进生长的。总之,在制种田必须采取一切技术措施来保证父、母本的花期相遇。

4. 严格去杂、去劣与去雄

去杂、去劣是保证制种质量的重要措施,一般在育苗期或定植、间苗、定苗时根据父、母本自交系的长相、叶色、叶形、生长势等特征进行第一次去杂、去劣;待瓜类、茄果类蔬菜有花蕾时进行第二次去杂、去劣;第三次是开花授粉前进行的关键性的去杂、去劣,这一次去杂、去劣一定要认真负责。对父本杂、劣株要特别重视,做到逐株检查,以保证制种质量。收获及脱粒前要对母本果穗认真选择,去除杂、劣果穗。

去雄是指在花药开裂前除去雄性器官或杀死花粉的操作过程。去雄的目的是防止非目的杂交或自交,这是保证杂交种纯度的关键措施之一。去雄工作包括三项内容:一是拔除雌雄异株母本区(如菠菜、石刁柏)的雄株;二是摘除雌雄同株异花母本(如瓜类)株上的雄花;三是除去雌雄同花(如十字花科、茄科蔬菜等)的雄蕊。雌雄同花的蔬菜(如番茄、辣椒、茄子、大白菜、甘蓝等),去雄的方法可用小镊子进行人工去雄。无论采取哪种去雄方式,都必须要有专人负责,加强巡回检查,保证去雄质量。去雄时间,在每天上、下午均可,每天坚持去雄。去掉的雄蕊要带出隔离区,以免雄蕊离体散粉影响制种质量。

5. 人工辅助授粉

可以通过授粉工具将事先采集好的花粉涂抹到柱头上,或直接用已开裂散出花粉的花药在柱头上涂擦,或将柱头伸入装有花粉的授粉器内沾粉。授粉的花龄以花朵盛开时为准,这时雌蕊柱头的生活力最高,柱头上分泌出有黏性的营养液,有利于黏着花粉,并促使花粉发芽。但在蔬菜制种中,常在去雄时进行授粉,这样既可省工、省时,又可防止非目的杂交,还可以在去雄授粉后做好标记。授粉必须在雌蕊受精的有效期内进行。在一天中,以上午8~11时为最佳授粉时间。授粉工作的技术性很强,涂抹量要适中,动作要轻,整个操作过程须认真、细致,尽量避免碰伤花器。整个授粉工作要防止非目的性交配,更换品种或出现可疑的非目的性花粉污染手指和授粉工具后要立即消毒。

一般制种田生长期长,要加强对杂交母本区的管理,提供良好的肥水条件,及时摘除未杂交花蕾,加强病虫害防治,保证杂交果实良好生长发育,并注意防止风害和鸟害。

二、主要园艺植物杂交种品种种子生产技术

(一) 大白菜杂交种品种种子生产技术

目前大白菜杂交种品种的种子生产方法主要有利用自交不亲和系、雄性不育两用系和雄性不育系三种。

1. 利用自交不亲和系生产杂交种

(1) 自交不亲和系的繁殖保存。大白菜自交不亲和系的亲本繁殖应采用大株采种法,可以在网室、大棚或露地进行,露地繁殖的隔离距离应为2 000m以上。自交不亲和系的亲本繁殖其关键技术是蕾期自交授粉,当种株进入开花期后,选择健壮的一、二分枝中部合适的花蕾,以开花前2~4d的花蕾授粉最好,一般以开花以上第九个花蕾为最佳状态。用镊子或剥蕾器将花蕾顶部剥去,露出柱头,取当天或前一天开放的系内各株的混合花粉授在柱头上。授粉工作要精心细致,严防混杂,更换系统时要用酒精消毒,严防昆虫飞入温室或纱网内。用蕾期授粉的方法繁殖自交不亲和系原种,用工多,成本高。近年来,有单位试验使用在花期喷2%~3%的盐水的方法克服自交不亲和性,提高自交结实率。也可以使用CO_2气体处理,打破自交不亲和性。

(2) 利用自交不亲和系生产杂交种。通常采用阳畦育苗或冷床育苗的小株采种法,即父、母本按1∶1比例播种定植,正、反交的种子都可用于生产。母本产种多,父、母本可按1∶2的比例,播种定植。播种时应注意调节好父、母本的花期,早开花晚播种,晚开花适当早播,空间隔离距离应在1 000m以上。为确保授粉充足,花期每1 000m²最好放养一箱蜜蜂辅助传粉。其他同常规品种的小株采种法。

2. 利用雄性不育两用系生产杂交种

(1) 雄性不育两用系的繁殖保存。雄性不育两用系是指同一系统内不育株数和可育株数各占50%,其不育株既可作为不育系使用,可育株又可作为保持系使用。两用系的繁殖是将两用系植株加密一倍定植在隔离区内,开花时鉴别可育株和不育株,拔除不育行的可育株,可育行的不育株,按不育株和可育株4∶1行比保留,待授粉结束后拔出可育行,在不育株行上收获的种子仍然是雄性不育两用系。为保证两用系的种性纯度和不育株率稳定在50%以上,繁殖时应注意:一是两用系亲本原种必须采用大株采种法;二是隔离距离2 000m以上,在机械隔离时必须严格密封;三是可育株与不育株行必须标记好,严格区分。

(2) 制种技术。为提高种子产量,降低制种成本,一般采用春育苗小株采种法。父、母本定植比例1∶4。作为母本的两用系定植时株数应加1倍,进入开花期要拔除两用系田上的可育株。注意调节好父、母本的花期使之相遇。授粉结束后及时拔除父本,以利通风和田间管理。种子成熟后,及时收获。

3. 利用雄性不育系生产杂交种

(1) 雄性不育系的繁殖保存。大白菜的雄性不育系是由甲型"两用系"不育株与临时保持系杂交而成的。因此在亲本繁殖时每年需设三个隔离区,即一个甲型"两用系"繁殖区,临时保持系繁殖区和雄性不育系繁殖区,它们都为亲本原种,为保持品种纯度和种子质量,应采用大株采种法,隔离区周围2 000m内不能种植十字花科作物,最好在隔离网室控制条件下人工辅助授粉或蜜蜂辅助授粉。这样,在甲型两用系繁殖区内的可育株给不育株授粉,在不育株上做好标记,收获的种子仍然是甲型两用系,临时保持系繁殖区内经自由授粉收获的种子仍然是临时保持系,在雄性不育系繁殖区内利用临时保持系可育株花粉给甲型两用系不育株授粉,在不育株上收获的种子即为雄性不育系。应该注意甲型两用系的可育株开花后要及早拔除,采种时严格收获不育株上的种子,这样才能保证雄性不育系的纯度。

(2) 利用雄性不育系制种。采用春育苗小株采种法。一般在冷床、阳畦、塑料大棚等设施里播种,可根据各品种的低温敏感程度适当确定播期,母本的用种量是父本的3~4倍。苗期的温度应使之通过春化阶段,即0℃~10℃,10~20d即可通过低温春化。3~4叶期移植一次,6~8片叶时定植于露地,日历苗龄60d左右。行株距(50~60)cm×(30~40)cm,每667m²保苗3 000株左右,定植时父母本比例为1∶(3~4),制种区周围隔离距离为1 000m以上。开花后利用父本花粉给不育系授粉,授粉结束后拔除父本,在不育系上收获的种子就是杂交种。父本的繁殖应单设隔离区,与雄性不育系一样,采用大株法繁殖,经群体内自由授粉,混合采种。下年仍然是父本原种,用于制种。

(二) 小白菜杂交种品种种子生产技术

小白菜的杂交种都是利用自交不亲和系、雄性不育两用系为亲本繁殖生产的,可以采用半成株和阳畦育苗小株采种法。

1. 半成株法杂交制种

亲本培育与原种生产相同,不同点是春季定植时的隔离距离为1 000m,如果亲本为自交不亲和系,则父母本的行比为1∶1或2∶2,种子混收。如果母本是雄性不育两用系,那父母本的行比可定为1∶(4~5),母本的株距应是父本的一半,13~15cm,父本的株距为25~30cm。为保证杂交率,母本进入初花期后,应拔除母本行中的可育株,当把母本行中的可育株拔净后,摘除不育株上已开的花或结的荚果,任父本的花粉给不育株授粉,在不育株上收获的种子即是杂交种。父本可单繁或单收。

2. 阳畦育苗法杂交制种

方法基本同前,不同点:一是要调节花期,要了解父、母本的花期是否相遇,如果不遇,应错开播种期或进行植株调整;二是要拔除可育株,如果母本是雄性不育两用系,初花期要拔除有粉植株,为提高种子产量和质量,花期最好放蜂传粉。

(三)甘蓝杂交种品种种子生产技术

甘蓝的杂交种主要利用自交不亲和系和雄性不育系为母本,与父本杂交而成。下面主要介绍利用自交不亲和系生产杂交种:

1. 自交不亲和系的繁殖与保存

(1)种株的管理。自交不亲和系应在日光温室或大棚里繁殖,为了方便授粉,定植时应留好过道,株行距30cm×(30~40)cm。南方圆球类型自交不亲和系可在阳畦纱罩内繁殖,第一年10月下旬或翌年2月中、下旬定植于阳畦,种株开花前用纱罩将种株罩上,种株开花后不可使花枝接触纱罩,以免昆虫传粉。为保证原种纯度,在抽薹开花期要根据本株系开花特性对种株进行选择。

(2)蕾期授粉。首先应选择合适的花蕾,以开花前2~4d的花蕾授粉最好,如以花蕾在花枝上的位置计算,以开放花朵以上的第5~20个花蕾授粉结实率最高。用镊子或剥蕾器将花蕾顶部剥去,露出柱头,取当天或前一天开放的系内各株的混合花粉授在柱头上。注意:授粉工作要精心细致,严防混杂,更换系统时要用酒精消毒,严禁昆虫飞入温室或纱网内。用蕾期授粉的方法繁殖自交不亲和系原种,用工多,成本高,近年来有单位试验,在花期喷5%的食盐水可克服自交不亲和性,提高自交结实率,也可使用CO_2气体打破自交不亲和性。

2. 杂交制种技术

甘蓝杂交种的制种有露地制种和保护地制种两种方法。下面介绍露地制种技术。

(1)制种田的选择。甘蓝杂交制种田应与花椰菜、球茎甘蓝、芥蓝、甘蓝型油菜及其他甘蓝类品种隔离1 500m以上,如果父、母本都是自交不亲和系,则按1∶1的行比定植,行距60cm,株距30~40cm。

(2)花期调节。杂交制种时,如果双亲花期不遇,可采取以下措施:一是利用半成株采种法制种或提前开球,采用半成株采种法可使花期比成株采种法提早3~5d,圆球类型的亲本冬前结球,可提早切开叶球,有利于来年春天提早开花;二是冬前定植种株;三是利用风障、阳畦的不同小气候调节花期;四是通过整枝调节花期。

(3) 田间管理。甘蓝制种田的肥水管理同前,但要注意以下几点:
① 去杂、去劣。种株定植前及抽薹开花期,要对种株进行选择,淘汰不符合本系性状的杂株、劣株。
② 放蜂传粉。每 667m² 放蜂一箱,可提高杂交率及种子产量。
③ 设立支架。应在种株始花期前用竹子、树枝等搭架,防止倒伏。
(4) 种子收获。双亲都为自交不亲和系,正、反交结果一致,种子可混收,否则只能采收母本株上的种子。

(四) 萝卜杂交种品种种子生产技术

生产杂交种的亲本有自交系、自交不亲和系和雄性不育系。国外一般都采用自交不亲和系制种。我国多利用雄性不育系制种。

1. 雄性不育系的繁殖与保存

萝卜的雄性不育系属于细胞核质互作不育类型,是通过自然群体筛选而选育出的。要想繁殖不育系,必须用保持系来繁育。可采用成株采种法,第一年秋季,将不育系与保持系分别种植,在肉质根形成后,选优去劣,做好标记,分别妥善保管,第二年春,将不育系与保持系按(4~5):1的比例栽植,为增加保持系花粉量,保持系可缩小株距,增加株数。采种田周围的隔离距离为 2 000m 以上。开花时利用保持系的花粉给不育系授粉,在不育系上收获的种子仍为不育系。如果不要保持系,可在盛花期后将保持系行的植株全部拔除。收获时只收不育系株上的种子。保持系另设隔离区繁殖。

2. 杂交制种技术

利用雄性不育系配制一代杂种,可以采用大株法,也可采用小株法。为保持品种纯正,降低生产成本,通常采用大株法繁殖原种,小株法繁殖生产用种。一般采用春育苗的方法。

(1) 播种育苗。春育苗制种可将种子播在冷床或阳畦中。可采用营养钵或营养土块育苗,雄性不育系与父本系播种量可按 3:1 安排。出苗前尽量提高温度,白天控制在 20℃~25℃,夜间 8℃~10℃,出苗后要降低温度,白天 20℃ 左右,夜间 5℃~8℃,并注意通风。当幼苗长到 5~6 片真叶时,降低温度,加大放风量,对幼苗进行低温锻炼。

(2) 定植及田间管理。萝卜制种田应与其他易杂交品种隔离 2 000m 以上。当土壤解冻后要及时整地施肥。行株距为 (40~50)cm × (25~30)cm。不育系与父本系的定植比例为 4:1。定植前要进行选苗,淘汰病苗、杂苗、劣苗。定植后及时浇水,缓苗后要及时松土,提高地温,加强培土。植株抽薹后要进行追肥、浇水,盛花期过后应拔除父本系植株。

(3) 花期及植株调整。在进行杂交制种时,要注意花期是否一致。如果父母本花期不遇,最好用播期调整的方式。对早开花的亲本可摘除其主茎的花序,延迟开花期,使与另一亲本的花期一致。

(五) 番茄杂交种品种种子生产技术

番茄杂交种品种种子生产的途径,有人工杂交制种、利用雄性不育系杂交制种等,其中人工杂交制种生产的种子纯度较高,质量好,为主要的制种途径。黄河以北多采用露地制种,南方一般采用保护地杂交制种。

1. 人工杂交制种技术

(1) 亲本准备。

① 培育壮苗。整个育苗技术与常规育苗方法相同。但杂交制种通常先播父本,后播母本,父、母本播期相差时间的长短依父、母本花期早晚而定,为避免父、母本错乱,最好不要播在一个苗床内,应分床播种。

② 定植。定植时间为晚霜过后 5~10d。定植时父、母本比例是 1:(4~6)。

(2) 制种技术。

① 亲本种株的选择。在父、母本开花授粉期到来之前,应对父、母本植株进行严格选择,尤其父本更为重要,因为一朵混杂的雄花可以授很多雌花。所以应选择生长健壮、无病虫危害、具本品种典型性状的植株。

② 制取花粉。采集花粉的方法一种为用手持电动采粉器采粉;另一种是干制筛取法,即到父本田将盛开的花朵摘下,取出花药,摊于干净的纸上,晾干,然后放入筒中摆在生石灰的表面或干燥器内,把盖盖严,第二天花药便开裂,花粉散出,然后放在 150 目筛中,边筛边搓,使花粉落下,收集装入贮粉瓶中待用。也可用灯泡干燥法和烘箱干燥法。花粉在 4℃~5℃条件下,生活力可保持一个月以上,常温下可保持 3~4d。

③ 去雄。从母本第二穗花开始去雄,去雄前摘掉已开放的花和已结的果。去雄一般选择次日将要开放的花蕾,这时花冠已露出,雄蕊变成黄绿色,花瓣展开呈 30°角。去雄时以左手托住花蕾,右手持镊子从花药筒基部伸进,将花药一一摘除。注意要干净、彻底,不要碰伤其他花器官,尤其是雌蕊。通常一个熟练的操作人员每天可去雄 1 000~1 500 朵花。

④ 授粉。将采集的花粉装入特制的玻璃管授粉器中,以左手拿花,右手持授粉器,把去雄后花的柱头插入授粉器内,使柱头沾满花粉即完成授粉工作。授粉一般在去雄后 1~2d 进行,母本花必须是盛开之时,如遇雨天,应进行重复授粉,授粉完毕应将花撕下两枚萼片作杂交完毕的标记。

⑤ 果实成熟和收获。果实成熟后应及时分批分期采收。凡撕下两片萼片的为杂交果实,其他的果实应淘汰,取种方法同前。

2. 利用雄性不育两用系生产杂交种

番茄的雄性不育性是由单隐性核基因控制的,它只能育成雄性不育两用系,在这样一个稳定的系统中,以两用系做母系,另一纯系做父本,生产杂交种可省去人工去雄的工时,降低制种成本。

利用雄性不育两用系生产杂交种的技术要点是:

(1) 两用系播种在母本床内,分苗时将可育株淘汰。

(2) 定植时父、母本比例为 1:(5~8)。

(3) 母本花开时取父本花粉进行授粉。

(4) 收获时从两用系不育株上收获的种子即为杂交种。

(5) 两用系和父本系繁殖单设隔离区,按常规品种繁殖技术进行。

(六) 辣(甜)椒杂交种品种种子生产技术

辣(甜)椒杂交种优势极强,增产显著。目前生产中主要有人工杂交制种和利用雄性不育系杂交制种两种方法。

1. 人工杂交制种技术

（1）确定播期。根据母本和父本从播种到开花所需要的天数来决定双亲播种的最适合时期，原则是父本花应早于母本开放。一般双亲始花期相同或相近，父本应比母本早 8~10d 播种，父本始花期比母本晚 10d 的父本应提早 20 天播种。

（2）定植及隔离。父、母本应分开定植，比例以 1：（3~4）为宜，栽培方式同前。辣（甜）椒为常异交作物，隔离距离应 500m 以上。塑料大棚制种可采用沙网隔离，也可采用棉球隔离。

（3）去雄。辣（甜）椒花药一般在大蕾期便已开裂散出花粉，所以选用大小适宜的花蕾去雄很是关键。适合去雄的花蕾是开放前一天的大花蕾，其花冠由绿白色转为乳白色，冠端比萼片稍长。去雄时间方面，一天当中以上午 6~10 时和下午 4 时以后去雄为好，应避开中午高温时间，以便提高杂交结实率。去雄前应进行田间检查，发现父、母本田中有杂株、劣株要及时清除，第一花朵要摘除。去雄以左手托住花蕾，右手持镊子剥开花冠摘除全部花药，动作要轻，不要碰伤柱头和子房。打开花蕾时如发现花药苞开裂则应摘去花蕾，用 75% 酒精棉球对镊子及手进行消毒处理。也有对辣椒进行徒手去雄的，具体操作是：用左手捏住花梗与花托交接处，右手拇指和食指轻轻捏住花冠靠近花托的部位，顺时针旋转，慢慢地将花冠拧掉，即可露出花柱和子房，然后即可授粉。

（4）花粉采集和保存。每天早晨，在父本株上选择微开或即将开放的白色大花蕾，用镊子取下花药，放在干净的蜡光纸上让其干燥（见番茄），以备第二天或当天用。授粉后的花粉可贮藏在相对湿度为 75% 左右，温度为 4℃~5℃ 的环境下备用，时间不超过 4d。

（5）授粉。辣（甜）椒花粉萌发适宜温度为 22℃~26℃，在这个温度下可全天进行授粉。授粉最好是在去雄后第二天进行，授粉时，用特制的玻璃管授粉器或沾上花粉的橡皮头轻轻涂抹到已去雄的柱头上，授粉量要足，柱头接触花粉的面积要大，花粉分布要均匀，这样可增加授粉结实率。授粉时间以上午 7~10 时和下午 3 时以后为宜，要避开中午高温。

（6）杂交果实标记和管理。每朵花杂交完毕后，应套上金属环做标记。并对母本进行清理，将未杂交的花、蕾和无标记的果实全部摘除。若是大棚制种，为防止倒伏，可设立支架。

（7）种果采收。在辣（甜）椒种果达到红熟时，应分批分期采收。采收时无标记的果、发育畸形的果一律淘汰。一般 3~4d 采收一次，然后剖种，晾干。不同杂交组合种子分别晾晒，分别装袋，做好标签，分别保管，避免造成混杂。

2. 利用雄性不育（两用）系杂交制种技术

辣（甜）椒利用雄性不育系生产杂交种，省去了蕾期人工去雄的工序，大大降低了制种难度和成本，并能提高杂交种纯度。目前生产上采用的雄性不育系有两类，即雄性不育两用系和雄性不育系。

（1）利用雄性不育两用系杂交制种。

① 播种量及定植密度。辣（甜）椒雄性不育两用系的不育株与可育株各占 50%，当用两用系做母本时它的播种量和播种面积比人工杂交制种增加一倍，$667m^2$ 的用种量为 80~100g，密度以 8 000~9 000 株为宜，行距不变，单株定植，株距缩至 $\frac{1}{2}$，为 12~14cm。

②可育株鉴别与拔除。杂交授粉前应拔除母本田中50%的可育株,一般在门椒和对椒开花时鉴别并拔除可育株。可育株与不育株花器的主要区别是:不育株花药瘦小干瘪,不开裂或开裂后无花粉,柱头发育正常。因此,在授粉初期发现未拔净的可育株,应及时拔除,必须拔除得干净彻底,防止假杂种。

③授粉。授粉前必须将不育株上已开的花和所结果实全部摘除。选择当天开放的花粉进行授粉,授粉完毕的花应掐掉1~2个花瓣作为标记,及时摘除未授粉已开过的花。

(2)利用雄性不育系杂交制种。

利用雄性不育系生产杂交种,以雄性不育系为母本,以恢复系为父本,在田间以(3~4):1的比例定植,开花时取父本系花粉给不育系授粉,在不育系上收获的种子即为杂交种。在授粉前拔除杂株、劣株,摘除已开的花和已结的果。选择当天开放花的花粉授粉,授粉后摘去1~2个花瓣。

应注意的是,雄性不育系的不育性有时受环境条件的影响,即在不育系植株中偶尔也会出现少量可育植株或部分可育花朵,制种过程中一旦发现应及时拔除。

(七)黄瓜杂交种品种种子生产技术

黄瓜杂交种品种种子的生产方法有人工杂交制种、雌性系制种和化学去雄制种三种。

1. 人工杂交制种

(1)亲本培育。父、母本播种,育壮苗的管理技术和生产栽培基本相同,不同之处有以下几点:

一是要注意父、母本的花期相遇,原则上父本雄花应比母本雌花早开放,在这个前提下,应从播期上加以调节,一般父本比母本提前5~7d播种。

二是黄瓜的性型分化与苗期温度、光照条件有密切关系,低夜温、短日照有利于雌花的分化,相反有利于雄花的分化。所以育苗期对父本应适当给予较高温度条件,以诱导父本雄花发生早,多发生,满足杂交授粉时对父本花粉的需要。

三是定植时父、母本比例应为1:(3~6),父、母本可以隔行栽,也可以分两处栽。

(2)杂交授粉。在进行杂交制种之前,首先要对亲本进行选择,要求具有本品种典型性状,生长健壮,无病虫害的植株。母本要选第二、第三个以上的雌花,其余的雄花、雄蕾、已开的雌花、根瓜全部摘除。授粉前一天下午,在母本植株上选择花冠已变黄色的雌花蕾,父本选雄花蕾,用铅丝或塑料夹扎花,勿使开裂,第二天上午6~8时首先取下隔离雄花,去掉花瓣,露出雄蕊,然后解下母本雌花的隔离物,花瓣自然开裂,用雄花与雌花直接对花,再隔离,然后在花柄上套上金属环做标记。每朵雄花可授3~4朵雌花,当种瓜坐住后,其余的花、瓜全部疏掉,20节后摘心,每株留2~3条种瓜,授粉3~4个雌花。

(3)种瓜收获与采种。当杂交的种瓜开始变黄或变成褐色时,即可采收,采收时应按照标记逐株采收,切勿与父本株上结的瓜混杂。其他同常规品种的种子生产。

2. 利用雌性系生产杂交种

雌性系是植株从生长到结束无论主蔓或侧蔓都连续着生雌花而无雄花的系统。雌性系只生雌花,而无雄花,必须进行人工诱导产生雄花,繁殖后代。方法是:用硝酸银诱雄,当雌性系幼苗生长到能辨别性型时,将出现雄花的非纯雌株拔除,对1/4的纯雌株喷洒硝酸银,浓度为300~500mg/kg，间隔5d喷一次，共喷3~4次。定植时喷药与不喷药按1∶3配比种植，喷药株应提前10天播种，以保证二者花期相遇。这样用诱导的雄花给其他纯雌株授粉，在纯雌株上收获的种子长成的后代仍然是雌性系。也可用两性花黄瓜品系作为雌性系的保持系。

3. 利用雌性系制种

以雌性系为母本和父本系按3∶1的比例种植在制种区内，开花前应摘除个别母本株上出现的雄花蕾，利用父本的花粉给雌性系授粉，在雌性系上收获的种子即为杂交种。要求制种区周围1 000m内不能种植其他黄瓜品种。为提高杂交率和种子产量，可以辅助人工授粉。雌性系单株坐瓜很多，为保证种子质量，应在授粉期过后于植株中、下部选留发育良好的果实为种瓜，其余全部摘除。

4. 化学去雄制种

这是利用化学去雄剂处理母本植株，使其不形成雄花，依靠自然授粉而生产杂交种子的方法。

化学去雄剂在生产上主要应用乙烯利(二氯乙基磷酸)。当母本苗第一片真叶达2.5~3cm大小时，喷第一次，喷药时间及浓度依不同地区、不同品种、不同气候条件而异，早熟品种第一片真叶展开时喷一次250mg/kg，3~4片叶时喷第二次，浓度150mg/kg，4~5d后喷第三次，浓度为100mg/kg。中熟品种可在2叶1心时喷第一次药，4~5d后喷第二次药，共喷3~4次药，浓度250mg/kg。经处理后的母本苗以父、母本比例1∶(2~4)定植在制种田里。这样母本20节以下基本不长雄花，只长雌花，任其父本的花粉给母本授粉，在母本植株上收获的种子就是杂交种。

应用乙烯利去雄制种应注意以下几点：

(1) 设置隔离。设置两个隔离区，一个为母本繁殖区，另一个为制种区，同时繁殖父本。制种区周围1 000m内不能种植黄瓜的其他品种，以免造成非目的的杂交。

(2) 辅助授粉。母本苗用乙烯利去雄一般不彻底，因此在母本的花期来到前及盛花期需要定期检查，将其上出现的雄花及时摘除。

(3) 疏花、疏果。乙烯利处理过的植株坐果率高，雌花较多，所以每株只留2~4条种瓜，其他全部疏去，种瓜坐稳后及时摘心。

(4) 加强肥水管理。乙烯利属生长抑制剂，对母本苗去雄的同时，也有抑制其生长的作用，所以定植后应加强肥水管理，以便促进其营养生长。

（八）西瓜杂交种品种种子生产技术

西瓜制种一般采用人工杂交的方法。

1. 播种育苗

西瓜制种的播种育苗与常规品种种子生产基本相同，不同点是父本的播种期应比母本早5~6d，父、母本的定植比例为1∶(10~15)，并要集中种植。

2. 制种技术

(1) 父本去杂。杂交授粉前根据叶色、叶形、瓜蔓绒毛，特别是父本上已结小瓜的形状、色泽、条带等条件拔除不符合父本标准性状株及不确定株。

(2)母本去雄。杂交授粉前把所有已开放的雄花和小雄花蕾彻底去掉,反复检查以确保授粉当天没有开放的雄花。

(3)母本雌花隔离。将未开放的主蔓第二、侧蔓第一雌花套上纸帽,并做临时标记。授粉时取下纸帽与父本雄花对花,授粉后立即戴帽,并挂牌标记,写上授粉日期。被风吹掉帽子的雌花必须摘除,不能授粉。一朵雄花可授3~4朵雌花。

(4)适时授粉。在晴天清晨的6~7时雄花的花冠全部展开,花药开裂,散出花粉,母本的雌花也是刚开放时受精力最强,2h以后变弱,10时后母本柱头上出现油渍状黏液时受精力极差,所以10时以前授粉,切忌在母本的柱头上出现油渍状黏液时授粉。授粉时轻轻托起雌花花柄使其露出柱头,然后将选好的雄花花瓣外翻,露出雄蕊,将花粉在雌花的柱头上轻轻涂抹。西瓜雌花柱头裂为三瓣,授粉时要在每瓣上完全均匀地授上花粉,否则易出现畸形果,造成产种量下降。

3. 种子采收

种瓜采收前必须严格去杂、去劣,不符合本品种特征的果实,没有杂交授粉标记的果实及病果、畸形果要淘汰。种瓜达生理成熟后分批、分期采收,放在通风阴凉处后熟3~5d后即可取种。经发酵、清洗、晾晒,种子含水量达到国家规定的水分含量时即可收藏,包袋。

(九)无籽西瓜的制种方法

无籽西瓜是以四倍体为母本,二倍体为父本、杂交得到的三倍体。由于它在减数分裂时染色体无法进行均衡分配,导致生殖细胞败育,雌、雄配子不能正常发育和授粉受精,因而不能形成真正的种子而只有一些幼嫩的空瘪种皮。

三倍体西瓜制种与普通西瓜制种方法基本相同,即可以采用母本雌花人工套袋授粉法、空间隔离法、母本人工去雄法、父本和母本按比例种植的自然授粉法,生产上一般采用套袋人工授粉法。

1. 种子处理及播种

播种前二倍体、四倍体种子要经过精选、消毒、浸种和催芽处理。四倍体种子种皮厚而坚硬,催芽时胚芽不易突破种皮外伸,所以催芽前需将种子尖端嗑开,然后再进行催芽,开口大小约占四倍体种子的1/3~1/4。

四倍体西瓜幼苗生长缓慢,为与二倍体花期相遇,四倍体播种时间应较二倍体提早3~5d。

2. 杂交配制三倍体

配制三倍体西瓜以四倍体作母本,二倍体作父本,父、母本定植比例为1∶(3~5)。开始杂交授粉的头一天要将母本四倍体植株上的所有雄花、雄蕾除掉,任其自由授粉。应注意的是:摘除母本雄花、雄蕾的工作必须每天进行,完全彻底。为提高种子产量,每天需人工辅助授粉,尤其是阴雨、低温、昆虫稀少的日子更应进行人工辅助授粉,这将会大大提高三倍体种子产量。种子采收后不需要发酵,应直接清洗,否则会降低发芽率。其他参考人工杂交制种。

任务5　实施园艺植物无性系品种种子生产

一、无性系品种种子生产方式

（一）无性系品种种子生产特点

1. 无性繁殖作物的遗传特点

从一个单株通过无性繁殖产生的后代体系称为无性繁殖系（简称为无性系）。其遗传特点主要有：

（1）遗传基础复杂。无性系品种一般都是杂种的后代，其遗传上的特点是基因型杂合（或异质结合），遗传基础相当复杂。

（2）性状稳定，不易分离。不论母本遗传基础的纯杂，通过无性繁殖产生的后代通常没有分离现象，在表现型上与母体完全相似。这样，在一个无性系内的所有植株在遗传基础上是相同的，而且具有原始亲本（母）即母体的基因型和特征。无性繁殖作物可以采用同自花授粉作物一样的选择方法进行在良种繁育中保纯品种。

（3）可通过有性繁殖进行杂交育种。在适宜的自然和人工控制的条件下，无性繁殖作物也可进行有性繁殖，进行杂交育种。这时，无论是自花授粉作物还是异花授粉作物，由于它们的亲本原来就是遗传基础复杂的杂合体，因此在杂种第一代就有很大的分离，为育种选择提供了丰富的变异材料。在后代的分离中，一旦出现优良变异，通过选择并进行无性繁殖，就可把优良性状迅速稳定下来，成为新的无性系。

2. 无性系品种种子生产的特点

无性繁殖方式是生物进化过程中长期的自然选择和人工选择的结果，它的存在本身就说明它具有先进性和适应性，在进化、遗传和生产上具有很大的意义。

（1）抗逆性和适应性强。无性系种子生产时，不必经开花、授粉、受精、形成果实、形成种子、种子发育成熟的过程，具有较大的抗逆性和适应性。

（2）种子纯度高。无性系种子可以从根本上保持母体的优良特性，因为理论上讲，后代和母体的基因型是完全相同的。同一无性系内的个体之间基因型也是完相同的，具有整齐一致性，纯度可达100%。这也是现代克隆技术极为活跃的原因之一。

一般来说，生产上无性系种子体积较大，繁殖系数低，种子不易保存（鲜活类较多，含水量大），播种量大，成本高。但无性繁殖作物的根、茎、芽分生能力强，常可用切段、分茎等方法来扦插繁殖，可用工厂化方式周年生产。

（二）无性系品种种子生产方式

在无性繁殖的园艺植物生产中，其繁殖材料的形式有两类：一类是以特化根、特化茎作为种子，直接播种于生产田；另一类是通过接穗、压条、插条等育苗材料繁殖的苗木定植于生产田。

1. 特化根、特化茎繁殖植物的种子生产方式

高等植物的主要营养器官是根、茎、叶,但有些植物还具有一些特殊的营养器官,形成特化茎和特化根。这类器官通常生长在地下,包括鳞茎、球茎、块茎、块根、根茎以及假鳞茎等。特化茎、根有两种功能:其一是贮存营养,将生长期叶片光合作用产生的有机营养转运到地下部分,形成膨大的肉质器官,贮有大量的养分,以度过寒冷、干旱等不良气候,到合适的环境再利用贮存的养分发芽生长;其二是用于营养繁殖,有些植物能利用这些特化茎、特化根自行繁殖,有的需用人工将这些器官分离和切割后进行繁殖。

具有特化茎和特化根的高等植物数量较多,其繁殖方法各不相同。

(1) 鳞茎。鳞茎是一种特化的地下茎,在鳞茎的中下部有鳞茎盘,中央有直立的茎轴,在茎轴的顶端有生长点或花芽,有些花芽已分化出雌、雄生殖器官。茎轴被肉质状的鳞片包裹着。鳞茎分膜被鳞茎和无膜被鳞茎两类。膜被鳞茎(如郁金香,图3-6)外层具有薄膜状的鳞茎皮,保护整个鳞茎不易干枯和免受机械损伤,内部的肉质鳞片形成连续的同心层,一层一层地生长在鳞茎盘上。肉质的鳞片是贮藏养分的器官,外层肉质厚,内层鳞片较薄,形态上更像叶片。在鳞片的腋部能产生侧生小鳞茎,长大后称为旁蘖,是进一步进行营养体分割繁殖的器官,鳞茎的下部长根。无膜被鳞茎(如百合,图3-7)外层没有膜状的外皮包裹,鳞片分离地接在鳞茎盘上。由于无外膜保护,所以需要细心管理,防止机械损伤,并要保持空气湿润,以免干燥而失去生命力。鳞茎盘的中央能抽生花轴,在花轴基部的鳞茎盘上能形成新的小鳞茎,是进一步分割繁殖的器官,在鳞茎盘下部生根。

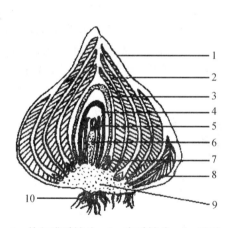

1. 外包膜质鳞片　2. 肉质鳞片　3. 苞叶
4. 花被　5. 雄蕊　6. 雌蕊　7. 子鳞片
8. 外子鳞片　9. 鳞片盘　10. 根　(引自《植物无性繁殖实用技术》,高新一,王玉英,2003)

图 3-6　郁金香成熟鳞茎剖面图

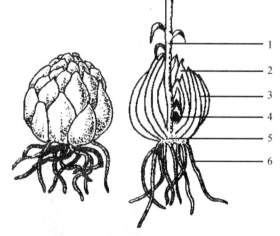

1. 鳞茎花葶　2. 新子鳞茎片　3. 老母鳞茎片
4. 下季开花的子鳞茎生长点　5. 鳞茎盘　6. 根
(引自《植物无性繁殖实用技术》,高新一,王玉英,2003)

图 3-7　百合无膜被鳞茎剖面图

(2) 球茎。球茎是由茎的基部膨大而成,位于根和茎之间,是一个实心的结构,一般呈球形,故叫球茎。鳞茎是茎叶的变态,有鳞片结构;球茎无鳞片,但具有明显的节和节间。成熟的球茎上每节都有干的叶基存在,并有膜围住球茎,这层覆盖物和膜被鳞茎一样,也叫鳞

茎皮，可防止球茎损伤和减少失水。

在球茎的顶部有1个顶芽，可长出叶和花蕾。球茎的每个节上都能产生腋芽，所以一个大的球茎上部往往有几个芽都能抽生花葶。靠近球茎基部的芽一般生长受抑制而不萌发，如果由于某种原因抑制了主芽生长，这些侧芽就可能萌发生长出新茎。

球茎种植后，基部发育出新根。开始，由新球基部发育出的根是肥大的肉质根，随着球茎的长大及根系生长深度的增加，肉质根能转变成较细的须根，提高了对土壤水分和养分的吸收能力。芽萌后长出叶片，大的球茎在新枝抽出后就孕育花蕾。随着球茎抽生新枝的基部逐渐加粗，老球茎的上部开始形成次年的新球茎。从新球茎基部形成匍匐状茎，在顶端发育成小型球茎。当老球茎的营养物质用尽后即萎缩解体，而新球茎不断增大，到夏季叶片干枯时，已有一个或几个新的大小不一的小球茎形成。将球茎挖出，贮藏过冬，翌年春季即可分级种植。

利用球茎进行无性繁殖的植物很多，如唐菖蒲、小苍兰、藏红花等花卉及中草药，以及芋、慈姑、荸荠、魔芋等蔬菜作物等。

（3）块茎。块茎和球茎相似，是茎的变态。球茎生长在茎的基部，在地表附近，而块茎生长在地下，是由地下匍匐茎生长到一定长度后末端部位膨大而形成的。块茎是贮藏营养物质的器官，由于深埋土壤中，利于冬季度过不良环境，同时又是进一步进行营养繁殖的器官。

块茎虽生长在地下，但不是根的变态，而具有茎的基本特征，如芽眼规则地排列在整个块茎的表面，每个芽被一个叶痕包起来，形成节。在匍匐茎的另一端，离植株的根颈最远，如同茎的顶芽一样，萌发生长快，具有顶端优势。

具有块茎的植物多生长在温带，冬季休眠，翌春发芽生长，开始一个新的生长发育周期。利用块茎进行无性繁殖的有马铃薯、山药、草石蚕、菊芋、半夏和花叶芋等。

（4）块根。某些草本植物地下根部变粗大，形成能贮藏大量营养物质的块状根，如大丽花等。块根没有节与节间，因此在块根上不存在有规则芽的分布，只有须根从块根上长出，同时能产生不定芽，须根主要形成于远离根颈一端，不定芽形成于近根颈的一端，其极性恰好和块茎相反（图3-8）。

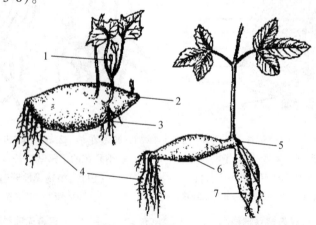

1. 不定芽　2. 块根与母株分离留下的痕　3. 不定根　4. 须根
5. 根颈部位　6. 种植的老块根　7. 发育中的新块根
（引自《植物无性繁殖实用技术》，高新一，王玉英，2003）

图3-8　块根的生长特性

膨大的块根一般都是侧根形成的,每个块根与植株根颈相连,在一个生长季内形成,以后地上部分在冬前枯死,块根进入休眠。翌年春季根颈部位的芽萌发,依靠块根的营养长成新的植株,同时老的块根萎缩,产生新的块根。

(5)根茎。根茎是指多年生植物的根状地下茎,是植株的主茎沿地表面或在地表以下呈水平方向生长而形成的。根茎有节,节上能生长芽和根,有些根茎膨大成一贮藏器官,有利于分割繁殖。例如,竹子、芦苇、莲藕、姜、根茎鸢尾、美人蕉等都具有根茎状的结构。

根茎是靠根茎顶端和侧枝上的生长点而生长的,根茎上有节和节间。根茎的顶端和节间能生芽,向上能长出茎、叶的地上部分,向下能长根。地上部分叶片进行光合作用,制造的有机营养能运输到根茎贮藏起来。

根茎和匍匐茎有相同的生长特性,可用分株法繁殖。每个分株地上部分和根同时带有根茎,种植后随着根茎的生长又能形成类似蘖的新植株。但根茎苗和蘖苗有所不同,蘖苗生长在同一个根上,地上部分常拥挤在一起,而根茎形成的植株相互分开,有一定的距离,使地上植株生长良好,地下的根系能分散在较大面积的土壤中。

(6)假鳞茎。假鳞茎是一种特化的贮藏器官,它是由一个到几个茎节膨大为肉质部分组成的,没有鳞片结构。许多种兰花都具有假鳞茎(图3-9),一般因兰花种类不同,假鳞茎的形态结构也不同,这种差异是鉴定兰花种类的重要依据。

假鳞茎是由水平根茎上侧生或顶生的生长部位直立生长而形成的,从假鳞茎顶端能长出叶和花。由于假鳞茎能贮藏水分和养分,故提高了兰花对外界环境的抗性,一般而言兰花不必天天浇水,浇足水后可隔几天或十多天再浇水。

此类植物繁殖时可以用分割法,如石斛兰,其假鳞茎呈长条形,由许多节组成,节上发出蘖枝,蘖枝基部能生根,可把生根的蘖枝从母株上分割下来进行繁殖。

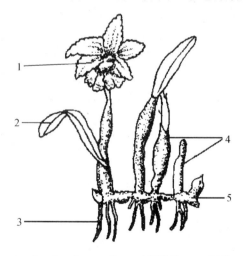

1. 花 2. 叶 3. 根 4. 假鳞茎 5. 根茎
(引自《植物无性繁殖实用技术》,高新一,王玉英,2003)
图3-9 兰花植株的主要形态结构

2. 多年生园艺植物苗木的生产方式

(1)压条和埋条。压条繁殖法是利用母株上的枝条埋入土中或用其他湿润的材料包裹,促使枝条往被压埋(或包、裹)的部分生根,形成独立的新植株的繁殖方法。压条法常用于花灌木及某些果树及砧木的繁殖。随着各种果树矮化栽培的推广,矮化砧木的繁殖变得非常重要。为了使矮化砧表现一致,不宜用种子繁殖,需发展矮化砧木的无性系,故要用压条法进行繁殖。埋条与压条最大的不同点在于枝条是否断根。埋条把很长的断根枝条埋在土中,离地表比较近,促使枝条生根、发芽和生长。埋条时,枝条较长,含养分较多,又不带根,对于同一种植物来说,生根繁殖较压条难,但比较省工,成苗整齐,故多用于比较容易生根的植物的繁殖。

(2) 扦插繁殖。扦插繁殖是将植物的茎、根、叶等营养器官,离体插入沙土、蛭石或其他基质中,在一定的条件下使这部分营养器官在脱离母体的情况下,再生出所缺少的其他部分,成为一个完整的新的植株的繁殖方法。这种无性繁殖的方法称为扦插繁殖,所得的苗木为扦插苗。

扦插繁殖的种类有枝插、根插、叶插等,在育苗生产实践中以枝插应用最广,所以常把扦插叫插条。根插和叶插应用较少,一般在花卉繁殖中应用。

扦插繁殖的特点是繁殖速度快,可以多季节大量育苗,对母体繁殖材料利用很经济,方法一般比较简单;可以较一致地保持母体的遗传特性,而不存在嫁接繁殖中砧木影响接穗的问题,而且成苗迅速,根系比较发达;开始开花结果的时间比实生苗早。扦插繁殖在葡萄、樱桃、冬枣、月季、菊花、猕猴桃、菠萝等果树和花卉植物上应用普遍。

(3) 嫁接繁殖。嫁接是将两个植株部分结合起来,使两个部分形成一个整体、两个植株成为一棵植株的生物技术。在嫁接中,下面的部分通常形成根系,叫砧木;上面的部分通常形成树冠,称为接穗。接穗是枝条的称为枝接,接穗是一个芽的称为芽接。

园艺植物嫁接技术的应用具有许多优越性:首先,对于扦插不易生根的果树、花卉及园林树木,通过嫁接可达到无性繁殖,保持优良种性,使后代群体性状整齐一致的目的;其次,可以实现果树、林木的早期丰产,表现在果树可以提早结果,某些林木可以提早采种,这主要是由于嫁接所用的接穗已经过了童期的缘故;其三,在嫁接中通过不同砧木类型的选用,可以使果树实现矮化栽培,也可以使有些株型矮小的树木生长高大,还可以使一些观赏树种成为垂枝型的树冠(如龙爪槐、垂枝榆、垂枝碧桃、垂枝樱花、龙爪枣、垂枝桑等);其四,利用嫁接法可以借助砧木提高植物的抗寒、抗旱、抗涝、抗盐碱和抗病虫害的能力,如在葡萄嫁接上利用山葡萄作砧木可提高其抗寒性,瓜类植物通过嫁接可提高抗枯萎病等土传病害的能力,还可提高温室越冬栽培瓜类的抗寒性、抗旱性。同时,嫁接栽培还是一种迅速繁殖无性系的手段,从理论上说,只要有充足的砧木,每个芽都可以繁殖为一棵树,从而达到快速育苗的目的。此外,还可以通过高接换头达到变劣为优、改良品种的目的,也可以通过桥接技术挽救垂危大树。

(4) 分株繁殖。植物无性繁殖中,分株繁殖是最简单易行的一种方法。不少植物具有分株繁殖的特性,这些植物能够在茎的基都长出许多萌蘖(茎蘖),形成许多和母体相连的小植株,这些小植株在一起形成大的灌木丛,可以用分株的方法,分别切割成若干小植株;有些乔木树种容易产生根蘖苗,如枣树、火炬树、臭椿、刺槐等,可以利用这些根蘖苗来分株繁殖;草莓、蛇莓和一些禾本科草本植物能产生匍匐茎,在这些茎上能产生匍匐茎苗,可用来做分株繁殖;一些热带植物如香蕉、菠萝都有分生小植株的特性,也可以利用这些特性进行分株繁殖。

二、无病毒种苗生产技术

植物无性繁殖能保持母本的优良特性,繁殖速度快,但容易传播病毒病,且一旦感染病毒,就会世代传播,逐年加重。

(一)病毒病的危害特点及防治

通常所说的病毒,实际上包括病毒、类菌原体、类细菌和类病毒。由这些病原微生物引起的病害统称为病毒病害。这些病毒病害的发生与流行能给生产造成巨大的损失,甚至带来毁灭性的打击。

1. 病毒对园艺植物的危害

病毒对果树的危害主要表现为种子发芽率降低,苗期分株数量减少,嫁接不亲和,萌芽率降低,生长量减少,产量降低,果实品质下降,树势衰退,甚至死亡。对营养繁殖的蔬菜如马铃薯、大蒜、草莓、芋头等的危害是直接造成品种的退化,其表现是叶片出现花叶、皱缩、失绿,叶面卷曲,植株束顶、矮小、坏死,薯块、鳞茎变小,产量和品质下降。花卉感染病毒后植株矮小,花量减少,花变小,甚至有的花蕾不能正常开放,花瓣上出现条斑、颜色不鲜艳等,严重影响观赏效果。

2. 无性繁殖作物病毒病致病特点

无性繁殖的园艺植物一旦感染病毒,都将终身带毒,且又为无性繁殖,可以通过带毒的接穗、插条、苗木、种薯等传递,造成持久危害,症状逐代加重,产量急剧下降,退化严重时完全失去生产价值。

3. 病毒病的防治与无毒种苗生产

由于目前尚无消除病毒的有效药剂,除通过栽培措施预防外,主要通过培育无病毒种苗的培育,实现栽培无病毒苗木来实现预防目的。无病毒种苗生产的技术路径一是避毒(如利用低温、冷凉环境),二是种子繁殖,三是脱毒(如茎尖培养)。本节重点介绍脱毒种苗生产技术。

(二)脱毒技术

1. 热处理脱毒

某些病毒受热后不稳定,从而失去活性。在高温条件下,植物细胞继续生长,而病毒很少或不能生长,持续一段时间后,病毒含量不断下降,最后消失而达到脱病毒的目的。处理温度的高低和时间的长短,因植物和病毒种类而异。热处理要在适当的范围内和适当的条件下进行,不能用过高的温度和过长的时间,以免植物致死。热处理的方法主要有两种:

(1)温汤浸渍。将脱毒材料浸放在50℃~55℃的水中5~10min,或在35℃的较低的温度中浸渍若干小时,使一些热敏的病毒钝化,如桃X病毒在50℃温水中浸渍即可被钝化。温汤浸渍对由类菌原体引起的病害效果较好。

(2)高温空气处理。该项处理是在热处理箱内进行的,需要对被病毒侵染的整株苗木进行处理。具体方法是将砧木种子种在花盆中,实生苗长成后,把要处理的芽或枝条嫁接在砧木上,盆栽一年后于早春移放在人工气候室或大型恒温箱中,装上日光灯,光照强度

3 000～5 000lx,每天光照16h,温度37℃～38℃,相对湿度45%～90%。开始处理时温度为30℃～32℃,每隔1d上升1℃,直至37℃,稳定处理5～7周后,剪下新梢1.5～2.0cm的梢尖,嫁接在健壮的砧苗上。当年即可抽生新梢,最后进行病毒鉴定,确认无毒后,就可作为无病母本树。

有时热处理不能脱除病毒,可低温处理使病原物钝化,然后再切取茎尖进行组织培养,这样即可得到无毒苗。例如,在5℃下生长数个月,每日16h、2 500lx光照,然后取茎尖培养。

2. 茎尖培养脱毒

病毒在植物体内分布并不均匀,在枝梢顶端的分生组织中常常不带病毒。如果仅取0.1～0.2mm的茎尖生长点进行组织培养,便可能获得无毒的个体。作为脱毒所用的茎尖的大小对脱毒影响很大,过大时接种易成活,但脱毒效果差,过小时难成活。一般以带有1～2片叶原基为好,长为0.2～0.3mm,超过0.5mm时脱毒效果差。

剥取茎尖前一定要把选好的饱满芽上多余的小叶片或鳞片剥去后再进行彻底消毒。然后在无菌条件下,利用解剖镜剥去仅带1～2个叶原基的芽,再用锋利的枪形针(或线形刀)切取茎尖,立即接种在培养基上。动作一定要快,稍慢小茎尖就粘在针尖上,不利于接种。只要能使茎尖快速生长,分化快的培养基均适于脱毒。果树上以MS培养基较好,添加一定比例的激动素、生长素即可。

在切取茎尖之前,植物材料如经过预处理,如热处理或低温处理,可大大提高脱毒效率,因为预处理可使茎尖的病毒钝化,或使病毒数量减少。一些病毒及类病毒,在一次茎尖培养时不能有效排除,必须经过多次的预处理和茎尖培养才能奏效。培养无病毒苗时,所用的土壤、花盆、用具及其他物品必须进行消毒。短时间大量消毒时可用蒸汽。土壤高温消毒注意时间不要太长。

3. 热处理结合茎尖培养脱毒

热处理是指利用高温控制病毒扩散和抑制病毒增殖,使植物的生长速度超过病毒的扩散速度,从而得到一小部分不含病毒或病毒含量很少的分生组织,进行无病毒个体发育,但其脱毒效果较低。有些病毒很难用单一的热处理脱去,因此,采用热处理和茎尖培养相结合脱去病毒,其效果好于单纯热处理脱毒或茎尖培养脱毒。

在热处理后的新梢顶端切取1～1.5cm的嫩梢,嫁接到事先准备好的砧木上。对一些耐热性弱的品种,可在热处理后切取嫩梢进行组织培养,或先进行组织培养,然后对试管苗进行热处理,这样效果更好。

4. 茎尖微体嫁接脱毒

用要脱毒的优良品种作接穗,用胚培养的种子苗作砧木,在无菌条件下切取已消过毒的接穗小茎尖,嫁接到砧木的下胚轴上,而后再进行无菌培养。待嫁接成活,长成壮苗后再移栽在盆中。操作如下:

(1) 砧木和接穗准备。由于微体嫁接所用的接穗是很微小幼嫩的茎尖,因此砧木也必须是幼嫩的材料。砧木种子要先消毒,然后接种在试管中培养,待出苗后再取出来做嫁接用。接穗要从经过热处理(38℃处理40d左右)的植株上取芽进行消毒,然后在解剖镜下剥离茎尖(一般带2个叶原基,长度小于0.3mm)。最好从已经脱过毒的试管苗上面取茎尖,可以不必消毒,成功率高。

（2）嫁接方法。嫁接时，一切操作都要在超净工作台上进行，操作台及解剖器皿、工具等均用70%酒精消毒。嫁接时先将砧木从下胚轴处切断，在切口处挖一个小槽，槽的长宽各约0.5mm，槽底要挖平。消毒好的接穗用解剖镊夹住后用解剖针剥离，然后用枪型针挑下长度小于0.3mm、仅带2个叶原基、基部切平的茎尖，放入砧木切好的槽内，使基部伤口互相贴在一起。以上的操作很精细，一定要在解剖镜下进行。如果从试管苗上取茎尖，最好用最小号的注射针头作解剖针来取，既快又好，操作很方便。嫁接后，再把嫁接苗移入试管内培养。

（3）接后管理。通过嫁接苗的无菌培养，接穗和砧木愈合后芽即萌发，长成植株。再将试管苗转移到温室过渡生长，后移栽到大田。

（4）无病毒苗木的繁殖。微体嫁接苗要进行病毒鉴定，确定为无病毒苗后可作为无病毒的原原种保护起来。同时可进行组培快繁，然后从原原种苗上剪取接穗进行嫁接，使其成为无病毒的原种苗。

5. 化学治疗脱毒

茎尖组织培养和原生质体培养时，在培养基内加用抗病毒醚，能抑制病毒复制。目前，已报道的植物病毒抑制剂除抗病毒醚外，还有一些如腺嘌呤或腺嘧啶类物质以及细胞分裂素或植物生长素类物质。化学治疗的效果因病毒种类而不同，用此法不可能脱去所有病毒。如用12.5mg/L的抗病毒醚加入培养基80d（40d继代一次），可脱去苹果茎沟病毒和褪绿叶斑病毒，对其他病毒则无效。

（三）病毒的检测方法

病毒的检测，是研究和确认园艺植物病毒病害，特别是潜隐性病毒病害，确定和获得无病毒材料的重要技术环节。常用的检测方法主要包括指示植物检测法、电子显微镜检测法、酶联免疫检测法和分子生物学检测法等。

1. 指示植物检测法

指示植物检测法是指利用某些对病毒反应敏感的植物（称为指示植物）经接种后可以表现出明显症状的特性来判断植物是否带有病毒以及病毒的种类。常用指示植物分为木本指示植物和草本指示植物两种。

如鉴定马铃薯X病毒的指示植物有千日红、曼陀罗等，鉴定马铃薯S病毒的指示植物有苋色藜、千日红、昆诺阿藜等，鉴定马铃薯Y病毒的指示植物有野生马铃薯、洋酸菜等，鉴定马铃薯卷叶病毒的指示植物有洋酸菜等，UC-4、UC-5可用来鉴定草莓斑驳病毒、镶脉病毒、皱缩病毒、轻型黄边病毒等，柑橘裂皮病毒、碎叶病毒、衰退病毒可分别用Etro香橼、Rusk酸枳、墨西哥柠檬作为指示植物，苹果茎沟病毒可用弗吉尼亚小苹果为指示植物，苹果茎痘病毒可用弗吉尼亚小苹果、君柚为指示植物，苹果褪绿叶斑病毒可用俄国苹果、大果海棠为指示植物，葡萄卷叶病毒可用黑比诺、赤霞珠、品丽珠等品种的葡萄为指示植物，葡萄栓皮病毒、茎痘病毒可用LN33为指示植物，等等。千日红、昆诺阿藜、苋色藜可用于多种植物的多种病毒鉴定。

2. 电子显微镜检测法

电子显微镜检测技术现已成为比较重要的病毒鉴定和检测手段。应用电镜方法鉴定和检测病毒,应该先对不同病毒组的形态和典型病毒的特点有所了解。这种方法对初学者来说掌握起来难度比较大,且往往容易受破碎的细胞器的干扰而影响判断的结果。用电镜观察病毒粒体,先要进行病毒提纯。用超速离心机反复低温离心,可把病毒粒子提纯分离出来。提纯液可用于电镜制片,观察病毒形态结构。

3. 酶联免疫检测法

将分离提纯后的植物病毒作为抗原,注射到动物体内,刺激动物在血液或体液中产生相应的免疫球蛋白,即抗体,这一过程称为抗原的免疫原性。这种抗体能与相关的抗原进行专化性结合,即血清反应。抗体主要存在于血清中,故含有抗体的血清即称为抗血清。由于不同病毒产生的抗血清都有各自的特异性,因此可以用已知的病毒的抗血清来鉴定未知病毒的种类。血清鉴定特异性高,检测速度快,一般几个小时就可以完成。酶联免疫吸附技术是血清鉴定的主要方法,它是把抗原和抗体的免疫反应和酶的高效催化作用结合起来,形成一种酶标记的免疫复合物,遇到相应的底物时,催化无色的底物产生水解反应,形成有色的产物,从而可以用肉眼观察或用比色法定性、定量判断结果。

4. 分子生物学检测法

分子生物学检测法是通过检测病毒核酸来证实病毒的存在。此方法比血清学方法的灵敏度要高,特异性强,有着更快的检测速度,操作也比较简便,可用于大量样品的检测。另外,该法适应范围广,其应用对象既可以是病毒,也可以是类病毒。主要方法有核酸分子杂交技术、多聚酶链式反应技术(PCR)和双链 DNA 电泳技术。

三、马铃薯种子生产技术

马铃薯属茄科双子叶植物,有适应性广、生育期短、产量高等特点,栽培区域广。马铃薯主要使用块茎作播种材料,全国年用种量 350 万吨左右,是无性繁殖用种量最大的作物之一。种薯生产的技术水平和种薯质量的优劣直接影响马铃薯生产的发展。

(一) 马铃薯的繁殖方式

马铃薯既可以进行营养繁殖,也可以进行有性繁殖。除杂交育种外,在一般情况下多采用营养繁殖的方式产生后代。由于无性系中个体间的遗传基础相同,且繁殖过程中不会发生生物学混杂,因此品种纯度易保持,但繁殖过程中容易积累病害,特别是病毒病,所以在繁殖中必须采取措施防除病毒。

马铃薯属自花授粉作物,在适宜的自然条件和人工控制条件下也可以进行有性繁殖。由于病毒一般不能通过种子传播给后代,因此对于产量高、品质好的品种,可以通过种子繁殖获得无病毒的实生薯,而使种薯脱毒。马铃薯的无性系多属杂种后代,采用种子繁殖时,其后代会出现严重的性状分离现象。

(二) 马铃薯种薯的退化及防止措施

1. 马铃薯退化现象

主要表现为:植株矮小,束顶,叶片花叶、皱缩、失绿,叶面卷曲,退化严重的植株已无能力结薯,完全失去了种用价值。

2. 马铃薯种薯退化的原因

一般认为,马铃薯退化主要是由感染病毒引起的,另外还有芽变、机械混杂等。病害在田间靠昆虫(特别是蚜虫)和叶片摩擦传播。马铃薯在种植过程中极易感染病毒,在适宜条件(如高温)下病毒会迅速在植株内繁殖,并可运转和积累于所结块茎中,导致病毒危害逐年加重,产量逐年下降。

品种退化的速度与品种的抗病性、传毒媒介、病毒在体内增殖的条件等有关。利用抗病毒品种,切断毒源,利用冷凉气候条件等都能减轻病毒的危害,延滞退化速度。高纬度、冷凉地区的马铃薯退化程度轻,退化速度慢,是繁殖种薯的主要基地。

3. 防止退化的途径

国内外常见的一种途径主要是利用茎尖组织培养生产脱毒种薯技术及配套的良种繁育体系来解决退化问题。另一种途径是利用有性繁殖来生产实生种薯。

(三)茎尖培养生产脱毒种薯技术

1. 脱毒技术

(1)脱毒材料的选择。为提高脱毒效果,在田间应选择未感病或无症状、具脱毒品种典型特征、生长健壮的植株,收获种薯后,对块茎进行选择,包括皮色、肉色、芽眼、病斑、虫蛀和机械创伤等,符合标准的薯块作为脱毒材料。

(2)材料消毒。入选的无性系块茎经休眠后,于温室内催芽,待芽长 4~5cm 时,将芽剪下放在超净工作台上进行表面消毒。方法是将芽在75%酒精中迅速浸蘸一下,然后用饱和漂白粉上清液或市售的次氯酸钠溶液稀释至5%~7%浸泡15~20min,再用无菌水清洗3-4次。

(3)剥离茎尖和接种。在无菌条件下将消毒的芽置于30~40倍解剖镜下进行茎尖分离,用解剖刀小心地剥离茎尖周围的叶片组织,暴露出顶端圆滑的生长点,再用解剖针细心切取长度为0.1~0.3mm、带有1~2个叶原基的茎尖,随即接种到有培养基的试管中。

(4)茎尖培养与病毒鉴定。接种于试管中的茎尖放于培养室内培养,室内温度应保持在22℃~25℃,光照强度2 000~4 000lx,每天光照时间为16h。30~40d 后即可看到试管中明显伸长的小茎,叶原基形成可见的小叶。此时将小苗转到无生长调节剂的培养基中,3~4个月以后发育成3~4个叶片的小植株,将其按单节切段,接种于有培养基的试管或三角瓶中,进行扩繁。30d 后,还要按单节切断,分别接种于3个三角瓶中,成苗后其中1瓶保留,另外2瓶用于病毒检测,结果全为阴性时将保留的一瓶进行扩繁,阳性时可淘汰保留的那瓶苗。常用的病毒鉴定方法有 ELISA 血清学方法和指示植物鉴定法。

2. 脱毒苗与微型薯块快繁技术

(1)繁殖脱毒苗。获得一瓶脱毒苗后应进行数次的扩繁,然后才能生产无毒种薯。扩繁脱毒苗的培养基仍为 MS 培养基。接种操作与茎尖培养时的操作一样,所用器具和人员一定要注意严格消毒并防止无菌室空气污染。试管苗转接用瓶转瓶的方法,即用剪刀在基础苗瓶中将苗剪切成带有一个腋芽的茎段,用镊子从瓶中取出接种在新培养基的瓶中。直径10cm的三角瓶,每瓶接种15~18段为宜。培养室最适温度白天为22℃~25℃,夜间为

16℃~20℃,瓶中相对湿度为100%,培养室相对湿度为70%~80%,试管苗生长的光照时间为每日16h,光照强度2 000lx。

试管苗最适宜苗龄为25~30d,一般21d切转一次,扩繁率为3~6倍,每年继代12次。长期继代培养的试管苗有可能再次感染病毒,需两年更换一次基础苗,以提高试管苗的质量。为延长脱毒后试管苗的使用寿命,可将扩繁初期分出的一部分苗,转入保存用培养基中,并给予利于保存的条件,每6~8个月切转一次苗,这样可大大减少周转次数及污染概率。等快繁苗继代两年后用保存苗替代,这样由两年更新脱毒一次,可延长至4~6年甚至8年才脱毒复壮一次。

(2)生产无毒小薯。利用无毒的试管苗移栽到防虫温室、网室中,或用脱毒苗在温室、网室中切段扦插生产无毒小薯。切段扦插繁殖是经济有效的繁殖方法,其优点是节省投资、繁殖速度快、方法简单,操作步骤如下:

①设备及物质准备。防虫的温室、网室、苗盘、营养基质、营养液、手术剪、量筒、烧杯、喷雾器等。

②基础苗移栽。脱毒试管苗为扦插的基础苗,将试管苗切成带有1个芽的茎段,接入生根培养基中。每天16h光照,在25℃条件下培养一周后,小苗长成4~5片叶及3~4条小根,打开培养瓶封口。置于温室锻炼,然后移栽。密度为每平方米800株,栽植深度为1.5~2cm,一周后幼苗长出新根,20d后,苗长到5~8片叶,此时即可进行剪切。剪切时对所有用具及操作人员都要严格消毒。剪苗时,用经过消毒的解剖剪子和镊子,剪下带有1~2片叶的茎尖和带有2~3片叶的茎段。剪切后对基础苗要加强管理,提高温度和湿度,促进腋芽萌发,增加繁苗数量,10~15d后可进行第二次剪苗。

③扦插及管理。从基础苗上剪下的茎段在生根剂中浸泡5~10min,然后及时扦插在苗床中。密度为400株/m^2,腋芽埋在基质中,以叶片露出为宜,深度为1.5~2cm,用手指纵横向适当按压。扦插完一个苗床后,要用喷壶轻浇一遍清水,加盖塑料薄膜保温、保湿和遮光。一周后苗生根成活,揭去塑料薄膜和遮阳网,这时可浇水和营养液,也可用尿素或磷酸二氢钾进行叶面施肥,结薯期间温度应保持18℃~25℃。小薯生长期为45~60d,当种苗变长,块茎重2~5g时即可开始收获,放入盘中在阴凉地方晾干,然后装入布袋或尼龙袋中。

(四)建立良种生产体系

通过无性系繁殖、种子有性繁殖或茎尖脱毒苗快繁获得的原原种数量有限,必须经过几个无性世代的扩繁,才能用于生产。在扩繁期间,须采取防病毒及其他病源再侵入的措施,然后通过相应的种薯繁育体系源源不断地为生产提供健康的种薯。

1. 原种生产

(1)原种生产基地选择。原种生产基地的选择与建设对种薯生产十分重要,直接关系到扩繁的种薯质量,原种基地的选择应具备以下几个条件:

①选择高纬度、高海拔、风速大、气候寒冷的地区。

②隔离条件好,原种繁殖应隔离2 000m。

③总诱蚜量在100头左右或以下,峰值在20头左右或以下为好。

(2) 防止病毒再侵染技术。

① 促进植株成龄抗性形成的早熟栽培技术。成龄抗性是指病毒易感染幼龄植株,病毒增殖运转速度快,随着株龄的增加,病毒的增殖运转速度减慢。促进植株成龄抗性的措施有:

a. 播前种薯催芽。催芽后播种可提早出苗,促进早结薯及成龄抗性的形成。

b. 采用地膜覆盖栽培技术。播种后覆盖地膜可显著提高地温,促进早出苗、早结薯,也可使马铃薯及早形成成龄抗性,减少病毒增殖和积累。

② 科学施肥。马铃薯在整个生长期间需氮、磷、钾三要素,适当增施磷、钾肥,可增强植株抗病毒能力,促进早结薯。

③ 及时拔除病株。在种薯繁殖期间应经常深入田间拔除病株,拔除病株时要彻底清除地上、地下两部分。

④ 早收留种。正确确定早收或灭秧时期非常重要,收获早 1 d 至少要减产 600~900 kg/hm^2,收获过晚,植株中病毒已转运到块茎中。一般认为,有翅桃蚜迁飞期过后 10~15 d 灭秧收获为宜。

2. 良种生产

良种来自于一级原种或二级原种,原种扩繁后的种薯为一级良种,一级良种再扩繁一次为二级良种,二级良种直接用于生产。

马铃薯良种生产应选在条件较好的、2 年以上没有茄科作物的地块,以施有机肥为主,配合使用磷、钾肥。应把种薯膨大期安排在气温为 25℃左右,并能避开蚜虫迁飞高峰期的季节播种,密度要比商品薯适当增加。整个生育期间经常深入田间发现病株及时拔除,及时防治蚜虫和其他病虫害。收获前一周停止浇水,及时杀秧,减少病毒传播,收获时防止机械损伤。收获后种薯按不同品种、不同等级分别存放,防止混杂。

为防止马铃薯退化,不同地区可以采取不同的留种方法。北方一作区可夏播留种,使马铃薯在秋季冷凉条件下结薯。中原二作区应采用二季作留种方法,即用无毒种薯春季播种繁殖一级良种,秋季播种生产二级良种,来年用于生产。

项目小结

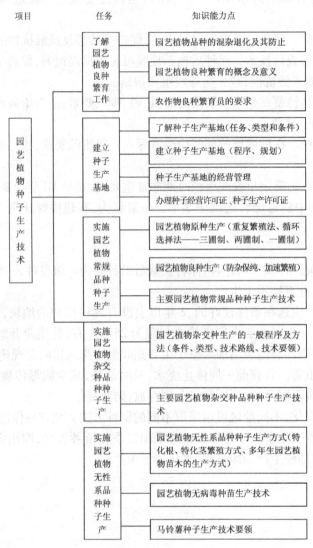

项目	任务	知识能力点
园艺植物种子生产技术	了解园艺植物良种繁育工作	园艺植物品种的混杂退化及其防止
		园艺植物良种繁育的概念及意义
		农作物良种繁育员的要求
	建立种子生产基地	了解种子生产基地(任务、类型和条件)
		建立种子生产基地(程序、规划)
		种子生产基地的经营管理
		办理种子经营许可证、种子生产许可证
	实施园艺植物常规品种种子生产	园艺植物原种生产(重复繁殖法、循环选择法——三圃制、两圃制、一圃制)
		园艺植物良种生产(防杂保纯、加速繁殖)
		主要园艺植物常规品种种子生产技术
	实施园艺植物杂交种品种子生产	园艺植物杂交种生产的一般程序及方法(条件、类型、技术路线、技术要领)
		主要园艺植物杂交种品种子生产技术
	实施园艺植物无性系品种种子生产	园艺植物无性系品种种子生产方式(特化根、特化茎繁殖方式、多年生园艺植物苗木的生产方式)
		园艺植物无病毒种苗生产技术
		马铃薯种子生产技术要领

良种繁育是依据植物的生物学特性和繁殖方式,按照科学的技术方法,生产出符合数量和质量要求的种子,需要在一定的环境和生产条件下由专业技术人员进行,以保证品种的纯度。品种混杂退化是指品种在生产栽培过程中,纯度降低,种性变劣,致使品种原有的优良形态特征丧失,抗逆性和适应性减退,产量和品质下降的现象。造成品种混杂退化的直接原因包括机械混杂、生物学混杂、品种本身的变异、不正确的选择和采留种、基因突变、不良的生态条件及栽培技术和病毒侵染等。防止品种的混杂退化,主要措施包括采用严格的操作技术规程避免机械混杂,采取严格隔离措施防止生物学混杂,应用正确的选择方法和留种方式防止品种劣变,改善采种条件防止品种退化,等等。

园艺植物种子生产基地建设的任务,一是迅速繁殖新品种种子,满足农业生产对优良品种种子数量上的要求;二是保持和提高品种的纯度和种性,确保种子质量;三是实行种子的专业化和规模化生产,降低种子的成本和价格。种子生产基地条件包括地理位置、地形及土壤条件、社会经济条件等。种子基地建立的程序包括充分论证、做好规划和组织实施。种子基地的管理包括计划管理、质量管理和技术管理。根据《种子法》规定,园艺植物种子生产与经营执行许可制度。

目前我国种子级别的划分包括育种家种子、原种、良种三级。原种种子生产一般采用重复繁殖法和循环选择法。重复繁殖法又称保纯繁殖法,实行的是分级繁殖,不仅适用于自花授粉作物和常异花授粉植物的种子生产,也可以用于自交系、"三系"亲本种子的保纯生产。循环选择法实际是一种混合选择法,是在一个品种产生混杂退化的情况下通过"单株选择、分系比较、混杂繁殖"生产原种,常用于自花授粉作物与常异花授粉植物,其基本方法包括三年三圃制、二年二圃制、一圃制等。良种种子生产程序相对简单,主要是建好条件适宜、面积合理的种子田,再通过单株混合选择,严格去杂、去劣,定期种子更新等防杂保纯措施,保证种子质量。

杂种优势已在许多园艺植物育种上普遍应用,杂种种子生产必须符合具有强优势的组合,纯度较高的杂交亲本,繁殖制种成本低、工序简单,种子产量较高等几个基本条件。杂交种种子生产根据去雄授粉方式分为人工去雄授粉杂交制种、利用自交不亲和性制种、利用雄性不育性制种、利用理化因素去雄制种、利用标志性状制种等。杂交制种的技术要求包括选地和隔离,制种田的规格确定和播种,花期调节,严格去杂、去劣、去雄,人工辅助授粉及分收分藏等几个主要环节。

无性系品种种子在遗传特性上具有遗传基础复杂,但性状稳定、不易分离,可以通过有性繁殖进行杂交育种的特点,在种子生产上具有抗逆性、适应性强,种子纯度高等特点,因而在不少园艺植物上被广泛应用。无性系种子就目前生产而言,主要包括以特化茎、特化根为种子和培育苗木两种方式。特化根、特化茎的种类有鳞茎、球茎、块茎、根茎、块根、假鳞茎等几种形式;苗木的繁育生产方法有分株、压条与埋条、扦插、嫁接等。

病毒侵染是造成无性繁殖园艺植物品种退化的主要原因,脱毒则是防止退化的最有效途径。植物脱毒技术有热处理脱毒、茎尖培养脱毒、热处理与茎尖培养结合脱毒、茎尖微体嫁接脱毒、化学治疗脱毒等。对脱毒的苗木,必须经过检测才能确定是否真正脱毒。

复习思考

1. 品种的稳定性对园艺植物生产有何意义?
2. 什么是品种的混杂退化? 是什么原因引起的? 如何预防?
3. 园艺植物种子基地建立的任务是什么?
4. 园艺植物种子基地建立的条件有哪些?
5. 园艺植物种子基地管理包括哪些内容?
6. 办理农作物良种种子生产许可证须具备哪些条件? 如何办理?
7. 办理农作物良种种子经营许可证须具备哪些条件? 如何办理?
8. 我国种子级别是怎样划分的? 原种生产和良种生产各采取什么样的方式?

9. 用什么方法加快新品种的繁育速度？
10. 在什么样的条件下才能利用杂交制种方法生产种子？
11. 杂交制种的主要途径有哪些？技术上有什么要求？
12. 采取什么措施使杂交亲本的花期相遇？
13. 园艺植物无性系种子在遗传上和生产上有何特点？
14. 无性繁殖作物种子有哪些形式？各有什么特点？采取哪些方式生产？
15. 病毒对无性繁殖园艺植物有何危害？如何脱毒？
16. 简述大白菜大株采种法的过程。
17. 怎样繁殖自交不亲和系和雄性不育系原种？
18. 番茄、辣椒、茄子的种子采收方法有哪些不同？
19. 叙述黄瓜人工授粉杂交制种技术。
20. 蔬菜植物的种子生产为什么要进行隔离和选择？

项目 4 园艺植物种子检验

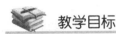 教学目标

知识目标：了解种子检验的内容及流程、对种子检验室和种子检验员的要求；知道与园艺植物种子检验相关的国家和行业标准；掌握种子净度分析、种子真实性和品种纯度鉴定、种子水分测定、种子发芽试验以及其他规定项目检验的程序、方法、要求等相关知识。

能力目标：能根据给定种子批进行种子扦样；能独立进行种子净度分析、种子水分测定、种子发芽试验、种子真实性与品种纯度鉴定以及规定的其他项目的检验；能根据检验结果，对照国家有关标准进行计算，并准确填写种子检验结果报告单。

素质目标：具有实事求是的科学态度和良好的职业道德；有不断提高专业技能的进取心和毅力；具有良好的团队精神；具有较强的安全保护意识；有强烈的服务意识。

种子质量通常包括品种质量和播种质量两个方面。品种质量是指与遗传特性相关的品质，一般要求种子真实、纯度高；播种质量是指种子播种后与出苗相关的品质，一般要求种子干燥耐藏、充实饱满、清洁干净、发芽出苗齐壮和健康无病虫。

种子检验是指应用科学的原理，按照标准的程序和方法，对种子样品的品质指标进行分析测定，以判断其质量优劣、评定其使用价值的一门科学技术。种子检验主要对与种子的品种质量和播种质量相关的种子真实性和纯度、种子净度、种子水分、种子重量、种子发芽率、种子生活力和种子健康度等指标进行鉴定和测定。

种子检验是种子生产经营过程中的重要环节，是监测和控制种子质量的重要手段，也是落实《种子法》、推行种子标准化的重要保证。

项目任务

1. 了解种子检验。
2. 种子扦样。
3. 种子净度分析。
4. 种子发芽试验。

5. 种子真实性和品种纯度鉴定。
6. 种子水分测定。
7. 种子其他项目检验。

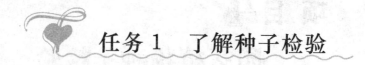

任务1　了解种子检验

一、种子检验规程及质量标准

（一）种子检验规程

1995年8月18日，国家技术监督局颁布了新的《农作物种子检验规程》，并于1996年6月

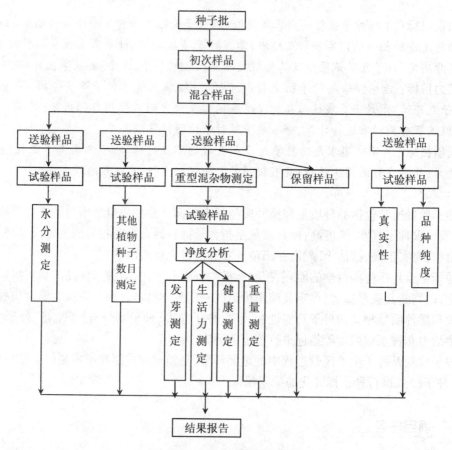

图4-1　种子检验程序

注：① 本图中送验样品和试验样品的重量各不相同，参见 GB/T 3543.2 中的 5.5.1 条和 6.1 条。
② 健康测定根据测定要求的不同，有时是用净种子，有时是用送验样品的一部分。
③ 若同时进行其他植物种子的数目测定和净度分析，可用同一份送验样品，先做净度分析，再测定其他植物种子的数目。

1日起实施。"95规程"由7个系列标准构成(总则、扦样、净度分析、发芽试验、真实性和品种纯度鉴定、水分测定、其他项目测定),其内容包括扦样、检测和结果报告三个部分(图4-1)。

扦样部分:包括种子批扦样程序、试验室分样程序和样品保存等步骤。

检测部分:包括净度分析、发芽试验、真实性和品种纯度鉴定、水分测定4个必检项目和生活力的生化测定、重量测定、种子健康测定及包衣种子检验等非必检项目。

结果报告:包括核对允许误差、签发种子检验结果的条件和签发种子检验结果单(表4-1)等内容。结果报告单不得涂改。

表4-1 种子检验结果报告单　　　　　　　字第　　　号

送验单位			产地	
作物名称			代表数量	
品种名称				
净度分析	净种子/%		其他植物种子/%	杂质/%
	其他植物种子的种类及数目: 杂质的种类:			完全/有限/简化检验
发芽试验	正常幼苗/%	硬实/%	新鲜不发芽种子/%	不正常幼苗/%	死种子/%
	发芽床＿＿＿＿;温度＿＿＿＿;试验持续时间＿＿＿＿ 发芽前处理和方法＿＿＿＿			
纯度	实验室方法＿＿＿＿;品种纯度＿＿＿＿%;田间小区鉴定＿＿＿＿ 本品种＿＿＿＿%;异品种＿＿＿＿%			
水分	水分＿＿＿＿%			
其他测定项目	生活力＿＿＿＿%;重量(千粒)＿＿＿＿g。健康状况:			

检验单位(盖章):　　　　　检验员(技术负责人):　　　　　复核员:

　　　　　　　　　　　　　　　　　　　　　　　　　填报日期:　年　月　日

(二)种子质量标准

《种子法》第四十六条和五十一条规定,生产、销售和进口种子必须符合国家规定的种用标准。这里所指的"国家规定的种用标准"是指强制性标准,不包括推荐性标准。

种子质量标准包括质量特性、质量特性值和检验方法。质量特性可以直接用文字表达,也可以引用现成标准中的相关内容。2001年农业部令《农作物种子标签管理办法》规定了种子最基本的质量特性,即品种纯度、净度、发芽率、水分四个特性;质量特性值通常是给出质量特性的极限值,如规定玉米种子发芽率不得低于85%,净度不得低于98.0%;每项特性一定要提及相应的检验方法,检验方法通常采用现成的方法标准。

随着农作物种子标准化体系的建立和完善,会对强制性标准目录中的农作物种子质量指标进行一些调整,可能会增加一些作物的种子质量指标,也可能对现有一些作物的种子质量指标进行修改。下列给出了截至2005年6月30日我国已经发布的有效的园艺植物种子质量强制性国家标准和行业标准。

瓜菜作物种子:GB 16715.1—2010 瓜菜作物种子 第1部分:瓜类;GB 16715.2—2010 瓜菜作物种子 第2部分:白菜类;GB 16715.3—2010 瓜菜作物种子 第3部分:茄果类;GB 16715.4—2010 瓜菜作物种子 第4部分:甘蓝类;GB 16715.5—2010 瓜菜作物种子 第5部分:绿叶菜类。

果树苗木:GB9847—2003 苹果苗木;NY329—1997 苹果无病毒苗木;GB 19175—2010 桃苗木;GB 19174—2010 猕猴桃苗木;GB19713—2003 桑树种子与苗木;NY469—2001 葡萄苗木;NY475—2002 梨苗木。

糖料等其他类种子:GB19176—2003 糖用甜菜种子;GB11767—2003 茶树种苗;GB6914—86 人参种子;GB6942—86 人参种苗。

二、种子检验室

(一)种子检验室的布局

根据种子检验工作的特点,种子检验室在总体布局上通常分为五个区:一是事务管理区,包括接样、登记、编制打印报告等;二是物理测定区,包括分样、净度分析、其他植物种子鉴定和计数、水分含量测定等;三是发芽室,包括恒温发芽室、发芽箱室和发芽准备鉴定室;四是种子技术区,包括四唑测定、纯度测定、种子健康测定等;五是贮藏区,包括样品、药品、文具、图书资料等的贮藏。

(二)仪器设备配置

1. 扦样室

规格为30号、50号、60号的专用扦样器各两支。

2. 样品接受、分样档案保管室

样品保管橱、档案橱、分样台、收样台、钟鼎式和横格式分样器各1台,空调1台,冰箱2台,冰柜1台,电脑1台。

3. 天平室

精度为百分之一克、千分之一克、万分之一克的电子天平各1台,电子秤1台,空调1台,干湿度计1个,天平专用台,转椅,等等。

4. 净度分析室

筛选震动器1台,选筛1套,放大镜一具,台式放大镜一具,搪瓷盘,镊子,刷子,碟子,工作台等。

5. 水分测定室

电热鼓风干燥箱 2 台,粉碎机 2 台,抽湿机 1 台,干湿度计 1 个,磨口瓶不少于 50 个,干燥器不少于 3 个,铝盒不少于 100 个,小刷子,工作台等。另备电子水分仪 1~2 台。

6. 发芽实验室

发芽箱 2~3 台,发芽盒不少于 300 套,空调 1 台,数粒仪 1 台,蒸馏水器,镊子,搪瓷盘,工作台,椅子等。

7. 真实性和纯度检测室

电泳仪、电泳槽、PCR 扩增仪、酸度计、高压灭菌锅、磁力搅拌器、恒温水浴锅、高速冷冻离心机、电冰箱、成套移器等。

8. 转基因成分检测室生物安全柜

电泳仪、电泳槽、PCR 扩增仪、酸度计、高压灭菌锅、磁力搅拌器、恒温水浴锅、高速冷冻离心机、电冰箱、成套移器等。

(三) 种子检验员配置

根据《中华人民共和国种子法》以及相关配套办法的规定,种子企业的检验室应配备不少于 2 名以上经省农业行政主管部门考核合格的种子检验员。申请领取农业部许可证的检验室应配备不少于 5 名种子检验员。

三、种子检验员

种子检验员是指《种子法》第四十四条和第四十五条规定的种子质量检验机构中从事农作物种子质量检验工作的人员。

种子检验员分为扦样员、室内检验员和田间检验员。扦样员负责样品扦取,室内检验员负责净度、发芽率、水分等项目检测,田间检验员负责品种真实性和品种纯度的田间和小区种植鉴定。

(一) 种子检验员应具备的条件

种子检验员应当具备以下条件:具有农学、生化或者相近专业中等专业技术学校毕业以上文化水平;从事种子检验技术工作三年以上,经省级以上人民政府农业、林业行政主管部门考核合格。

(二) 种子检验员应具备的知识和技能

种子检验员通过考核获取职业资格方能上岗。考核内容包括专业知识和操作技能考核。专业知识考核内容包括基础知识和专业技术知识。基础知识包括《种子法》及有关法律、法规,种子基础知识,种子质量管理与控制知识等。专业技术知识根据检验员类别确定:扦样员重点考核种子批的划分、扦样方法、分取方法、样品管理等;室内检验员重点考核种子检验理论知识、种子检验规程、种子质量标准等;田间检验员重点考核田间检验方法,品种特征、特性、田间标准等。专业知识考核合格后进行操作技能考核。

（三）种子检验员的考核与管理

扦样员技能考核内容包括样品扦取和分取、扦样器和分样器的使用、样品处置等；室内检验员包括检验仪器设备的操作与使用，净度、发芽、品种纯度等质量指标的检验技术操作，等等；田间检验员包括品种真实性的鉴别等。

省级以上人民政府有关主管部门依法设置的检验机构的种子检验员由农业部负责考核管理；其他检验机构的种子检验员由该机构登记或者注册所在地的省、自治区、直辖市人民政府农业行政主管部门负责考核管理。

1. 职业资格考核

（1）申请与受理。申请考核的种子检验员需提交以下材料：种子检验员资格申请表，学历证明复印件，受聘检验机构出具的从事检验技术工作年限证明。考核机关对申请材料进行审查，符合条件的，发给受理通知书，并通知申请者在规定时间参加考核；不符合条件的，书面通知申请者并说明理由。

（2）考试考评。种子检验员考核采取专业知识考试和专业操作技能考评相结合的方式。专业知识考试和操作技能考评均采用百分制，成绩达 80 分为合格。

（3）审查和发证。考核合格，管理机关应在 15 天内发给种子检验员证。

2. 监督管理

考核管理机关对种子检验员证每两年审查一次。持证检验员在两年内接受继续教育的时间累计不得少于 40 小时；扦样员、田间检验员从事种子检验技术工作量累计不得少于 100 小时；室内检验员不得少于 600 小时。

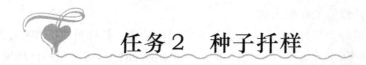

任务 2 种子扦样

按照 GB/T 3543.2—1995《农作物种子检验规程》，扦样员需要做的工作主要有：检查种子批并制定扦样方案；准备扦样所需要的各种器具、材料、证件、文件和资料；严格按照批准的扦样方案和扦样要求进行扦样、封缄，并履行有关手续；及时、安全地把扦取的样品交送检验室，并按照检验任务和检验规程规定分取样品；同时遵守有关保密规定和其他规定，妥善保管好样品。

一、制定种子扦样方案

所谓扦样，就是从大量的种子中，随机取得一个重量适当、有代表性的供检样品。样品中各成分存在的概率由种子批中各成分含量所决定。扦样由一系列步骤组成，首先从种子批中取得若干个初次样品，然后将全部初次样品混合成为混合样品，再从混合样品中分取送验样品，最后从送验样品中分取供某一检验项目的实验样品。

在扦样前，扦样员应向被扦单位了解种子批的有关情况，并对被扦的种子批进行检查，确定是否符合规程、规定。

（一）划分种子批

检查种子批的袋数和每袋的重量,从而确定总重量。种子批大小必须符合 GB/T3543.2—1995《农作物种子检验规程》关于重量的规定,其容许误差为 5%（表 4-2）,如果种子批重量超过规定要求,应分为几批并分别扦样。

表 4-2　种子批的最大重量、样品最小重量及发芽技术规定　　字第　　号

种（变种）名	种子批的最大重量/kg	样品最小重量/g			发芽床	温度/℃	初/末次计数时间/d	附加说明包括破除休眠的建议
		送验样品	净度分析试样	其他植物种子计数试样				
1. 洋葱	10 000	80	8	80	TP;BP;S	20;15	6/12	预先冷冻
2. 葱	10 000	50	5	50	TP;BP;S	20;15	6/12	预先冷冻
3. 韭葱	10 000	70	7	70	TP;BP;S	20;15	6/14	预先冷冻
4. 细香葱	10 000	30	3	30	TP;BP;S	20;15	6/14	预先冷冻
5. 韭菜	10 000	100	10	100	TP;BP;S	20;15	6/14	预先冷冻
6. 苋菜	5 000	10	2	10	TP	20~30;20	4~5/14	预先冷冻;KNO$_3$
7. 芹菜	10 000	25	1	10	TP	15~25;20;15	10/21	预先冷冻;KNO$_3$
8. 根芹菜	10 000	25	1	10	TP	15~25;20;15	10/21	预先冷冻;KNO$_3$
9. 花生	25 000	1 000	1 000	1 000	BP;S	20~30;25	5/10	去壳;预先加温(40℃)
10. 牛蒡	10 000	50	5	50	TP;BP	20~30;20	14/35	预先冷冻;四唑染色
11 石刁柏	20 000	1 000	100	1 000	TP;BP;S	20~30;25	10/28	
12. 紫云英	10 000	70	7	70	TP;BP	20	6/12	机械去皮
13. 裸燕麦（莜麦）	25 000	1 000	120	1 000	BP;S	20	5/10	
14. 普通燕麦	25 000	1 000	120	1 000	BP;S	20	5/10	预先加温(30℃~35℃);预先冷冻;GA$_3$
15. 落葵	10 000	200	60	200	TP;BP	20	10/28	预先洗涤;机械去皮
16. 冬瓜	10 000	200	100	200	TP;BP	30	7/14	
17. 节瓜	10 000	200	100	200	TP;BP	20~30;30	7/14	
18. 甜菜	20 000	500	50	500	TP;BP;S	20~30;30	4/14	预先洗涤(复胚2h,单胚4h),再在25℃下干燥后发芽
19. 叶甜菜	20 000	500	50	500	TP;BP;S	20~30;15~25;20	4/14	
20. 根甜菜	20 000	500	50	500	TP;BP;S	20~30;15~25;20	4/14	

续表

种(变种)名	种子批的最大重量/kg	样品最小重量/g			发芽床	温度/℃	初/末次计数时间/d	附加说明包括破除休眠的建议
		送验样品	净度分析试样	其他植物种子计数试样				
21. 白菜型油菜	10 000	100	10	100	TP	15~25;20	5/7	预先冷冻
22. 不结球白菜（包括白菜、乌塌菜）	10 000	100	10	100	TP	15~25;20	5/7	预先冷冻
23. 芥菜型油菜	10 000	40	4	40	TP	15~25;20	5/7	预先冷冻;KNO$_3$
24. 根用芥菜	10 000	100	10	100	TP	15~25;20	5/7	预先冷冻;GA$_3$
25. 叶用芥菜	10 000	40	4	40	TP	15~25;20	5/7	预先冷冻;GA$_3$;KNO$_3$
26. 茎用芥菜	10 000	40	4	40	TP	15~25;20	5/7	预先冷冻;GA$_3$;KNO$_3$
27. 甘蓝型油菜	10 000	100	10	100	TP	15~25;20	5/7	预先冷冻
28. 芥蓝	10 000	100	10	100	TP	15~25;20	5/10	预先冷冻;KNO$_3$
29. 结球甘蓝	10 000	100	10	100	TP	15~25;20	5/10	预先冷冻;KNO$_3$
30. 球茎甘蓝（苤蓝）	10 000	100	10	100	TP	15~25;20	5/10	预先冷冻;KNO$_3$
31. 花椰菜	10 000	100	10	100	TP	15~25;20	5/10	预先冷冻;KNO$_3$
32. 抱子甘蓝	10 000	100	10	100	TP	15~25;20	5/10	预先冷冻;KNO$_3$
33. 青花菜	10 000	100	10	100	TP	15~25;20	5/10	预先冷冻;KNO$_3$
34. 结球白菜	10 000	100	4	100	TP	15~25;20	5/7	预先冷冻;GA$_3$
35. 芜菁	10 000	70	7	70	TP	15~25;20	5/7	预先冷冻
36. 芜菁甘蓝	10 000	70	7	70	TP	15~25;20	5/14	预先冷冻;KNO$_3$
37. 大豆	20 000	1 000	300	1 000	BP;S	20~30;25	4/10	
38. 大刀豆	20 000	1 000	1 000	1 000	BP;S	20	5/8	
39. 大麻	10 000	600	60	600	TP;BP	20~30;20	3/7	
40. 辣椒	10 000	150	15	150	TP;BP;S	20~30;30	7/14	KNO$_3$
41. 甜椒	10 000	150	15	150	TP;BP;S	20~30;30	7/14	KNO$_3$
42. 红花	25 000	900	90	900	TP;BP;S	20~30;25	4/14	
43. 茼蒿	5 000	30	8	30	TP;BP	20~30;15	4~7/21	预先加温（40℃,4~6h）预先冷冻;光照
44. 西瓜	20 000	1 000	250	1 000	BP;S	20~30;30;25	5/14	
45. 薏苡	5 000	600	150	600	BP	20~30	7~10/21	
46. 圆果黄麻	10 000	150	15	150	TP;BP	30	3/5	
47. 长果黄麻	10 000	150	15	150	TP;BP	30	3/5	
48. 芫荽	10 000	400	40	400	TP;BP	20~30;20	7/21	

续表

| 种(变种)名 | 种子批的最大重量/kg | 样品最小重量/g | | | 发芽床 | 温度/℃ | 初/末次计数时间/d | 附加说明包括破除休眠的建议 |
		送验样品	净度分析试样	其他植物种子计数试样				
49. 蓖麻	10 000	700	70	700	BP;S	20~30	4/10	
50. 甜瓜	10 000	150	70	150	BP;S	20~30;25	4/8	
51. 越瓜	10 000	150	70	150	BP;S	20~30;25	4/8	
52. 菜瓜	10 000	150	70	150	BP;S	20~30;25	4/8	
53. 黄瓜	10 000	150	70	150	TP;BP;S	20~30;25	4/8	
54. 笋瓜(印度南瓜)	20 000	1 000	700	1 000	BP;S	20~30;25	4/8	
55. 南瓜(中国南瓜)	10 000	350	180	350	BP;S	20~30;25	4/8	
56. 西葫芦(美洲南瓜)	20 000	1 000	700	1 000	BP;S	20~30;25	4/8	
57. 瓜尔豆	20 000	1 000	100	1 000	BP	20~30	5/14	
58. 胡萝卜	10 000	30	3	30	TP;BP	20~30;20	7/14	
59. 扁豆	20 000	1 000	600	1 000	BP;S	20~30;25;30	4/10	
60. 龙爪稷	10 000	60	6	60	TP	20~30	4/8	
61 甜荞	10 000	600	60	600	TP;BP	20~30;20	4/7	
62 苦荞	10 000	500	50	500	TP;BP	20~30;20	4/7	
63. 茴香	10 000	180	18	180	TP;BP;TS	20~30;20	7/14	
65. 棉花	25 000	1 000	350	1 000	BP;S	20~30;25;30	4/12	
66. 向日葵	25 000	1 000	200	1 000	TP;BP	20~25;20;25	4/10	预先冷冻;预先加温
67. 红麻	10 000	700	70	700	BP;S	20~30;25	4/8	
68. 黄秋葵	20 000	1 000	140	1 000	TP;BP;S	20~30	4/21	
69. 大麦	25 000	1 000	120	1 000	BP;S	20	4/7	预先加温(30℃~35℃);预先冷冻;GA_3
70. 蕹菜	20 000	1 000	100	1 000	BP;S	30	4/10	
71. 莴苣	10 000	30	3	30	TP;BP	20	4/7	预先冷冻
72. 瓠瓜	20 000	1 000	500	1 000	BP;S	20~30	4/14	
73. 兵豆(小扁豆)	10 000	600	60	600	BP;S	20	5/10	预先冷冻
74. 亚麻	10 000	150	15	150	TP;BP	20~30;20	3/7	预先冷冻
75. 棱角丝瓜	20 000	1 000	400	1 000	BP;S	30	4/14	
76. 普通丝瓜	20 000	1 000	250	1 000	BP;S	20~30;30	4/14	
77. 番茄	10 000	15	7	15	TP;BP;S	20~30;25	5/14	KNO_3

续表

种(变种)名	种子批的最大重量/kg	样品最小重量/g			发芽床	温度/℃	初/末次计数时间/d	附加说明包括破除休眠的建议
		送验样品	净度分析试样	其他植物种子计数试样				
78. 金花菜	10 000	70	7	70	TP;BP	20	4/14	
79. 紫花苜蓿	10 000	50	5	50	TP;BP	20	4/10	预先冷冻
80. 白香草木樨	10 000	50	5	50	TP;BP	20	4/7	预先冷冻
81. 黄香草木樨	10 000	50	5	50	TP;BP	20	4/7	预先冷冻
82. 苦瓜	20 000	1 000	450	1 000	BP;S	20~30;30	4/14	
83. 豆瓣菜	20 000	25	0.5	5	TP;BP	20~30	4/14	
84. 烟草	10 000	25	0.5	5	TP	20~30	7/16	KNO_3
85. 罗勒	20 000	40	4	40	TP;BP	20~30;20	4/14	KNO_3
86. 稻	25 000	400	40	400	TP;BP;S	20~30;30	5/14	预先加温(50℃);在水中或HNO_3中浸渍24h
87. 豆薯	20 000	1 000	250	1 000	BP;S	20~30;30	7/14	
88. 黍(糜子)	10 000	150	15	150	TP;BP	20~30;25	3/7	
89. 美洲防风	10 000	100	10	100	TP;BP	20~30	6/28	
90. 香芹	10 000	40	4	40	TP;BP	20~30;20	10/28	
91. 多花菜豆	20 000	1 000	1 000	1 000	BP;S	20~30;20;25	5/9	
92. 利马豆(菜豆)	20 000	1 000	1 000	1 000	BP;S	20~30;25;20	5/9	
93. 菜豆	25 000	1 000	700	1 000	BP;S	20~30	5/9	
94. 酸浆	10 000	25	2	25	TP	20~30	7/28	KNO_3
95. 茴芹	10 000	70	7	70	TP;BP	20	7/21	
96. 豌豆	25 000	1 000	900	1 000	BP;S	20~30;30	5/8	
97. 马齿苋	10 000	25	0.5	25	TP;BP	20~30	5/14	预先冷冻
98. 四棱豆	25 000	1 000	1 000	1 000	BP;S	20~30;30	4/14	
99. 萝卜	10 000	300	30	300	TP;BP;S	20~30;20	4/10	预先冷冻
100. 食用大黄	10 000	450	45	450	TP	20~30	7/21	
101. 蓖麻	20 000	1 000	500	1 000	BP;S	20~30	7/14	
102. 鸦葱	10 000	300	30	300	TP;BP;S	20~30;20	44	预先冷冻
103. 黑麦	25 000	1 000	120	1 000	TP;BP;S	20	4/7	预先冷冻;GA_3
104. 佛手瓜	20 000	1 000	1 000	1 000	BP;S	20~30;20	5/10.	
105. 芝麻	10 000	70	7	70	TP	20~30	3/6	
106. 田菁	10 000	90	9	90	TP;BP	20~30;25	5/7	
107. 粟	10 000	90	9	90	TP;BP	20~30	4/10	
108. 茄子	10 000	150	15	150	TP;BP;S	20~30;30	7/14	
109. 高粱	10 000	900	90	900	TP;BP	20~30;25	4/10	预先冷冻
110. 菠菜	10 000	250	25	250	TP;BP	15;10	7/21	预先冷冻

续表

种(变种)名	种子批的最大重量/kg	样品最小重量/g			发芽床	温度/℃	初/末次计数时间/d	附加说明包括破除休眠的建议
		送验样品	净度分析试样	其他植物种子计数试样				
111. 黎豆	20 000	1 000	250	1 000	BP;S	20~30;20	5/7	
112. 番杏	20 000	1 000	200	1 000	TP;BP	20~30;20	7/35	除去果肉;预先洗涤
113. 婆罗门参	10 000	400	40	400	TP;BP;S	20	5/10	预先冷冻
114. 小黑麦	250 000	1 00	120	1 000	TP;BP;S	20	4/8	预先冷冻;GA$_3$
115. 小麦	250 000	1 000	120	1 000	BP;S	20	4/8	预先加温(30~35℃);预先冷冻;GA$_3$
116. 蚕豆	250 000	1 000	1 000	1 000	BP;S	20	4/14	预先冷冻
117. 箭舌豌豆	250 000	1 000	140	1 000	BP;S	20	5/14	预先冷冻
118. 毛叶苕子	20 000	1 000	140	1 000	BP;S	20	5/14	预先冷冻
119. 赤豆	20 000	1 000	250	1 000	BP;S	20~30	4/10	
120. 绿豆	20 000	1 000	120	1 000	BP;S	20~30;25	5/7	
121. 饭豆	20 000	1 000	250	1 000	BP;S	20~30;25	5/7	
122. 长虹豆	20 000	1 000	400	1 000	BP;S	20~30;25	5/8	
123. 矮虹豆	20 000	1 000	400	1 000	BP;S	20~30;25	5/8	
124. 玉米	40 000	1 000	900	1 000	BP;S	20~30;20;25	4/7	

(二)种子批处于便于扦样的状态

被扦种子批的堆放应便于扦样,扦样人员至少能靠近种子批堆放的两个面进行扦样。如果达不到这一要求,必须要求移动种子袋。

(三)检查种子袋封口和标识

所有盛装的种子袋必须封口,并有一个相同的批号或编码的标签,此标识必须记录在扦样单或者样品袋上。

(四)检查种子批的均匀度

确保种子批已经进行了适当的混合、掺匀和加工,尽可能达到均匀一致。

在对种子批经过了上述检查后,应根据《农作物种子检验规程》的要求,制定种子扦样方案,并履行报批手续。

二、准备扦样

扦样前,应根据被扦样作物种类,准备好各种扦样和分样仪器。

（一）扦样器

1. 袋装扦样器

分单管扦样器和双管扦样器（图4-2）。

2. 散装扦样器

有长柄短圆筒锥形扦样器、双管扦样器和圆锥形扦样器等（图4-2）。

（二）分样器

常用的有钟鼎式分样器和横格式分样器（图4-3）。

（三）天平及其他器具

包括感量1g、称量1~5kg天平，分样板，样品罐或样品袋，封条等。

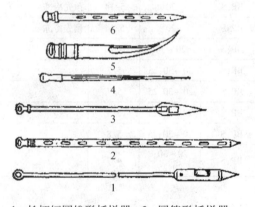

1. 长柄短圆锥形扦样器　2. 圆筒形扦样器
3. 圆锥形扦样器　4. 单管扦样器　5. 羊角扦样器　6. 单管木塞扦样器

图4-2　袋装和散装扦样器

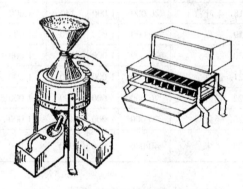

图4-3　钟鼎式分样器和横格式分样器

三、实施扦样

（一）确定扦样频率

扦取初次样品的频率，要根据扦样容器（袋）的大小和类型而定。

1. 袋装种子

《农作物种子检验规程》所述的袋装种子是指在一定的量值范围内的定量包装，其质量的量值范围规定在15~100kg，超过这个量值范围的不是《农作物种子检验规程》所述的袋装种子。袋装种子，可依据种子批袋数的多少确定扦样袋数（表4-3）。

2. 小包装种子

《农作物种子检验规程》所述的小包装种子是指在一定量值范围内装在小容器中的定

量包装,其质量的量值范围规定等于或小于15kg。

对于小包装种子扦样,以100kg重量的种子作为扦样的基本单位,小容器合并组成基本单位,基本单位总重量不超过100kg。例如,6个15kg的容器,20个5kg的容器,33个3kg的容器或100个1kg的容器。将每个基本单位视为一"袋装",然后按表4-3规定确定扦样频率。例如,有一种子批,每一容器盛装5kg的种子,共600个容器,据此可推算共具有30个基本单位,故至少扦取10袋。

表4-3 袋(容器)装种子的扦样数

种子批袋数(容器数)	扦取的最低袋数(容器数)
1～5	每袋都扦取,至少扦取5个初次样品
6～14	不少于5袋
15～30	每3袋至少扦取1袋
31～49	不少于10袋
50～400	每5袋至少扦取1袋
401～560	不少于80袋
561以上	每7袋至少扦取1袋

对于密闭的小包装袋(如瓜菜种子),这些小包装种子重量只有200g、100g和50g或更少,则可直接取一小包装袋作为初次样品,并根据规定所需的送验样品数来确定袋数,随机从种子批中抽取。

3. 散装种子或种子流

《农作物种子检验规程》所述的散装种子,是指大于100kg容器的种子批或正在装入容器的种子流,与日常生活中所述的散装是有所不同的,因为这里的散装必须满足前面扦样条件所述的关于种子批和容器封缄与标识的要求。

对于散装种子或种子流,应根据散装种子数量,确定扦样的点数(表4-4)。

表4-4 散装种子的扦样点数

种子批大小/kg	扦取点数
50以下	不少于3点
51～1 500	不少于5点
1 501～3 000	每300kg至少扦取1点
3 001～5 000	不少于10点
5 001～20 000	每500kg至少扦取1点
20 001～28 000	不少于40点
28 001～40 000	每700kg至少扦取1点

(二)扦取初次样品

根据种子种类、包装的容器选择适宜的方法和扦样器扦取初次样品。

1. 袋装种子批扦样法

首先根据供检种子袋数确定应扦样袋数;其次根据种子袋堆垛的情况,按上、中、下均匀设置扦样点(图 4-4);然后从各扦样点袋中扦取初次样品(从袋口的一角斜插向另一角,应注意从每个样点取样)。

2. 散装种子批扦样法

首先按种子堆水平面积分区设点(每区面积不得超过 25m²)(图 4-5);其次按种子堆高度分扦样层(堆高不足 2m 时分上、下两层,堆高在 2~3m 时分上、中、下三层。上层应距顶部 10~20cm,中层在种堆中部,下层距底部 5~10cm);然后由上到下扦取初次样品。

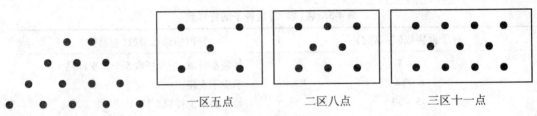

图 4-4　袋装种子样点分布　　图 4-5　散装种子样点分布

3. 小包装种子批扦样法

首先将小包装种子批合并成以 100kg 为一个扦样的基本单位,然后确定从每个基本单位中取出数量,并取出作为初次样品。

(三) 配置混合样品

如果初次样品基本均匀一致,就将其合并并混合成混合样品。将扦取的初次样品放入样品盛放器中,同一种子批的若干点扦取的初次样品混合于一体,组成混合样品。

(四) 制备送验样品

送验样品是在混合样品的基础上配置而成的。

1. 送验样品的重量

送验样品的数量因检验项目需要数量不同而异,分以下三类:

(1) 用于水分测定。需磨碎的种类为 100g,不磨碎的为 50g。

(2) 用于品种纯度鉴定。应符合 GB/T3543.5—1995《农作物种子检验规程——真实性和品种纯度鉴定》之规定(表 4-5)。

表 4-5　品种纯度测定的送验样品重量

种　类	限于实验室测定	田间小区及实验室测定
豌豆属、菜豆属、蚕豆属、玉米属、大豆属及种子大小类似的其他属	1 000g	2 000g
水稻属、大麦属、燕麦属、小麦属、黑麦属及种子大小类似的其他属	500g	1 000g
甜菜属及种子大小类似的其他属	250g	500g
所有其他属	100g	250g

(3) 用于所有其他项目测定。这里所指的所有其他项目测定包括净度分析、其他植物种子数目测定以及采用净度分析后以净种子作为试样的发芽试验、生活力测定、重量测定、

种子健康测定等,其送验样品数量参见表4-2中"送验样品"栏。

2. 送验样品的分取

通常在仓库或者现场配得混合样品后,即可称其重量,若混合样品重量与送验样品重量相符,就可以作为送验样品。如数量较多,则可用分样器或分样板分出足够数量的送验样品。

(1)机械分样器法。使用钟鼎式分样器时应先刷净,样品放入漏斗时应铺平,用手很快拨开活门,使样品迅速下落,再将两个盛接器的样品同时倒入漏斗,继续混合2~3次,然后取其中一个盛接器按上述方法继续分取,直至达到规定重量为止。使用横格式分样器时,先将种子均匀地散布在倾倒盘内,然后沿着漏斗等速倒入漏斗内。

(2)四分法。将样品倒在光滑的桌上或玻璃板上,用分样板将样品先纵向混合,再横向混合,重复混合4~5次,然后将种子摊平成四方形,用分样板画两条对角线,使样品分成4个三角形,再取两个对顶三角形内的样品继续按上述方法分取,直到两个三角形内的样品接近两份试验样品的重量为止。

3. 送验样品的处理

供净度分析等测定项目的送验样品应装入纸袋或布袋,贴好标签,封口。对于水分测定的样品,应将其装入防湿密封容器中。

(四)填写扦样单

扦样单一般可以一式两份,一份交检验室,一份交被扦单位保存。如果是监督检验,扦样单必须一式三份,承检机构和被查企业各留一份,报送下达抽查任务的农业行政主管部门一份。

四、实验室分样

进行种子检验前,应依据检测项目要求分出有代表性的试验样品,供检验某一检测项目之用。具体流程参见图4-1。

(一)试验样品的最低重量

关于试验样品的最低重量,GB/T3543.3至GB/T3543.7的有关章条已作了规定。

(二)试验样品的分取

检验机构接到送验样品后,首先将送验样品充分混合,然后用分样器经多次对分法分取供各项测定用的试验样品,其重量必须与规定重量相一致。重复样品须独立分取,在分取第一份试样后,第二份试样或半试样须在送验样品一分为二的另一部分中分取。

五、种子样品管理

样品的代表性、有效性和完整性将直接影响检验结果的准确性,因此必须对样品的接受、发放、流转、保存、处置以及样品的识别等各个环节实施有效的质量控制。

(一)样品的接收

当送验样品送达检验机构时,样品管理人员就开始样品接收工作。样品管理人员应认真检查样品的状态,特别是样品的包装盒封签是否完好,同时记录作物种类、品种名称、样品重量、批号、受检单位、送样时间等信息。

接收委托检验样品时,要与委托方签订委托检验协议或由委托方填写委托检验申请书,除记录作物名称、品种名称、检验项目、检验依据外,还应记录样品重量、包装规格、样品的外观质量、种子批号、送样日期、取报告日期、联系方式、收费标准和委托方的有关建议与要求等信息。最后收样人和送样人在委托检验协议或者委托检验申请书上签字。

(二) 样品的领取

检验机构收到检验样品后,由业务室或办公室下达检验任务。检验任务书的内容应包括样品编号、作物种类、品种名称、样品重量、检验项目、检验依据、完成日期等内容。检验员持检验任务书领取检验样品,并核对样品状况与检验人任务委托书的内容是否相符,对密封的样品,检验员应检查封签是否完整有效。检验员领取样品后应在样品发放单上签字。

(三) 样品的流转

样品按检验流程流转,在进行多项检验时,检验员在样品交接时应检查样品状况并在检验样品流转单上签字。在制备、检验、传递过程中,要根据样品特性对样品加以保护,避免其受到非检验性损坏并防止丢失。

(四) 样品的识别

样品的识别包括不同样品间的识别和样品不同检验状态的识别,可以采用加标签、盖印章或直接写在样品的包装袋上等方式加以识别。

(五) 样品的保存

样品的保存包括检验前和检验后的保存。检验机构在收到样品后应及时放在样品库中保存,防止样品因不能及时检验而发生改变。委托检验后剩余样品和监督抽查的备份样品应及时入库保存。样品按照检验类别、编号或不同作物分类存放,以便于查找。

样品库应保证安全、无腐蚀、无虫蛀、清洁干燥和低温。样品库应设专人管理,定期检测样品库的温度和相对湿度状态并做好记录。要保证样品在储藏期间满足两方面的要求:一是尽可能减少其质量劣变,保持原始的发芽率;二是种子免受昆虫的危害。

(六) 样品的处置

样品的保存期依不同的检验项目而不同。一般而言,样品保存时间应至少持续到受检单位对检验结果的异议期以后。

品种纯度检验的样品至少保存至该作物的下一个播种季节。经济价值高的特殊样品,可根据委托人的要求待委托检验项目结束后退还委托人。委托人领回样品时,应承诺"对本样品的检验报告无异议",之后方可办理领回手续并在样品登记表上注明"样品已领回"字样。保存期满的样品,经过检验机构负责人批准后由样品管理人员进行处理。

任务3　种子净度分析

一、准备仪器和用品

种子净度即种子清洁干净的程度,是指种子批或样品中净种子、杂质和其他植物种子组分的比例及特性。种子净度分析的目的是通过对样品中净种子、其他植物种子和杂质三种组分的分析,了解种子批中洁净、可利用种子的真实重量及其他植物种子及无生命杂质的种类和含量,为评价种子质量提供依据。

种子净度分析所需的仪器和用品有净度分析工作台、分样器或分样板、套筛、感量0.1g的台秤、感量0.01g的天平、感量0.001g的天平或相应的电子天平、小碟或小盘、镊子、刮板、放大镜、木盘、小毛刷、小碟等。

二、送验样品称重和重型混合物检查

(一) 送验样品称重

将送验样品倒在台秤上称重,记录送验样品重量 M。

(二) 重型混合物检查

将送验样品(或至少是净度分析试样重量的10倍的种子)倒在光滑的木盘中,挑出与供检种子在大小或重量上明显不同且影响结果的重型混杂物(如土块、小石块或小粒种子中混有的大粒种子等),在天平上称重,记录重型混杂物的重量 m;在重型混杂物中分别称出其他植物种子重量 m_1,杂质重量 m_2。m_1 与 m_2 重量之和应等于 m。

三、试验样品的分取

净度分析的试验样品应按规定的方法从送验样品中分取。试验样品应估计至少含有2 500个种子单位的重量或不少于 GB/T 3543.2 的规定。净度分析可用规定重量的一份试样或两份半试样(试样重量的一半)进行分析。试验样品须称重,以克表示,精确至规定的小数位数,以满足计算各种成分百分率达到一位小数的要求。

具体操作步骤:

第一步,将送验样品混匀,再用分样器分取试验样品一份,或半试样两份,试样或半试样的重量要求参见表4-2中"样品最小重量"栏关于净度分析试样和其他植物种子计数试样的规定。

第二步,用天平称出试样或半试样的重量(按规定留取小数位数,表4-6)。

表 4-6　称重与小数位数

试样或半试样及其成分重量/g	称重至小数位数
1.000 以下	4
1.000～9.999	3
10.00～99.99	2
100.0～999.9	1
1 000 或 1 000 以上	0

四、试样的鉴定、分析、分离和称重

(一) 判别净种子、其他植物种子和杂质的标准

1. 净种子

下列构造,凡能明确地鉴别出它们是属于所分析的种(已变成菌核、黑穗病孢子团或线虫瘿除外),即使是未成熟的、瘦小的、皱缩的、带病的或发过芽的种子单位,都应作为净种子:完整的种子单位;大于原来大小一半的破损种子单位。

根据上述原则,在个别的属或种中有一些例外:豆科、十字花科其种皮完全脱落的种子单位应列为杂质;即使有胚芽和胚根的胚中轴,并超过原来大小一半的附属种皮,豆科种子单位的分离子叶也列为杂质;甜菜属复胚种子超过一定大小的种子单位列为净种子;在燕麦属、高粱属中,附着的不育小花不需除去而列为净种子。

主要园艺植物净种子的鉴定标准参见表 4-7。

表 4-7　主要园艺植物净种子的鉴定标准

属　名	净　种　子
茼蒿属、菠菜属、菊属、大麻属	(1) 瘦果,明显无种子的除外 (2) 大小超过原来一半的破损瘦果,明显无种子的除外 (3) 果皮或种皮部分脱落或全部脱落的种子 (4) 果皮或种皮部分或全部脱落,而大小超过原来一半的破损种子
荞麦属、大黄属	(1) 带有或不带花被的瘦果,明显无种子的除外 (2) 大小超过原来一半的破损瘦果,明显无种子的除外 (3) 果皮或种皮部分脱落或全部脱落的种子 (4) 果皮或种皮部分或全部脱落而大小超过原来一半的破损种子
向日葵属、莴苣属	(1) 带有或不带喙的瘦果、带有或不带冠毛的瘦果,明显无种子的除外 (2) 大小超过原来一半的破损瘦果,明显无种子的除外 (3) 果皮或种皮部分脱落或全部脱落的种子 (4) 果皮或种皮部分或全部脱落而大小超过原来一半的破损种子

续表

属　名	净　种　子
茄属、番茄属、辣椒属、南瓜属、丝瓜属、冬瓜属、苦瓜属、西瓜属、甜瓜属、胡麻属、亚麻属、黄麻属、葱属、苋属、甘薯属、百合属、烟草属、木槿属、石刁柏属	（1）带有或不带种皮的种子 （2）带有或不带种皮而大小超过原来一半的破损种子
花生属、大豆属、菜豆属、豌豆属、豇豆属、扁豆属、兵豆属、巢菜属、紫云英属、苜蓿属、草木樨属、三叶草属、锦鸡儿属、鹰嘴豆属、山蚂蟥属、百脉根属、猪屎豆属、羽扇豆属、山黧豆属、葫芦巴属、岩黄芪属、田菁属、芰䔖属、萝卜属	（1）附着部分种皮的种子 （2）附着部分种皮而大小超过原来一半的破损种子
旱芹属、芫荽属、胡萝卜属、茴香属、欧洲芹属	（1）带有或不带有果梗（任何长度和数目）的分果或分果爿，明显无种子的除外 （2）大小超过原来一半的破损分果爿，明显无种子的除外 （3）果皮部分脱落或全部脱落的种子 （4）果皮部分脱落或全部脱落而大小超过原来一半的破损种子

2．其他植物种子

其鉴定原则与净种子相同，但甜菜属种子单位作为其他植物种子时不必筛选，可用遗传单胚的净种子定义。

3．杂质

杂质是除净种子和其他植物种子以外的所有种子单位、其他物质及构造，包括：

（1）明显不含真种子的种子单位。

（2）甜菜属复胚种子单位大小未达到净种子定义规定最低大小的。

（3）破裂或受损伤种子单位的碎片为原来大小的一半或不及一半的。

（4）按该种的净种子定义，不将这些附属物作为净种子部分或定义中尚未提及的附属物。

（5）种皮完全脱落的豆科、十字花科的种子。

（6）脆而易碎、呈灰白色、乳白色的菟丝子种子。

（7）脱下的不育小花、空的颖片、内外稃、稃壳、茎叶、球果、鳞片、果翅、树皮碎片、花、线虫瘿、真菌体（如菌核、黑穗病孢子团）、泥土、砂粒、石砾及所有其他非种子物质。

（二）操作步骤和方法

1．过筛

选用筛孔适当的两层套筛，要求小孔筛的孔径小于所分析的种子，而大孔筛的孔径大于所分析的种子。使用时将小孔筛套在大孔筛的下面，再把筛底盒套在小孔筛的下面，倒入半试样，加盖，置于电动筛选机上或手工筛动2分钟。

2．分离鉴定

过筛后将各层筛及底盒中的分离物分别倒在净度分析桌上进行分析鉴定，区分出净种子、其他植物种子、杂质三种成分,并分别放入小碟内。

分离时可借助于放大镜、筛子、吹风机等器具,或用镊子施压,在不损伤发芽的基础上进行检查。分离时必须根据种子的明显特征,对样品中的各个种子单位进行仔细检查分析,并依据形态学特征、种子标本等加以鉴定。当不同植物种之间区别存在困难或不可能区别时,则填报属名,该属的全部种子均为净种子,并附加说明。种皮或果皮没有明显损伤的种子单位,不管是空瘪还是充实,均作为净种子或其他植物种子;若种皮或果皮有一个裂口,检验员必须判断留下的种子单位部分是否超过原来大小的一半,如不能迅速地做出这种决定,则将种子单位列为净种子或其他植物种子。

3. 称重

分析结束后,将净种子、其他植物种子和杂质分别称重。其中,其他植物种子还应分种类计数。

称量精确度与试样称重时相同。然后将分析后的各种成分重量之和与原始重量比较,核对分析期间物质有无增失。若增失超过原始重量的5%,则必须重做,并填报重做的结果。

五、结果计算与数据处理

(一)无重型混杂物的结果计算

1. 计算百分率

各种成分重量之和增失小于原始样品重量5%,则可计算各组分百分率。各组分百分率的计算以分析后各种组分的重量之和为分母,而不用原来的重量。若分析的是全试样,各组分重量应计算到一位小数;若分析的是半试样,各组分的重量百分率应计算到第二位小数。

2. 容许差距

(1) 半试样。如果分析两份"半"试样,分析后任一成分的相差不得超过规定的重复分析间的容许差距(表4-8)。若所有成分的实际差距都在容许范围内,则计算每一成分的平均值。如实际差距超过容许范围,则按下列程序进行:

表 4-8　同一实验室内同一送验样品净度分析的容许差距

(5%显著水平的两尾测定)

两次分析结果的平均值/%		不同测定之间的容许差距/%			
		半试样		试　样	
50%以上	50%以下	无稃壳种子	有稃壳种子	无稃壳种子	有稃壳种子
99.95~100.00	0.00~0.04	0.20	0.23	0.1	0.2
99.90~99.94	0.05~0.09	0.33	0.34	0.2	0.2
99.85~99.89	0.10~0.14	0.40	0.42	0.3	0.3
99.80~99.84	0.15~0.19	0.47	0.49	0.3	0.4
99.75~99.79	0.20~0.24	0.51	0.55	0.4	0.4

续表

两次分析结果的平均值/%		不同测定之间的容许差距/%			
		半试样		试 样	
50%以上	50%以下	无稃壳种子	有稃壳种子	无稃壳种子	有稃壳种子
99.70~99.74	0.25~0.29	0.55	0.59	0.4	0.4
99.65~99.69	0.30~0.34	0.61	0.65	0.4	0.5
99.60~99.64	0.35~0.39	0.65	0.69	0.5	0.5
99.55~99.59	0.40~0.44	0.68	0.74	0.5	0.5
99.50~99.54	0.45~0.49	0.72	0.76	0.5	0.5
99.40~99.49	0.50~0.59	0.76	0.80	0.5	0.6
99.30~99.39	0.60~0.69	0.83	0.89	0.6	0.6
99.20~99.29	0.70~0.79	0.89	0.95	0.6	0.7
99.10~99.19	0.80~0.89	0.95	1.00	0.7	0.7
99.00~99.09	0.90~0.99	1.00	1.06	0.7	0.8
98.75~98.99	1.00~1.24	1.07	1.15	0.8	0.8
99.50~98.74	1.25~1.49	1.19	1.26	0.7	0.9
99.25~98.49	1.50~1.74	1.29	1.37	0.9	1.0
98.00~9824	1.75~1.99	1.37	1.47	1.0	1.0
97.75~97.99	2.00~2.24	1.44	1.54	1.0	1.1
97.50~97.74	2.25~2.49	1.53	1.63	1.1	1.2
97.25~97.49	2.50~2.74	1.60	1.70	1.1	1.2
97.00~97.24	2.75~2.99	1.67	1.78	1.2	1.3
96.50~96.99	3.00~3.49	1.77	1.88	1.3	1.3
96.00~96.49	3.50~3.99	1.88	1.99	1.3	1.4
95.50~95.99	4.00~4.49	1.99	2.12	1.4	1.5
95.00~95.49	4.50~4.99	2.09	2.22	1.5	1.6
94.00~94.99	5.00~5.99	2.25	2.38	1.6	1.7
93.00~93.99	6.00~6.99	2.43	2.56	1.7	1.8
92.00~92.99	7.00~7.99	2.59	2.73	1.8	1.9
91.00~91.99	8.00~8.99	2.74	2.90	1.9	2.1
90.00~90.99	9.00~9.99	2.88	3.04	2.0	2.2
88.00~89.99	10.00~11.99	3.08	3.25	2.2	2.3
86.00~87.99	12.00~13.99	3.31	3.49	2.3	2.5
84.00~85.99	14.00~15.99	3.52	3.71	2.5	2.6
82.00~82.99	16.00~17.99	3.69	3.90	2.6	2.8
80.00~81.99	18.00~19.99	3.86	4.07	2.7	2.9
78.00~79.99	20.00~21.99	4.00	4.23	2.8	3.0
76.00~77.99	22.00~23.99	4.14	4.37	2.9	3.1
74.00~75.99	24.00~25.99	4.26	4.50	3.0	3.2
72.00~73.99	26.00~27.99	4.37	4.61	3.1	3.3
70.00~71.99	28.00~29.99	4.47	4.71	3.2	3.3
65.00~69.99	30.00~34.99	4.61	4.86	3.3	3.4

续表

两次分析结果的平均值/%		不同测定之间的容许差距/%			
		半试样		试 样	
50%以上	50%以下	无稃壳种子	有稃壳种子	无稃壳种子	有稃壳种子
60.00~64.99	35.00~39.99	4.77	5.02	3.4	3.6
50.00~59.99	40.00~49.99	4.89	5.16	3.5	3.7

注：本表列出的容许差距适用于同一实验室来自相同送验样品的净度分析结果重复间的比较，适用于各种成分。使用时先按两次分析结果的平均值从栏1或栏2中找到对应的行，再根据有、无稃壳类型和半试样或试样，查出其相应的容许差距。

　　a. 再重新分析成对样品，直到一对数值在容许范围内为止（但全部分析不必超过四对）。

　　b. 凡一对间的相差超过容许差距两倍时，均略去不计。

　　c. 各种成分百分率的最后记录，应从全部保留的几对加权平均数计算。

（2）两份或两份以上试样。如果在某种情况下有必要分析第二份试样，那么两份试样各成分的实际差距不得超过规定的容许差距。若所有成分都在容许范围内，则取其平均值；若超过，则再分析一份试样；若分析后的最高值和最低值差异没有大于容许误差两倍，则填报三者的平均值。如果其中的一次或几次显然是由于差错造成的，那么该结果须去除。

3. 修约

各种成分的最后填报结果应保留一位小数。各种成分之和应为100.0%，小于0.05%的微量成分在计算中应除外。如果其和是99.9%或100.1%，那么从最大值（通常是净种子部分）增减0.1%。如果修约值大于0.1%，那么应检查计算有无差错。

4. 结果表示

净度分析的结果应保留1位小数，各种组分的百分率总和必须为100.0%。若一种组分的结果为0，须在适当的空格内用"-0.0-"表示。若其一组分少于0.05%，则填报"微量"。若需将净度结果与规定值相比较，其容许差距可查表。当测定某一类杂质或某一种其他植物种子的重量百分率达到或超过1.0%时，该种类应在结果报告中注明。

（二）有重型混杂物的结果换算

净种子百分率：$P_2 = P_1 \times \dfrac{M-m}{M}$。

其他植物种子百分率：$OS_2 = OS_1 \times \dfrac{M-m}{M} + \dfrac{m_1}{M} \times 100\%$。

杂质百分率：$I_2 = I_1 \times \dfrac{M-m}{M} + \dfrac{m_2}{M} \times 100\%$

式中：M——送验样品的重量（g）；m——重型混杂物的重量（g）；m_1——重型混杂物中的其他植物种子重量（g）；m_2——重型混杂物中的杂质重量（g）；P_1——除去重型混杂物后的净种子重量百分率；I_1——除去重型混杂物后的杂质重量百分率；OS_1——除去重型混杂物后的其他植物种子重量百分率。

最后应有：$(P_2 + I_2 + OS_2) = 100.0\%$。

六、其他植物种子数目测定

在净度分析中,已经列出其他植物种子的重量百分率和种类,为什么还要测定其他植物种子数目？这是因为净度分析的重量百分率表示存在两方面的缺陷：一是重量百分率最多只能表达0.1%,相当于小麦种子中混有3粒以上的其他麦种子,若只有1~2粒种子,则不能表示出来；二是杂草种子大小差异很大,如杂草种子重量百分率为1%,对于田野毛茛而言意味着含800粒种子,对于卷耳而言意味着含有100 000粒种子。因此,为了弥补这一缺陷,引入其他植物种子数目测定这一检测项目。在国际贸易中,其他植物种子数目测定主要用于测定种子批中是否含有有毒或有害的种子。

（一）测定方法

根据送验者的不同要求,其他植物种子数目的测定可采用完全检验、有限检验和简化检验。

1. 完全检验

试验样品不得小于25 000个种子单位的重量或GB/T 3543.2（参见表4-2）所规定的重量。借助于放大镜、筛子和吹风机等器具,按规定逐粒进行分析鉴定,取出试样中所有其他植物种子,并数出每个种的种子数。当发现有的种子不能准确确定所属种时,允许鉴定到属。

2. 有限检验

有限检验的检验方法同完全检验,但只限于从整个试验样品中找出送验者指定的其他植物种的种子。如送验者只要求检验是否存在指定的某些种,则发现一粒或数粒种子即可。

3. 简化检验

如果送验者所指定的种难以鉴定,可采用简化检验。简化检验用规定试验样品重量的五分之一（最少量）对该种进行鉴定。简化检验的方法同完全检验。

（二）结果计算

其他植物种子数的计算公式为：

$$\text{其他植物种子数}(\text{粒/kg}) = \frac{\text{其他植物种子粒数}}{\text{送验样品的重量}(\text{g})} \times 1000$$

（三）核查容许误差

当需要核查同一检验站或不同检验站对同一批种子的两个测定结果之间是否一致时,可查表4-9。核查时,先计算两个测定结果的平均数,再按平均数从表中查出相应的容许误差。

表 4-9　其他植物种子数的容许误差

（5%显著水平的两尾测定）　　　　　　　　　　（粒/kg）

两次测定结果的平均值	容许误差	两次测定结果的平均值	容许误差	两次测定结果的平均值	容许误差
3	5	76~81	25	253~264	45
4	6	82~88	26	265~276	46
5~6	7	89~95	27	277~288	47
7~8	8	96~102	28	289~300	48
9~10	9	103~110	29	301~313	49
11~13	10	111~117	30	314~326	50
14~15	11	118~125	31	327~339	51
16~18	12	126~133	32	340~353	52
19~22	13	134~142	33	354~366	53
23~25	14	143~151	34	367~380	54
26~29	15	152~160	35	381~394	55
30~33	16	161~169	36	395~409	56
34~37	17	170~178	37	410~424	57
38~42	18	179~188	38	425~439	58
43~47	19	189~198	39	440~454	59
48~52	20	199~209	40	455~469	60
53~57	21	210~219	41	470~485	61
58~63	22	220~230	42	486~501	62
64~69	23	231~241	43	502~518	63
70~75	24	242~252	44	519~534	64

七、结果报告

（一）数据记载

种子净度分析过程中，应将数据及时填入记载表（表 4-10、表 4-11）。

表 4-10　净度分析结果记载表

重型混杂物检查：M（送验样品）＝　　　g，m（重型混杂物）＝　　　g，m_1 ＝　　　g，m_2 ＝　　　g

		净种子	其他植物种子	杂质	重量合计	样品原重	重量差值百分率/%
第一份半试样	重量/g						
	百分率/%						
第二份半试样	重量/g						
	百分率/%						
百分率样间差值/%							
平均百分率/%							

表4-11 其他植物种子数测定记载表

其他植物种子测定试样重量_____g	其他植物种子种类和数目							
	名称	粒数	名称	粒数	名称	粒数	名称	粒数
净度半试样Ⅰ中								
净度半试样Ⅱ中								
剩余部分中								
合 计								
折成每千克粒数								

（二）结果报告

种子净度分析的最后结果填入种子净度分析结果报告单（表4-12）。

表4-12 种子净度分析结果报告单

样品编号_____

园艺植物名称：		品种：	
成 分	净种子	其他植物种子	杂 质
百分率/%			
其他植物种子名称及数目或1kg含量（注明学名）			
备 注			

任务4 种子发芽试验

一、试验准备

（一）种子发芽试验的条件

种子的发芽需要适宜的水分、温度、氧气和光照等条件。不同种类的种子由于起源和进化的生态环境不同，对种子发芽所要求的条件也有所差异。

1. 水分

需水量通常以种子吸收水分重量占种子风干重量的百分比来表示。一般含淀粉和脂肪多的种子需水量低，含蛋白质多的种子需水量多。禾谷类作物种子需水量最低，为26%～60%，油料作物种子为40%～50%，豆类作物种子为83%～136%。发芽时所用水应具有良好的水质,基本不含有机杂质或无机杂质,其pH应为6.0~7.5。

2. 温度

温度也是种子发芽的必要条件之一。各种作物种子发芽都有其最低温度、最高温度和最适温度。最低温度和最高温度分别指种子至少有50%能正常发芽的最低、最高温度界限;最适温度是指种子能迅速达到最高发芽百分率所处的温度。温度过低使种子生理作用延缓,温度过高使种子生理活动受到抑制而影响发芽率和产生畸形苗。因此,只有在最适温度下种子才能正常良好地发芽。

3. 氧气

氧气是种子发芽的必需条件。在砂床中应注意通气,用砂床和土壤试验时,覆盖种子的砂或土壤不要紧压。另外,在发芽温度较高时,需要较多的氧气,尤其是大粒种子,更应加强通风换气。

4. 光照

不同作物的种子,发芽时对光的反应不同,大部分农作物种子对光照要求不严格,这些作物种子发芽试验在有光照或黑暗条件下均可。但一般采用光照,因为这样可产生发育良好的幼苗,使鉴定更为容易。

(二) 种子发芽试验的仪器和用品

1. 数种设备

光电自动数粒仪、数种板、活动数种板、真空数种器。

2. 发芽设备

发芽箱、发芽室。

3. 发芽床

(1) 纸床。具有一定的强度,质地好,吸水性强,保水性好,无毒无菌,清洁干净,不含可溶性色素或其他化学物质,pH为6.0~7.5。可以用滤纸、吸水纸等作为纸床。包括纸上(TP)和纸间(BP)。

(2) 砂床。砂粒大小均匀,其直径为0.05~0.80mm,无毒无菌、持水力强,pH为6.0~7.5。使用前必须进行洗涤和高温消毒。化学药品处理过的种子样品发芽所用的砂子,不再重复使用。包括砂上(TS)和砂中(S)。

(3) 土壤。土质疏松良好,无大颗粒,不含种子,无毒无菌,持水力强,pH为6.0~7.5。使用前,必须经过消毒,一般不重复使用。

4. 培养皿

发芽床的介质一般还需用一定的培养皿来安放。培养皿要易清洗和易消毒,一般还需要配有盖。可采用高度为5~10cm的透明聚乙烯盒,其容积可因种子大小而异。

此外,还要准备滤纸或发芽纸、消毒砂、镊子、标签、数种仪(器)等用品。

二、试验实施

种子发芽的目的是测定种子批最大的发芽潜力。据此可以比较不同种子批的质量,也可估测种子的田间播种价值。发芽是在实验室内幼苗出现和生长达到一定阶段,幼苗的主要构造表明在田间适宜条件下能进一步生长成为正常的植株。种子发芽力是指种子在适宜条件下发芽并长成正常植株的能力,通常用发芽势和发芽率表示。种子发芽势是指种子发芽初期正常发芽种子数占供试种子数的百分率。发芽势高,则表示种子活力强,发芽整齐一致。种子发芽率是指在发芽试验终期全部正常发芽种子数占供试种子数的百分率。种子发芽率高,则表示有生活力种子多,播种后出苗数多。

(一) 一般步骤与方法

1. 数取试验样品

从经充分混合的净种子中,用数种设备或手工随机数取400粒。通常以100粒为一次重复,大粒种子或带有病原菌的种子,可以再分为50粒甚至25粒为一副重复。复胚种子单位可视为单粒种子进行试验,不需弄破(分开),但芫荽例外。

2. 选用发芽床

各种作物的适宜发芽床已在表4-2中作了规定。通常小粒种子选用纸床;大粒种子选用砂床或纸间;中粒种子选用纸床、砂床均可。

3. 置床培养

将数取的种子均匀地排在湿润的发芽床上,粒与粒之间应保持一定的距离。在培养器具上贴上标签,按表4-2规定的条件进行培养。发芽期间要经常检查温度、水分和通气状况。如有发霉的种子应取出冲洗,严重发霉的应更换发芽床。

4. 控制发芽条件

(1) 水分和氧气控制。根据发芽床和种子特性决定发芽床的加水量。如砂床,加水为其饱和含水量的60%~80%;如纸床,吸足水分后,沥去多余水即可;如用土壤作发芽床,加水至手握土成团,以手指轻轻一压就碎为宜。发芽期间发芽床必须始终保持湿润。

发芽时应使种子周围有足够的空气,注意通气。尤其是在纸卷和砂床中应注意:纸卷须相当疏松;用砂床和土壤试验时,覆盖种子的砂或土壤不要紧压。

(2) 温度控制。发芽应按规定的温度进行,发芽器、发芽箱、发芽室的温度在发芽期间应尽可能一致。表4-2规定的温度为最高限度,有光照时,应注意不超过此限度。仪器的温度变幅不应超过±1℃。

当规定用变温时,通常应保持低温16h及高温8h。对非休眠的种子,可以在3h内逐渐变温。如是休眠种子,应在1h或更短时间内完成急剧变温或将试验移到另一个温度较低的发芽箱内。

(3) 光照控制。表4-2中大多数种的种子可在光照或黑暗条件下发芽,但一般采用光照。需光种子的光照强度为750~1 250lx,如在变温条件下发芽,光照应为8h,高温时进行。

5. 幼苗鉴定

(1) 试验持续时间。每个种的试验持续时间详见表4-2。试验前或试验间用于破除休眠处理所需的时间不作为发芽试验时间的一部分。

如果样品在规定试验时间内只有几粒种子开始发芽,则试验时间可延长7d,或延长规定时间的一半。根据试验情况,可增加计数的次数。反之,如果在规定试验时间结束前样品已达到最高发芽率,则该试验可提前结束。

（2）鉴定。每株幼苗都必须按规定的标准进行鉴定。鉴定要在主要构造已发育到一定时期进行。根据种的不同，试验中绝大部分幼苗应达到：子叶从种皮中伸出（如莴苣属），初生叶展开（如菜豆属），叶片从胚芽鞘中伸出。尽管一些种如胡萝卜属在试验末期并非所有幼苗的子叶都从种皮中伸出，但至少在末次计数时，可以清楚地看到子叶基部的"颈"。

在计数过程中，发育良好的正常幼苗应从发芽床中拣出，对可疑的或损伤、畸形或不均衡的幼苗，通常到末次计数。严重腐烂的幼苗或发霉的种子应从发芽床中除去，并随时增加计数。

复胚种子单位作为单粒种子计数，试验结果用至少产生一个正常幼苗的种子单位的百分率表示。当送验者提出要求时，也可测定100个种子单位所产生的正常幼苗数，或产生一株、两株及两株以上正常幼苗的种子单位数。

（二）休眠种子处理

当试验结束还存在硬实或新鲜不发芽种子时，可采用表4-2中"破除休眠的建议"中的一种或几种方法进行处理。

1. 破除生理休眠的方法

（1）预先冷冻。试验前，将各重复种子放在湿润的发芽床上，在5℃～10℃进行预冷处理，然后在规定温度下进行发芽。

（2）硝酸处理。用0.1mol/L的硝酸溶液浸种16~24h，然后置床发芽。

（3）硝酸钾处理。硝酸钾处理适用于茄科等许多种子。发芽开始时，发芽床可用0.2%（m/V）的硝酸钾溶液湿润。在试验期间，水分不足时可加水湿润。

（4）赤霉酸（GA_3）处理。茄子用100mg/L的赤霉酸溶液湿润发芽床，芹菜用66~330mg/L，莴苣用20mg/L。

（5）双氧水处理。用浓双氧水处理后，须马上用吸水纸吸去沾在种子上的双氧水，再置床发芽。3%双氧水浸种24h，或29%双氧水处理3h，浸种时多次摇晃、震动，使种子充分吸湿，发挥双氧水的作用。适用于茄子、胡萝卜、菠菜等。

（6）去稃壳处理。菠菜剥去果皮或切破果皮，瓜类嗑开种皮。

（7）加热干燥。将发芽试验的各重复种子放在通气良好的条件下干燥，种子摊成一薄层。各种作物种子加热干燥的温度和时间见表4-13。

表4-13　部分园艺植物种子加热干燥处理的温度和时间

名称	温度/℃	时间/d	名称	温度/℃	时间/d
洋葱、黄瓜、甜瓜、西瓜	30	3~5	向日葵	30	7
胡萝卜、芹菜、菠菜	30	3~5	大豆	30	0.5

2. 破除硬实的方法

（1）开水烫种。适用于棉花和豆类的硬实，发芽试验前将种子用开水烫种2min，再行发芽。

（2）机械损伤。小心地把种皮刺穿、削破、锉伤或用砂皮纸摩擦。豆科硬实可用针直接刺入子叶部分,也可用刀片切去部分子叶。

3. 除去抑制物质的方法

甜菜、菠菜等种子单位的果皮或种皮内有发芽抑制物质时,可把种子浸在温水或流水中预先洗涤,甜菜复胚种子洗涤2h,遗传单胚种子洗涤4h,菠菜种子洗涤1~2h。然后将种子干燥,干燥最高温度不得超过25℃。

(三) 重新试验

当试验出现下列情况时,应重新试验:

(1) 怀疑种子有休眠(即有较多新鲜的不发芽的种子),可采用表4-2或上述的方法进行试验,将得到的最佳结果填报,应注明所用的方法。

(2) 由于真菌或细菌的蔓延而使试验结果不一定可靠时,可采用砂床或土壤进行试验。如有必要,应增加种子之间的距离。

(3) 当正确鉴定幼苗数有困难时,可采用表4-2中规定的一种或几种方法在砂床或土壤上进行重新试验。

(4) 当发现实验条件、幼苗鉴定或计数有差错时,应采用同样方法进行重新试验。

(5) 当100粒种子重复间的差距超过表4-14列出的最大容许差距时,应采用同样的方法重新试验。如果第二次结果与第一次结果相一致,即其差异不超过表4-15所示的容许差距,则将两次试验的平均数填报在结果单上。如果第二次结果与第一次结果不相符合,其差异超过表4-15所示的容许差距,则采用同样的方法进行第三次试验,填报符合要求的结果平均数。

表4-14 同一发芽试验四次重复间的最大容许差距

(2.5%显著水平的两尾测定)

平均发芽率/%		最大容许差距/%
50%以上	50%以下	
99	2	5
98	3	6
97	4	7
96	5	8
95	6	9
93~94	7~8	10
91~92	9~10	11
89~90	11~12	12
87~88	13~14	13
84~86	15~17	14
81~83	18~20	15
78~80	21~23	16
73~77	24~28	17

续表

平均发芽率/%		最大容许差距/%
50%以上	50%以下	
67~72	29~34	18
56~66	35~45	19
51~55	46~50	20

注：本表指明重复之间容许的发芽率最大范围（即最高与最低值之间的差异）允许有 0.025 概率的随机取样偏差。欲找出最大容许范围，需先求出四次重复的平均百分率至最接近的整数，如有必要可以将发芽箱中靠近放置培养的 50 或 25 粒的几个副重复合并成 100 粒的重复。从栏 1 或栏 2 中找到平均值的对应行即可从栏 3 的对应处读出最大容许范围。

表 4-15　同一或不同实验室来自相同或不同送验样品间发芽一致性的容许差距
（2.5%显著水平的两尾测定）

平均发芽率/%	50%以上	98~99	95~97	91~94	85~90	77~84	60~76	51~59
	50%以下	2~3	4~6	7~10	11~16	17~24	25~41	42~50
最大容许差距/%		2	3	4	5	6	7	8

三、结果计算与报告

（一）结果计算

试验结果以粒数的百分率表示。当一个试验的 4 次重复（每个重复以 100 粒计，相邻的重复合并成 100 粒的重复）正常幼苗百分率都在最大容许差距内（表 4-14），则其平均数表示发芽百分率。不正常幼苗、硬实、新鲜不发芽种子和死种子的百分率按四次重复平均数计算。正常幼苗、不正常幼苗和未发芽种子百分率的总和必须为 100，平均数百分率修约到最近似的整数，修约 0.5 进入最大值中。

当 100 粒种子重复间的差距超过表 4-14 规定的最大容许差距而进行重新试验时，若第二次试验的结果与第一次试验的结果之间的差异不超过表 4-15 规定的容许差距，则将两次试验结果的平均数填报在结果单上；若第二次试验结果与第一次试验的结果之间的差异超过规定的容许差距，则采用同样的方法进行第三次试验，然后填报不超过规定误差的两次试验结果的平均数。

（二）结果报告

填报发芽结果时，须填报正常幼苗、不正常幼苗、硬实、新鲜不发芽种子和死种子的百分率（表 4-16）。假如其中任何一项结果为零，则将符号"–0–"填入该格中。

同时还须填报发芽床和温度、试验持续时间和为促进发芽所用的处理方法。

表 4-16 种子发芽试验记载表

试验编号			置床日期				年 月 日										
作物名称			品种名称				重复置床种子数										
发芽前			发芽床				发芽温度				持续时间						
记载日期	记载天数	重 复															
		1					2					3				4	
		正	硬	新	不	死	正	硬	新	不	死	正	硬	新	不	死	正	硬	新	不	死
合计																		

试验结果	正常幼苗	%	附加说明:
	硬实种子	%	
	新鲜不发芽种子	%	
	不正常种子	%	
	死种子	%	
	合 计		

试验人:

任务5 种子真实性和品种纯度鉴定

一、室内检验

鉴定种子真实性是指考查供检品种与文件记录(如标签等)是否相符。品种纯度是指品种在特征、特性方面典型一致的程度,用本品种的种子数占供检样本作物样品种子数的百分率表示。变异株是指一个或多个性状(特征特性)与原品种育成者所描述的性状明显不同的植株。

(一)送验样品的重量

品种纯度测定的送验样品的最小重量应符合表4-17的规定。

表 4-17 品种纯度测定的送验样品重量(g)

种 类	限于实验室测定	田间小区及实验室测定
豌豆属、菜豆属、蚕豆属、玉米属、大豆属及种子大小类似的其他属	1 000	2 000
水稻属、大麦属、燕麦属、小麦属、黑麦属及种子大小类似的其他属	500	1 000
甜菜属及种子大小类似的其他属	250	500
所有其他属	100	250

(二) 室内种子鉴定方法

1. 形态鉴定法

随机从送验样品中数取 400 粒种子,鉴定时须设重复,每个重复不超过 100 粒种子。根据种子的形态特征,必要时可借助扩大镜等进行逐粒观察,必须准备标准样品或鉴定图片和有关资料。大豆种子可根据种子大小、形状、颜色、光泽、光滑度、蜡粉多少及种脐形状、颜色等进行鉴定,葱类可根据种子大小、形状、颜色、表面构造及脐部特征等进行鉴定。

这种方法对差异性较大的品种比较适宜,如蚕豆中的白皮蚕豆和青皮蚕豆,萝卜中的红萝卜和青、白萝卜种,豇豆中的之豇和北京豇等。对差异小的品种,如十字花科、黄瓜的种子,要区分品种就较为困难。

2. 快速测定法

目前国际上通常把化学鉴定和物理鉴定合称为快速鉴定。化学鉴定法主要根据因不同品种皮壳成分和化学物质的差异而造成的化学试剂反应显色的差异来鉴定不同的品种。

例如,十字花科的种子可用碱液(NaOH 或 KOH)来鉴定种子的真实性,具体方法是:取试样两份,每份 100 粒种子,将每粒种子放入直径为 8mm 的小试管中,每管加入 10% 的 NaOH 3 滴,置于 25℃~28℃下 2h,然后取出鉴定浸出液颜色。不同种子浸出液的颜色为:结球甘蓝为樱桃色,花椰菜为樱桃色至玫瑰色,孢子甘蓝、皱叶甘蓝为浓茶色,油菜、芥菜为浅黄色。再如,豆类可用种皮愈创木酚染色法来鉴定品种的纯度,其基本原理是不同豆类品种种皮内过氧化酶的活性不同而使愈创木酚溶液呈现深浅不同的颜色,具体方法是:随机从送验样品中数取 100 粒种子,4 次重复,将每粒种子的种皮剥下,分别放入小试管内,然后注入 1mL 蒸馏水,在 30℃下浸提 1h,再在每支试管中加入 10 滴 0.5% 愈创木酚溶液,10min 后,在每支试管中加入 1 滴 0.1% 过氧化氢溶液,1min 后分别计数试管内种皮浸出液呈现红棕色的种子数与浸出液呈无色的种子数。

3. 幼苗鉴别法

随机从送验样品中数取 400 粒种子,鉴定时须设重复,每重复为 100 粒种子。在培养室或温室中可以用 100 粒种子,重复 2 次。

幼苗鉴定可以通过两个主要途径:一种途径是提供给植株以加速发育的条件(类似于田间小区鉴定,只是所需时间较短),当幼苗达到适宜评价的发育阶段时,对全部或部分幼苗进行鉴定;另一种途径是让植株生长在特殊的逆境条件下,测定不同品种对逆境的不同反应,以此来鉴别不同品种。

大豆:把种子播于砂中(种子间隔 2.5cm×2.5cm,播种深度 2.5cm),在 25℃下培养,24h 光照,每隔 4d 施加 Hoagland 1 号培养液,至幼苗各种特征表现明显时,根据幼苗下胚轴颜色(生长 10~14d)、茸毛颜色(21d)、茸毛在胚轴上着生的角度(21d)、小叶形状(21d)等进行鉴定。

莴苣:将莴苣种子播在砂中(种子间隔 1.0cm×4.0cm,播种深度 1cm),在 25℃ 恒温下培养,每隔 4 天施加 Hoagland 1 号培养液,3 周后(长有 3~4 片叶)根据下胚轴颜色、叶色、叶片卷曲程度和子叶形状等进行鉴别。

甜菜:有些栽培品种可根据幼苗颜色(白色、黄色、暗红色或红色)来区别。将种球播在培养皿湿砂上。置于温室的柔和日光下,经 7d 后,检查幼苗下胚轴的颜色。白色与暗红色幼苗的比例,可在一定程度上表明糖用甜菜及白色饲料甜菜栽培品种的真实性。

(三) 鉴定结果填写

用种子或幼苗鉴定时,品种纯度按以下公式计算:

$$品种纯度(\%) = \frac{供检种子(幼苗数) - 异品种种子(幼苗)数}{供检种子(幼苗)数} \times 100\%$$

对于品种纯度是否达到国家标准种子质量标准或合同、标签的要求,可通过查验表 4-18 进行判断。

表 4-18 品种纯度的容许差距
(5%显著水平的一尾测定)

标准规定值/% 种子纯度/%	样品株数、苗数或种子数							
	50	75	100	150	200	400	600	1000
100	0	0	0	0	0	0	0	0
99	2.3	1.9	1.6	1.3	1.2	0.8	0.7	0.5
98	3.3	2.7	2.3	1.9	1.6	1.2	0.9	0.7
97	4.0	3.3	2.8	2.3	2.0	1.4	1.2	0.9
96	4.6	3.7	3.2	2.6	2.3	1.6	1.3	1.0
95	5.1	4.2	3.6	2.9	2.5	1.8	1.5	1.1
94	5.5	4.5	3.9	3.2	2.8	2.0	1.6	1.2
93	6.0	4.9	4.2	3.4	3.0	2.1	1.7	1.3
92	6.3	5.2	4.5	3.7	3.2	2.2	1.8	1.4
90	7.0	5.7	5.0	4.0	3.5	2.5	2.0	1.6
88	7.6	6.2	5.4	4.4	3.8	2.7	2.2	1.7
86	8.1	6.6	5.7	4.7	4.0	2.9	2.3	1.8
84	8.6	7.0	6.1	4.9	4.3	3.0	2.4	1.9
82	9.0	7.3	6.3	5.2	4.5	3.2	2.6	2.0
80	9.3	7.6	6.6	5.4	4.7	3.3	2.7	2.1

二、田间检验

(一) 选择合适的田间检验时期

种子田在生长季节可以经常检查,至少应在最适宜评价时间对品种真实性和品种纯度重点检查一次。许多作物进行田间检验最适宜的时期是花期或花药开裂前不久,一些作物还需要检查营养器官,而有些作物在充分成熟期观察是必需的。

(二) 田间检验程序

1. 了解情况

了解田块前作的详情,生产者应提供该田块前5年相关生产档案,检查前作间隔是否符合要求。

2. 检查标签

生产者至少保留种子批一个标签或种子田播种使用所有批的标签。生产杂交种子的播种种子应是两个明显差异的基础种子批,必须对父、母本的种子标签进行检查。

3. 检查隔离,评定种子批和种子田总体状况

(1) 检查隔离条件。检查隔离条件是否符合规定要求。

(2) 鉴定品种真实性。检查100个穗或株,确保它与官方描述给定的品种特征、特性一致。检查株数取决于区别特征、特性的复杂性和品种的一致性,对于异花授粉种有必要比自花授粉种检查更多的植株。

(3) 检查种子田状况。检查种子田及四周情况,田块是否播有不同的种子或可能已被污染;检查种子田中其他作物种、杂草种、种传病害与污染花粉源隔离的情况;已经严重倒伏、长满杂草、由于病虫或其他原因导致生长受阻或生长不良的种子田应该淘汰,不能进行品种纯度的鉴定。

4. 详细检查品种纯度

假如种子田标签确认,品种真实性、隔离条件和种子田状况都是符合要求的,检查的最后阶段就是评定品种纯度。

(1) 取样。为了评定品种纯度,必须遵循取样程序,即集中在种子田小范围(即样区)进行详细检查。样区数目和大小应与种子田作物种和生产的类别规定最低品种纯度标准相联系,一般来说,如果规定的不纯度标准为低于$1/N$,样本大小应为$4N$,如对于品种纯度最低标准为99.9%(即不纯度低于$1/1\ 000$),其样本大小应为4 000。样区大小取决于被检种、田块大小,是行播还是撒播,是自交还是异交,以及种子生长的地理位置。尽量采用1m宽、20m长、与播种方向成直角的样区。对于撒播种,有时要减少每一样区的大小,以保证检查总株数不超过统计上对给定品种纯度较好估测的要求。

(2) 分析检查。观察特征、特性明显不同植株,特征、特性包括株高、颜色、形状、成熟度等。也包括观察植株不明显的特征、特性,这只能在植株特定部位进行详细检测才能观察到,如叶形、叶茸、花和种子等。检测特征、特性明显混杂的样区要比不明显的样区大,可以考虑用随机抽取的方法,以尽可能选择较大范围的样区。

(3) 结果计算与表示。为了估计总株数,可以计数1m行长的植株数或穗数,而对于撒播作物,则用$0.5m^2$的株数。

行播每公顷的群体数可以应用下列公式计算:$P = 1\ 000\ 000\ M/W$。式中:P = 每公顷植株总数,M = 1m行长的植株平均数,W = 行宽(米)。

撒播每公顷群体可以应用下列公式计算:$P = 20\ 000 \times N$。式中:P = 每公顷植株数,N = $0.5m^2$的平均株数。N值可以通过多次抽样数样区内$0.5m^2$面积的株数或穗数,取平均值。

计算品种纯度:品种纯度以百分率表示,即1减去样区内所观察到的混杂物总数与本作物总株数之比所得之值。

(三) 田间检验结果报告

田间检验完成后,检验员应填报田间检验报告(表4-19),并签署以下建议:如果田间检验的所有要求如隔离条件、品种纯度等都符合标准的要求,田间检验员建议被检种子田符合要求;如果田间检验的所有要求如隔离条件、品种纯度等有一部分未符合标准的要求,而且通过整改措施(如去杂)可以达到标准要求,田间检验员签署整改建议;如果田间检验的所有要求如隔离条件、品种纯度等有一部分或全部不符合标准的要求,而且通过整改措施仍不能达到标准,如隔离条件不符合要求、严重倒伏等,田间检验员应建议淘汰被检种子田。

表4-19 田间检验报告(样式)

( )字 第 号

繁种单位				地块位置	
作物名称				品种或组合	
繁殖面积/公顷				取样点数	
田间纯度检验	异作物	%	制种田	隔离情况	
	制种田	%		父本杂株率	%
	杂草	%		母本杂株率	%
	病虫感染	%		母本散粉率	%
品种纯度		%		田间检验结果:纯度达( )级	
建议或意见:					
检验单位(盖章):		检验员:		检验员证号: 检验日期: 年 月 日	

三、田间小区种植鉴定

田间小区种植是鉴定品种真实性和测定品种纯度的最为可靠、准确的方法。为了鉴定品种真实性,应在鉴定的各个阶段与标准样品进行比较。标准样品的数量应足够多,以便能持续使用多年,并在低温干燥条件下贮藏,更换时最好从育种家处获取。

(一) 设置对照

在种植鉴定前要收集被鉴定品种的标准样品作对照。对照的标准样品为栽培品种提供全面的、系统的品种特征、特性的现实描述。标准样品应代表品种原有的特征、特性,最好是育种家种子。

(二) 种植管理

为使品种特征、特性充分表现,在试验的设计和布局上,要选择气候环境条件适宜的、土壤均匀、肥力一致、前茬无同类作物和杂草的田块,并有适宜的栽培管理措施。行间及株间应有足够的距离,大株作物可适当增加行株距,必要时可用点播和点栽。试验设计的种植株数要根据国家种子质量标准的要求而定,一般来说,若标准为 $(N-1) \times 100\%/N$,种植株数 $4N$ 即可获得满意结果,如标准规定纯度为 98% ,即 N 为 50,则种植 200 株即可达到要求。

（三）鉴定

检验员应拥有丰富的经验,熟悉被检品种的特征、特性,能正确判别植株属于本品种还是变异株。变异株的变异应是遗传变异,而不是受环境影响所引起的变异。许多种在幼苗期就有可能鉴别出品种真实性和纯度,但成熟期(常规种)、花期(杂交种)和食用器官成熟期(蔬菜种)是品种特征、特性表现时期,必须进行鉴定。

（四）结果

进行田间小区种植鉴定,除鉴定品种纯度外,可能时还应填报所发现的异作物、杂草和其他栽培品种的百分率。

任务6 种子水分测定

一、准备工作

（一）测定前检查

(1) 检查水分测定室和天平室的相对湿度,室内相对湿度低于 70% 方可进行操作。

(2) 检查样品标示是否清楚,密封是否符合要求,样品重量是否达到《农作物种子检验规程》规定的要求。

（二）仪器和用品准备

电热式恒温鼓风干燥箱(电烘箱)、感量为 1/1 000g 的天平、样品盒、温度计、干燥器、干燥剂(变色硅胶)、广口瓶、粉碎机、小毛刷、手套、角匙等。

二、实施测定

按照规定程序计算出种子样品烘干所失去的重量,失去重量占供检样品原始重量的百分率表示种子水分。种子水分按其特性可分为自由水和束缚水。

自由水:存在于种子表面和细胞间隙内,具有一般水的特性,可作为溶剂,沸点 100℃,0℃结冰,容易受外界条件的影响,容易蒸发。因此在种子水分测定前,应防止这种水分的丧失。接收样品接后应立即测定,如当天不能测定,应将样品贮藏于 4℃~5℃ 的冰箱中,不能贮藏在低于0℃的冰箱中。测定过程中要求操作迅速,避免水分蒸发。

束缚水:不能在细胞间隙中自由流动,不易受外界环境条件影响。在水分测定时,必须设法使这种水分全部蒸发出来,这样才能获得准确的结果。例如,国标规定含油脂成分的种子采用105℃低温烘干法,烘干8h;油脂含量低的种子采用130℃高温烘干法,烘干1h。这样就可将束缚水蒸发出来。

种子水分测定的方法有低恒温烘干法、高温烘干法和高水分种子预先烘干法。

(一) 低恒温烘干法

1. 适用作物种类

葱属、花生、芸薹属、辣椒属、大豆、萝卜、芝麻、茄子等作物的种子适用低恒温烘干法。

2. 操作步骤及方法

(1) 把电烘箱的温度调节到110℃~115℃进行预热,之后让其保持在(103±2)℃。

(2) 把样品盒置于(103±2)℃烘箱中约1h,然后放干燥器内冷却至室温,用感量为1/1 000g的天平称重,记下盒号和重量。

(3) 将送验样品充分混匀后,按样品制备要求取出规定重量(15~25g)的样品。把粉碎机调节到要求的细度,将需要磨碎的样品(表4-20)放入粉碎机内进行磨碎,然后将制备好的样品装入容器内密封备用;同时,将剩余的送验样品种子放入密封容器内保存,直至检测结果无异议后方可处理。

表4-20 必须磨碎的种子种类及磨碎程度

农作物种类	磨碎程度
甜菜、苦菜、黑麦、高粱属、小麦属、玉米、燕麦、水稻、	至少有50%的磨碎成分通过0.5mm筛孔的金属丝筛,而留在1.0mm筛孔的金属丝筛上不超过10%
大豆、菜豆属、豌豆、西瓜、巢菜	需要磨碎,至少有50%的磨碎成分通过4.0mm的筛孔
花生、棉属、蓖麻属	磨碎或切成薄片

(4) 称取试样两份(放于预先烘干的样品盒内称重),每份4.5~5.0g,并加盖。

(5) 打开样品盒盖放于盒底,迅速放入电烘箱内(样品盒距温度计水银球2~2.5cm),待5~10min,温度回升至(103±2)℃时,开始计算时间。

(6) (103±2)℃烘干8h后,打开箱门,戴上手套,迅速盖上盒盖(最好在箱内盖好),立即置于干燥器内,冷却30~45min后取出称重,并记录。

(二) 高温烘干法

1. 适用作物

芹菜、石刁柏、甜菜、西瓜、甜瓜属、南瓜属、胡萝卜、莴苣、番茄、首蓿属、菜豆属、豌豆、鸦葱、狗尾草属、菠菜等作物的种子适用高温烘干法。

2. 操作步骤及方法

(1) 烘箱的温度调节到140℃~145℃。

(2)样品盒的准备、样品的磨碎、称取样品等与低恒温烘干法相同。

(3)将送验样品充分混匀后,按样品制备要求取出规定重量(15~25g)的样品。把粉碎机调节到要求的细度,将需要磨碎的样品(表4-20)放入粉碎机内进行磨碎,然后将制备好的样品装入容器内密封备用;同时,将剩余的送验样品种子放入密封容器内保存,直至检测结果无异议后方可处理。

(4)称取试样两份(放于预先烘干的样品盒内称重),每份4.5~5.0g,并加盖。

(5)把放有样品的称量盒的盖子置于盒底,迅速放入烘箱内,此时箱内温度很快下降,待5~10min,温度回升至130℃,开始计算时间。保持130℃(±2℃),烘干1h。

(6)到达时间后取出,将盒盖盖好,迅速放入干燥器内,经15~20min冷却,然后称重,记下结果。

(三)高水分种子预先烘干法

1. 适用情况

需要磨碎的种子,如果超过一定水分,如豆类和油料作物水分超过16%,必须采用预先烘干法。

2. 操作步骤与方法

(1)从高水分种子(水分超过16%)的送验样品中称取(25.00±0.02)g种子(用感量为1/1 000 g的天平称重)。

(2)把整粒种子样品置于8~10cm的样品盒内。

(3)把烘箱温度调节至(103±2)℃,将样品放入箱内预烘30min至1h(油料种子在70℃预烘1h)。

(4)达到规定时间后取出,至室内冷却,然后称重,求出第一次烘失的水分。

(5)将预烘过的种子磨碎,称取试样两份,各为4.5~5.0g。

(6)试样用低恒温烘干法或高温烘干法继续烘干、冷却、称重,求出第二次烘失的水分。

三、结果计算与报告

(一)计算结果

1. 低恒温烘干法和高温烘干法种子水分的计算

根据烘后失去的重量计算种子水分百分率,保留1位小数。若一个样品两次重复之间的差距不超过0.2%,其结果可用两次测定值的算术平均数表示;否则需重新进行两次测定。种子含水量的计算公式如下:

$$种子含水量(\%) = \frac{样品烘前重量 - 样品烘后重量}{样品烘前重量} \times 100\%$$

或:

$$种子含水量(\%) = \frac{样品盒和盖及样品烘前重(g) - 样品盒和盖及样品烘后重(g)}{样品盒和盖及样品烘前重(g) - 样品盒和盖的重量(g)} \times 100\%$$

2. 预先烘干法种子水分的计算

公式如下：

$$种子水分(\%) = S_1 + S_2 - \frac{S_1 \times S_2}{100}$$

式中：S_1 为第一次整粒种子烘后失去的水分(%)；S_2 为第二次磨碎种子烘后失去的水分(%)。

(二) 容许差距

若一个样品两次测定之间的差距不超过 0.2%，其结果可用两次测定值的算术平均数表示；否则，重做两次测定。

(三) 结果报告

将测定过程资料填写在记载表(表 4-21)中。将测定结果填报在检验结果报告单的规定空格中，精确度为 0.1%。按照数值修约有关规定，修约采用四舍六入五乘双法进行，五后不是零的升入，是零的舍去。

表 4-21 种子水分测定记载表

测定方法	品种	样品	盒重/g	试样/g	试样加盒重/g		烘失水分	
					烘前	烘后	重量/g	百分数/%
低恒温烘干法		1						
		2						
		平均						
高温烘干法		1						
		2						
		平均						
高水分种子预先烘干法			整粒样品重量/g	整粒样品烘后重量/g	磨碎试样重量/g	磨碎试样烘后重量/g	水分/%	
		1						
		2						
		平均						

任务7 其他项目检验

其他项目检验主要包括种子的生活力、健康和重量等测定以及包衣种子的检验。

一、种子生活力测定

种子生活力是指种子发芽的潜在能力或胚具有的生命力。用标准发芽试验无法准确测出处于休眠状态的种子发芽能力,且发芽试验需要的时间较长,而种子生活力测定可以在1~2天内测出种子发芽的潜在能力,因此可以作为发芽试验的补充,在种子贸易、调运等时间较为紧迫的情况下应用。生活力测定主要应用于休眠的种子、发芽缓慢的种子或者要求测定发芽潜在能力的种子;也适用于在短期内急需了解种子发芽率或样品在发芽后期尚有较多的休眠种子的情况。

种子生活力的生化测定方法有四唑法、亚甲蓝法、溴麝香草酚蓝法等。但正式列入国际种子检验规程和我国农作物种子检验规程的种子生活力测定方法只有四唑法。

四唑法生活力测定的原理:应用2,3,5-三苯基四氮唑(简称四唑,rITllC)无色溶液作为指示剂,利用这种指示剂被种子活组织吸收后,接受活细胞脱氢酶中的氢而被还原成一种红色的、稳定的、不扩散的和不溶于水的物质的特性,就可根据胚和胚乳组织染色反应来区别有生活力和无生活力的种子。

(一) 仪器和试剂

1. 仪器设备

主要有控温设备(电热恒温箱或发芽箱、冰箱),观察器具(体视显微镜或手持放大镜、光线充足柔和的灯光),容器(棕色定量加液器、不同规格的染色盘),切刺工具(单面刀片、矛状解剖针、小针等),预湿物品(滤纸、吸水纸和毛巾等),天平(感量为0.001g),其他(镊子、吸管等)。

2. 试剂配制

配制0.1%~1.0%(m/V)的四唑溶液(1.0%溶液用于不切开胚的种子染色,而0.1%~0.5%溶液可用于已经切开胚的种子染色),配成的溶液须贮存在黑暗处或在棕色瓶里保存。

如果用蒸馏水配制溶液的pH不在6.5~7.5内,则采用磷酸缓冲液来配制。磷酸缓冲液的配制方法如下:溶液Ⅰ:称取9.078g磷酸二氢钾(KH_2PO_4)溶解于1 000mL蒸馏水中;溶液Ⅱ:称取9.472g磷酸氢二钠(Na_2HPO_4)或11.876g结晶磷酸氢二钠($Na_2HPO_4 \cdot 2H_2O$)溶解于1 000mL的蒸馏水中;取溶液Ⅰ 2份和溶液Ⅱ 3份混合即成缓冲液;在该缓冲液中溶解准确数量的四唑盐类,以获得准确的浓度。如在100mL缓冲液中溶入1g四唑盐类即得1%浓度的溶液。

（二）程序和方法

1. 试验样品的数取

每次至少测定200粒种子,从经净度分析后并充分混合的净种子中,随机数取100粒或少于100粒的若干副重复。如是测定发芽末期休眠种子的生活力,则单用试验末期的休眠种子。

2. 种子的预措预湿

预措是指有些种子在预湿前须先除去种子的外部附属物(包括剥去果壳)和在种子非要害部位弄破种皮,如水稻种子脱去内外稃,刺破硬实等。

为加快充分吸湿,软化种皮,便于样品准备,以提高染色的均匀度,种子在染色前通常要进行预湿。根据种子的不同,预湿的方法有所不同。一种是缓慢润湿,即将种子放在纸上或纸间吸湿,它适用于直接浸在水中容易破裂的种子(如豆科大粒种子),以及许多陈种子和过分干燥种子;另一种是水中浸渍,即将种子完全浸在水中,让其达到充分吸胀,它适用于直接浸入水中而不会造成组织破裂损伤的种子。不同种类种子的具体预湿温度和时间可参见表4-22。

3. 染色前的准备

为了使胚的主要构造和活的营养组织暴露出来,便于四唑溶液快速而充分地渗入和观察鉴定,经软化的种子应进行样品准备。准备方法因种子构造和胚的位置不同而异(表4-22),如禾谷类种子沿胚纵切,伞形科种子近胚纵切,葱属沿种子扁平面纵切。西瓜等种子预湿后表面有黏液,可采用种子表面干燥法使其干燥或把种子夹在布或纸间揩擦清除掉。

4. 染色

将已准备好的种子样品放入染色盘中,加入适宜浓度的四唑溶液以完全淹没种子,移置于一定温度的黑暗控温设备内或弱光下进行染色反应。所用染色时间因四唑溶液浓度、温度、种子种类、样品准备方法等因素的不同而有差异。一般来说,四唑溶液浓度高,染色快;温度高,染色时间短,但最高不超过45℃。到达规定时间或染色已很明显时,倒去四唑溶液,用清水冲洗。

5. 鉴定前处理

为便于观察鉴定和计数,应将已染色的种子样品加以适当处理,使胚的主要构造和活的营养组织明显暴露出来,如一些豆类沿胚中轴纵切,瓜类剥去种皮和内膜等。不同种类种子的处理方法详见表4-22。

6. 观察鉴定

大中粒种子可直接用肉眼或手持放大镜进行观察鉴定,对小粒种子最好用10～100倍体视显微镜进行观察。

观察鉴定时,确定种子是否具有生活力,必须根据胚的主要构造和有关活营养组织的染色情况进行正确的判断。一般的鉴定原则是:凡胚的主要构造或有关活营养组织(如葱属、伞形科和茄科等种子的胚乳)全部染成有光泽的鲜红色或染色最大面积大于表4-22的规定,且组织状态正常,为正常有生活力的种子;否则为无生活力的种子。根据种类的不同,具体鉴定标准详见表4-22。

依据鉴定标准,将各部分分开和计数。

表 4-22　农作物种子四唑染色技术规定（园艺植物部分）

种（变种）名	预湿方式	预湿时间	染色前的准备	溶液浓度/%	35℃染色时间/h	鉴定前的处理	有生活力种子允许不染色、较弱或坏死的最大面积	备注
菜豆、豌豆、绿豆、花生、大豆、豇豆、扁豆、蚕豆	纸间	6~8h	无须准备	1.0	3~4	切开或除去种皮，剥开子叶，露出胚芽	a. 胚根顶端不染色，花生为三分之一，蚕豆为三分之一，其他种为二分之一。 b. 子叶顶端不染色，花生为四分之一，蚕豆为三分之一，其他为二分之一。 c. 除蚕豆外，胚芽顶部不染色为四分之一	
南瓜、丝瓜、黄瓜、西瓜、冬瓜、苦瓜、甜瓜、瓠瓜	纸间或水中	在20℃~30℃水中浸6~8h或纸间24h	a. 纵切三分之一种子 b. 剥去种皮 c. 西瓜种子用干燥布或纸揩擦，除表面黏液	1.0	2~3（甜瓜1~2）	除去种皮和内膜	a. 胚根顶端不染色为三分之一 b. 子叶顶端不染色为三分之一	
白菜型油菜、不结球白菜、结球白菜、甘蓝型油菜、甘蓝、花椰菜、萝卜、芥菜	纸间或水中	30℃温水中浸4h或纸间5~6h	a. 剥去种皮 b. 切除部分种皮	1.0	2~4	a. 纵切种子，使胚中轴露出 b. 切除部分种皮，使胚中轴露出	a. 胚根顶端三分之一不染色 b. 子叶顶端有部分坏死	
葱属（洋葱、韭葱、韭葱、细香葱）	纸间	12h	a. 沿扁平面纵切，基部相连 b. 切去子叶两端，但不损伤胚根皮子叶	0.2	0.5~1.5	a. 撕开切口，露出胚 b. 切除一薄层胚乳，使胚露出	a. 种皮和胚乳完全染色 b. 不与胚相连的胚乳有少量不染色	

续表

种(变种)名	预湿方式	预湿时间	染色前的准备	溶液浓度/%	35℃染色时间/h	鉴定前的处理	有生活力种子允许不染色、较弱或坏死的最大面积	备注
辣椒、甜椒茄子、番茄	纸间或水中	在20℃~30℃水中浸3~4h,或纸间12h	a. 在种子中心刺破种皮和胚乳 b. 切去种子末端,包括一小部分子叶	0.2	0.5~1.5	a. 撕开胚乳,使胚露出 b. 纵切种子,使胚和胚乳露出	胚和胚乳全部染色	
莞荽、芹菜、胡萝卜、茴香	水中	在20℃~30℃水中浸3h	a. 纵切种子一半,并撕开胚乳,使胚露出 b. 切去种子末端四分之一或三分之一	0.1~0.5	6~24	a. 进一步撕开切口,使胚露出 b. 纵切种子,露出胚和胚乳	胚和胚乳全部染色	
莴苣、茼蒿	水中	在30℃水中浸2~4h	a. 纵切种子上半部(非胚根端) b. 切去种子末端包括一部分子叶	0.2	2~3	a. 切除种皮子叶,使胚露出 b. 纵切开种子末端挤压,轻轻露出胚	a. 胚根顶端三分之一不染色 b. 子叶顶端三分之一表面不染色,或三分之一弥漫不染色	
甜菜	水中	18h	a. 除去盖着胚的帽状物 b. 沿胚与胚乳之界剥开	0.1~0.5		扯开切口,使胚露出		
菠菜	水中	3~4h	a. 在胚与胚乳之边界剥破种皮 b. 在胚根与子叶之间横切	0.5~1.5		a. 纵切种子,使胚露出 b. 瓣开切口,使胚露出		

(三) 结果报告

计算各个重复中有生活力的种子数,重复间最大容许差距不得超过表4-23的规定,平均百分率计算到最近似的整数。

在种子检验结果报告单(表4-1)"其他测定项目"栏中要填报"四唑测定有生活力的种子百分率"。对豆类和蕹菜等需增填"试验中发现的硬实百分率",硬实百分率应包括在所填报有生活力种子的百分率中。

表4-23 生活力测定重复间的最大容许差距

平均生活力百分率/%		重复间容许的最大差距		
1	2	4次重复	3次重复	2次重复
99	2	5	—	—
98	3	6	5	—
97	4	7	6	6
96	5	8	7	6
95	6	9	8	7
93~94	7~8	10	9	8
91~92	9~10	11	10	9
90	11	12	11	9
89	12	12	11	10
88	13	13	12	10
87	14	13	12	11
84~86	15~17	14	13	11
81~83	18~20	15	14	12
78~80	21~23	16	15	13
76~77	24~25	17	16	13
73~75	26~28	17	16	14
71~72	29~30	18	16	14
69~70	31~32	18	17	14
67~68	33~34	19	17	15
64~66	35~37	19	17	15
56~63	38~45	19	18	15
55	46	20	18	15
51~54	47~50	20	18	16

二、种子健康测定

种子健康测定主要是对种子病害和虫害进行检验。所涉及的病害是指在其侵染循环中某阶段和种子联系在一起,并由种子传播的一类植物病害;种子虫害则是指种子田间生长和贮藏期间感染和危害种子的害虫。通过种子样品的健康测定,可推知种子批的健康状况,从而比较不同种子批的使用价值,同时可采取措施,弥补发芽试验的不足。根据送验者的要求,测定样品是否存在病原体、害虫,尽可能选用适宜的方法,估计受感染的种子数。已经处理过的种子批,应要求送验者说明处理方式和所用的化学药品。

(一)仪器设备

显微镜(60倍双目显微镜)、培养箱、近紫外灯、冷冻冰箱、高压消毒锅、培养皿等。

(二)程序和方法

1. 未经培养的检验

(1)直接检查。适用于较大的病原体或杂质外表有明显症状的病害。必要时,可应用双目显微镜对试样进行检查,取出病原体或病粒,称其重量或计算其粒数。

(2)吸胀种子检查。为使子实体、病症或害虫更容易被观察到或促进孢子释放,把试验样品浸入水中或其他液体中,种子吸胀后检查其表面或内部,最好用双目显微镜。

(3)洗涤检查。用于检查附着在种子表面的病菌孢子或颖壳上的病原线虫。分取样品两份,每份5g,分别倒入100mL三角瓶内,加无菌水10mL,如使病原体洗涤更彻底,可加入0.1%润滑剂(如磺化二羧酸酯),置振荡机上振荡,光滑种子振荡5min,粗糙种子振荡10min。将洗涤液移入离心管内,离心3~5min。用吸管吸去上清液,留1mL的沉淀部分,稍加振荡。用干净的细玻璃棒将悬浮液分别滴于5片载玻片上。盖上盖玻片,用400~500倍的显微镜检查,每片检查10个视野,并计算每个视野平均孢子数。病菌孢子负荷量可按下式计算:

$$N = \frac{n_1 \times n_2 \times n_3}{n_4}$$

式中:N——1g种子的孢子负荷量;n_1——每个视野平均孢子数;n_2——盖玻片面积上的视野数;n_3——1mL水的滴数;n_4——供试样品的重量。

(4)剖粒检查。取试样5~10g(中粒种子5g,大粒种子10g),用刀剖开或切开种子的被害或可疑部分,检查害虫。

(5)染色检查。如用碘或碘化钾染色法可以检验豌豆象。具体做法:取试样50g,除去杂质,放入铜丝网中或用纱布包好,浸入1%碘化钾或2%碘酒溶液中1~1.5min。取出放入0.5%的氢氧化钠溶液中,浸30s,取出用清水洗涤15~20s,立即检验,如豆粒表面有1~2mm直径的圆斑点,即为豆象感染。最后计算害虫含量。

(6)比重检验法。取试样100g,除去杂质,倒入食盐饱和溶液中(食盐35.9g溶于1000mL水中),搅拌10~15min,静置1~2min,将悬浮在上层的种子取出,结合剖粒检验,计算害虫含量。

（7）软 X 射线检验。用于检查种子内隐匿的虫害，通过照片或直接从荧光屏上观察。

2. 培养后的检查

试验样品经过一定时间的培养后，检查种子内、外部和幼苗上是否存在病原菌或其症状。常用的方法有三类：

（1）吸水纸法。吸水纸法适用于许多类型种子的种传真菌病害的检验，尤其是对于许多半知菌，有利于检验分生孢子的形成和致病真菌在幼苗上的症状的发展。

如检验十字花科的黑胫病（即甘蓝黑腐病）：取试样 1 000 粒种子，每个培养皿垫入三层滤纸，加入 5mL 0.2%（m/V）的 2,4-二氯苯氧基乙酸钠盐（2,4-D）溶液，以抑制种子发芽；沥去多余的 2,4-D 溶液，用无菌水洗涤种子后，每个培养皿播 50 粒种子；在 20℃ 条件下，在 12h 光照和 12h 黑暗交替周期下培养 11d；经 6d 后，在 25 倍放大镜下，检查长在种子和培养基上的甘蓝黑腐病松散生长的银白色菌丝和分生孢子器原基；经 11d 后，第二次检查感染种子及其周围的孢子器分生；记录已长有的甘蓝黑腐病分生孢子器的感染种子。

（2）砂床法。适用于某些病原体的检验。用砂前应去掉砂中杂质并通过 1mm 孔径的筛子。将砂粒清洗，高温烘干消毒后，放入培养皿内加水湿润，种子排列在砂床内，然后密闭保持温度，培养温度与纸床相同，待幼苗顶到培养皿盖时（经 7～10d）进行检查。

（3）琼脂皿法。主要用于检验发育较慢的致病真菌潜伏在种子内部的病原，也可用于检验种子外表的病原菌。

如检验豌豆褐斑病：先数取试样 400 粒，经 1%（m/m）的次氯酸钠消毒 10min 后，用无菌水洗涤；在麦芽或马铃薯葡萄糖琼脂的培养基上，每个培养皿播 10 粒种子于琼脂表面，在 20℃ 黑暗条件下培养 7d；用肉眼检查每粒种子外部盖满的大量白色菌丝体；对有怀疑的菌落可放在 25 倍放大镜下观察，根据菌落边缘的波状菌丝来确定褐斑病。

3. 其他方法

测定样品中是否存在细菌、真菌或病毒等，可用生长植株进行检查，也可在供检的样品中取出种子进行播种，或从样品中取得接种体，以对健康幼苗或植株的一部分进行感染试验。应注意防止植株从其他途径传播感染，并控制各种条件。

（三）结果表示与报告

以供检的样品中感染种子数的百分率或病原体数目来表示结果。

填报结果要填报病原菌的学名，同时说明所用的测定方法，包括所用的预措方法，并说明用于检查的样品的数量。

三、种子重量测定

种子重量常用千粒重来表示。千粒重是指符合国家种子质量标准规定水分含量的 1 000 粒种子的重量，以克为单位。

(一)仪器设备

数粒仪或供发芽试验用的数种设备,感量为0.1g、0.01g的天平各一台。

(二)程序方法

1. 试验样品

将净度分析后的全部净种子均匀混合,分出一部分作为试验样品。

2. 测定方法

可从下列方法中任选一个进行测定。

(1)百粒法。用手或数种器从试验样品中随机数取8个重复,每个重复100粒,分别称重(g),小数位数与GB/T 3543.3的规定相同。

计算8个重复的平均重量、标准差及变异系数。标准差和变异系数按下式计算:

$$标准差(S) = \sqrt{\frac{(n\sum X^2 - (\sum X)^2)}{n(n-1)}}$$

式中:X——各重复重量(g);n——重复次数。

$$变异系数 = \frac{S}{X} \times 100$$

式中:S——标准差;X——100粒种子的平均重量(g)。

如带有稃壳的禾本科种子[见GB/T 3543.3附录B(补充件)]变异系数不超过6.0,或其他种类种子的变异系数不超过4.0,则可计算测定的结果。如变异系数超过上述限度,则应再测定8个重复,并计算16个重复的标准差。凡与平均数之差超过两倍标准差的重复略去不计。

(2)千粒法。用手或数粒仪从试验样品中随机数取两个重复,大粒种子数500粒,中小粒种子数1 000粒,各重复称重(g),小数位数与GB/T 3543.3的规定相同。

两份的差数与平均数之比不应超过5%,若超过应再分析第三份重复,直至达到要求,取差距小的两份计算测定结果。

(3)全量法。将整个试验样品通过数粒仪,记下计数器上所示的种子数。计数后将试验样品称重(g),小数位数与GB/T 3543.3的规定相同。

(三)结果报告

如果是用全量法测定的,则将整个试验样品重量换算成1 000粒种子的重量。

如果是用百粒法测定的,则将8个或8个以上的每个重复100粒的平均重量(X)换算成1 000粒种子的平均重量(即$10 \times X$)。

根据实测千粒重和实测水分,按GB 4404至GB 4409和GB 8079至GB 8080种子质量标准规定的种子水分含量,折算成规定水分的千粒重。计算方法如下:

$$千粒重(规定水分,g) = \frac{实测千粒重(g) \times [1-实测水分(\%)]}{1-规定水分(\%)}$$

其结果按测定时所用的小数位数表示。

在种子检验结果报告单的其他测定项目栏中,填报结果。

四、包衣种子检验

包衣种子是泛指采用某种方法将其他非种子材料包裹在种子外面的各种经过处理的种子,包括丸化种子、包膜种子、种子带和种子毯等。在按 GB/T 3543.2 至 GB/T 3543.6 所规定的方法测定的时候,必须考虑到种子包衣的特殊性。

(一)包衣种子扦样

除下列规定外,其他应符合 GB/T 3543.2 的规定。

1. 种子批的大小

如果种子批无异质性,种子批的最大重量可与 GB/T3543.2 中所规定的最大重量相同,种子批重量(包括各种丸衣材料或薄膜)不得超过 42 000kg(即40 000kg再加上 5% 的容许差距)。种子粒数最大为 1×10^9 粒(即 10 000 个单位,每单位为 100 000 粒种子)。以单位粒数划分种子批大小的,应注明种子批重量。

2. 送验样品的大小

送验样品不得少于表 4-24 和表 4-25 所规定的丸粒数或种子粒数。种子带按 GB/T 3543.2 所规定的方法随机扦取若干包或剪取若干片断。如果成卷的种子带所含种子达到 2×10^6 粒,就可组合成一个基本单位(即视为一个容器)。如果样品较少,应在报告上注明。

3. 送验样品的取得

由于包衣种子送验样品所含的种子数比无包衣种子的相同样品要少一些,所以在扦样时必须特别注意所扦的样品能保证代表种子批。在扦样、处理及运输过程中,必须注意避免包衣材料的脱落,并且必须将样品装在适当容器内寄送。

4. 试验样品的分取

试验样品不应少于表 4-24 和表 4-25 所规定的丸化粒数或种子数。如果样品较少,则应在报告上注明。

丸化种子可用 GB/T 3543.2 所述的分样器进行分样,但种子距离落下处绝不能超过 250mm。

表 4-24　包衣种子样品大小

测定项目		送验样品粒数不得少于	试验样品粒数不得少于
净度分析		7 500	2 500
重量测定		7 500	净丸化种子
发芽试验		7 500	400
其他植物种子数目测定	丸化种子	10 000	7 500
	包膜种子	25 000	25 000
大小分级		10 000	2 000

表 4-25 种子带的样品大小

测定项目	送验样品粒数不得少于	试验样品粒数不得少于
种的鉴定	2 500	100
发芽试验	2 500	400
净度分析	2 500	2 500
其他植物种子数目测定	10 000	7 500

（二）包衣种子净度分析

严格地说，丸化种子和种子带内的种子的净度分析并不是规定要做的。如送验者提出要求，可用脱去丸衣的种子或从带中取出种子进行净度分析。

1. 试验样品

丸化种子的净度分析应按 GB/T 3543.2 的规定从送验样品中分取试验样品，其大小已在前面作了规定。净度分析可用该规定丸化粒数的一个试验样品或这一重量一半的两个半试样。试样或半试样称重，以克表示，小数位数应达到 GB/T 3543.3 规定的要求。

2. 脱去丸化物

可将试样不超过 2 500 粒放入细孔筛里浸在水中振荡，以除去丸化物。所用筛孔建议上层筛用 1.00mm，下层筛用 0.5mm。丸化物质散布在水中，然后将种子放在滤纸上干燥过夜，再放在干燥箱中干燥。

3. 分离三种成分

将丸化种子的试验样品称重后按净丸化种子、未丸化种子及杂质分为三种成分，并分别测定各种成分的重量百分率。

（1）净丸化种子。应包括：含有或不含有种子的完整丸化粒；丸化物质面积表面覆盖占种子表面一半以上的破损丸化粒，但明显不是送验者所述的植物种子或不含有种子的除外。

（2）未丸化种子。应包括：任何植物种的未丸化种子；可以看出其中含有一粒非送验者所述的破损丸化种子；可以看出其中含有送验者所述种子，而它又未归入净丸化种子中的破损丸化种子。

（3）杂质。应包括：脱下的丸化物质；明显没有种子的丸化碎块；按 GB/T 3543.3 规定作为杂质的任何其他物质。

4. 种的鉴定

尽可能鉴定所有其他植物种子所属的种和每种杂质。如需填报，则以测定重量百分率表示。

为了核实丸化种子中所含种子确实是属于送验者所述的种子，必须从经净度分析的净丸化部分中或从剥离（或溶化）种子带中取出 100 颗，除去丸化物质，然后测定每粒种子所属的植物种。丸化物质可冲洗掉或在干燥情况下除去。

5. 其他植物种子的数目测定

其他植物种子数目测定的试验样品不应少于表 4-24 和表 4-25 所规定的数量，试验样品应分为两个半试样。按上述方法除去丸化物质,但不一定要干燥。须从半试样中找出所有其他植物种子或按送验者要求找出某个所述种的种子。

6. 结果的计算和表示

应符合 GB/T 3543.3 的规定。

(三) 包衣种子发芽率

发芽试验须用经净度测定后的净丸化种子进行,须将净丸种子充分混合,随机数取 400 粒丸化种子,每个重复 100 粒。

发芽床、温度、光照条件和特殊处理应符合 GB/T 3543.4 的规定。纸、砂可作为发芽床,有时也可用土壤。建议丸化种子用皱褶纸,尤其是发芽结果不能令人满意时,用纸间的方法可获得满意结果。

有新鲜不发芽种子时,可采用 GB/T 3543.4 关于破除生理休眠的方法进行处理。

根据丸化材料和种子种类的不同,供给不同的水分。如果丸化材料黏附在子叶上,可在计数时用水小心喷洗幼苗。

试验时间可能比 GB/T 3543.4 所规定的时间要长。但发芽缓慢可能表明试验条件不是最适宜的,因此需做一个脱去包衣材料的种子发芽试验作为核对。

正常幼苗与不正常幼苗的鉴定标准仍按 GB/T 3543.4 的规定进行,一颗丸化种子,如果至少能产生送验者所叙述种的一株正常幼苗,即认为是具有发芽力的。如果不是送验者所叙述的种,即使长成正常幼苗也不能包括在发芽率内。

幼苗的异常情况可能由丸化物质所引起,当发生怀疑时,用土壤进行重新试验。

复粒种子构造可能在丸化种子中发生,或者在一颗丸化种子中发现一粒以上种子。在这种情况下,应把这些颗粒作为单粒种子试验。试验结果按一个构造或丸化种子至少产生一株正常幼苗的百分率表示。对产生两株或两株以上正常幼苗的丸化种子要分别计数其颗数。

结果计算与报告按 GB/T 3543.4 的规定。

(四) 丸化种子的重量测定和大小分级

重量测定按其他项目检验中所规定的程序进行。

对甜菜的丸化种子大小分级测定:所需送验样品至少 250g,分取两个试样各约 50g(不少于 45 g,不大于 55g),然后对每个试样进行筛理。其圆孔筛的设置是:筛孔直径比关于种子大小的规定下限值小 0.25mm 的筛子一只;在种子大小范围内以相差 0.25mm 为等分的筛子若干个;比种子大小的规定上限大 0.25mm 的筛子一只。将筛下的各部分称重,保留两位小数。各部分的重量以占总重量的百分率表示,保留一位小数。两份试样之间的容许差距不得超过 1.5%,否则再分析一份试样。

项目小结

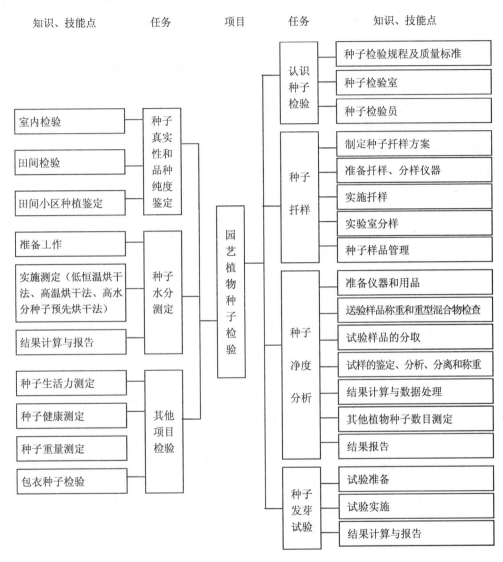

种子检验由七个系列标准构成,内容包括扦样、检测和结果报告三大部分。首先要学会根据不同种子批进行正确扦样,只有扦取有代表性的种子,所检测项目才有准确性。种子净度、水分、发芽率和纯度是种子检验的四项主要指标,因此要重点熟悉这些技术规程,同时要熟练掌握这些操作技能。

净度分析时要掌握净种子、其他植物种子和杂质的区分标准,一般多采用两份半试样的方法进行,混有重型物时要进行换算。

水分测定一般有三种方法:高温烘干法、低恒温烘干法、高水分种子预先烘干法。注意各自的温度和所需烘干的时间,针对不同种类的种子选择合适的测定方法,运用公式来计算出种子批的准确含水量。

发芽试验技术规程中对各栽培植物初始时间(发芽势)和末次计数时间(发芽率)做了规定,多数作物为4d和8d;发芽试验可以采用恒温和变温培养两种,应注意控制好发芽期间的温度:耐寒作物一般在20℃,喜温作物一般在25℃或30℃,多数蔬菜为20℃或25℃。标准发芽试验规定的发芽床为纸床和砂床;要做好发芽期间的记录工作,准确区分正常幼苗和不正常幼苗。

鉴定种子真实性涉及鉴定种子样品的真假问题,鉴定品种纯度涉及鉴定品种一致性程度高低的问题,用本品种的种子数占供检种子数的百分率来表示。种子真实性鉴定和品种纯度鉴定一般都在田间进行,也可在实验室以快速鉴定作为补充鉴定。

种子生活力、健康、重量以及包衣种子检验虽然不是必检项目,但也是种子检验的重要组成部分,在种子生产经营中也有重要价值。

 复习思考

1. 简述种子检验的一般程序。
2. 简述种子质量的主要内容。
3. 种子检验员包括哪三类?职责上是如何分工的?
4. 简述种子检验的主要内容。
5. 简述破除种子休眠的方法。
6. 简述破除硬实种子的方法。
7. 在进行发芽试验时,如何鉴定正常幼苗和不正常幼苗?
8. 发芽试验出现哪些情况时要进行重新试验?
9. 简述田间检验的主要内容。
10. 简述种子纯度鉴定的实验室鉴定方法。
11. 对某批小麦种子1 000g送验样品净度分析的数据如下:重型杂质3.5g,重型其他植物种子2.0g,试样120.1g,净种子118.1g,杂质1.2g,其他植物种子0.7g。试计算各成分的百分率。

项目5 园艺植物种子加工与贮藏

教学目标

知识目标：了解种子加工的目的和意义，熟悉种子加工的整套工艺流程；掌握种子清选、精选、干燥、包衣和包装的原理和方法；了解贮藏期间种子的生命活动变化，掌握种子贮藏期间的管理技术；了解主要园艺植物种子的贮藏方法。

能力目标：能根据园艺植物种子的特性和加工要求对种子进行加工处理；能根据种子的特性选择正确的储藏方法，并对种子进行储藏和管理。

素质目标：具有实事求是的科学态度和良好的职业道德；有不断提高专业技能的进取心和毅力；具有良好的团队精神；具有较强的安全保护意识；有强烈的服务意识。

项目任务

1. 了解园艺植物种子加工。
2. 园艺植物种子清选、精选。
3. 园艺植物种子干燥。
4. 园艺植物种子包衣。
5. 园艺植物种子包装。
6. 园艺植物种子贮藏。

种子加工是指从收获到播种前对种子所采取的各种处理，包括种子清选、干燥、精选分级、包衣、定量或定数包装等程序，即把新收获的种子加工成商品种子的工艺过程。进行种子加工，能够提高种子净度、发芽力、品种纯度、生活力，降低种子水分，提高种子耐藏性、抗逆性、使用价值和商品特性。

种子贮藏是指根据种子的遗传特性，将种子存放在安全的环境中，防止种子发热霉变和虫蛀，保持种子的生活力、纯度和净度，延长种子的使用年限，保证种子具有较高的品种品质和播种品质，以满足生产对种子数量和质量的需求。

任务1 了解园艺植物种子加工

一、园艺植物种子加工的作用及流程

(一) 园艺植物种子加工的作用

种子加工是指从收获到播种前对种子所采取的各种处理,包括种子清选、干燥、精选分级、包衣、定量或定数包装等加工程序。

实现种子机械化加工,除了能够使种子颗粒均匀、净度和千粒质量(重)提高、病虫害少、发芽整齐健壮,最后达到增产增收外,还有以下优点:

(1) 减轻劳动强度,提高劳动效率。人工选种不仅劳动强度大,而且效率低,而机械化加工处理种子,不但比人工提高效率几十倍,而且加工质量稳定。

(2) 有利于种子的贮运和运输。种子经机械加工以后,可以更好地减少病粒和有生命的杂质,更多地提高质量,加大贮存期限。而净度高、包装封闭好,能够减少长途运输引起的品种混杂、变质和损耗。

(3) 增加了后续工作的方便性,有利于种子包衣、丸粒化与精密点播。

(4) 增加了种子在市场上的销售竞争能力。

(5) 种子机械包衣处理,不仅有利于保苗、壮苗,而且可避免人工接触农药,提高了安全性,有利于环保和园艺生产的可持续发展。

(二) 园艺植物种子加工的流程

种子的加工流程应根据种子的种类、种子中夹杂物的性质、气候条件、加工场规模以及要求达到的种子质量标准等确定,一般流程如图5-1所示。

不同类型种子有不同的特点,加工流程也有区别:

十字花科蔬菜种子:整株采收—晾晒—人工脱粒—预清选—风选—磁力精选—振动精选—包装。

茄果类蔬菜种子:果实采收—后熟—发酵—脱粒—清洗—消毒—脱水—干燥—风选—筛选—色选—包衣—包装。

葫芦科植物种子:果实采收—后熟—发酵—漂洗—消毒—晾晒—风选—筛选—包衣—包装。

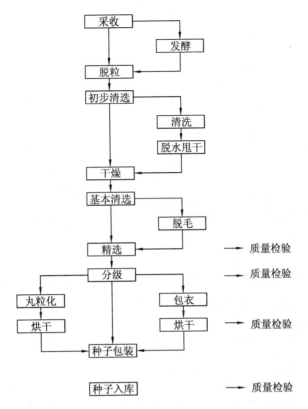

图 5-1　园艺植物种子加工流程

二、种子加工场

（一）种子加工场的设置

根据种子加工流程和要求，种子加工场应选择在干燥、安全、带有防虫门窗的密闭空间内。加工场内的机械应合理放置，并留有操作空间和种子堆放空间。

（二）种子加工设备配置

种子发酵设备，种子消毒设备，种子晾晒设备，种子清洗及脱水设备，种子清选机，种子精选分级机，种子烘干设备，种子包衣设备，种子包装设备。

（三）种子加工员配置

根据《种子法》以及《农作物种子生产经营许可管理办法》等相关配套办法的规定，申请杂交稻、杂交玉米种子及其亲本种子以外的应当加工、包装的农作物种子经营许可证，应当有专职的种子加工技术人员3名以上。实行选育、生产、经营相结合，注册资本达到1亿元以上的公司，申请种子经营许可证的，应当有专职的种子加工技术人员5名以上。

三、种子加工员

种子加工员是指对农作物种子从收获后到播种前进行预处理、干燥、清选分级、包衣计量等加工处理的人员。农作物种子加工员的国家职业标准共设五个等级，分别为初级(国家职业资格五级)、中级(国家职业资格四级)、高级(国家职业资格三级)、技师(国家职业资格二级)、高级技师(国家职业资格一级)。

(一) 作为种子加工员应具备的条件

1. 初级(具备以下条件之一者)
(1) 经本职业初级正规培训达规定标准学时数，并取得结业证书。
(2) 在本职业连续工作1年以上。

2. 中级(具备以下条件之一者)
(1) 取得本职业初级职业资格证书后，连续从事本职业工作2年以上，经本职业中级正规培训达规定标准学时数，并取得结业证书。
(2) 连续从事本职业工作5年以上。
(3) 取得经劳动保障行政部门审核认定的，以中级技能为培养目标的中等以上职业学校相关职业(专业)毕业证书。

3. 高级(具备以下条件之一者)
(1) 取得本职业中级职业资格证书后，连续从事本职业工作2年以上，经职业高级正规培训达规定标准学时数，并取得结业证书。
(2) 取得本职业中级职业资格证书后，连续从事本职业工作3年以上。
(3) 大专以上本专业或相关专业毕业生，取得本职业中级职业资格证书后，连续从事本职业工作2年以上。

4. 技师(具备以下条件之一者)
(1) 取得本职业高级职业资格证书后，连续从事本职业工作5年以上，经本职业技师正规培训达规定标准学时数，并取得结业证书。
(2) 大专以上本专业或相关专业毕业生，取得本职业高级职业资格证书后，连续从事本职业工作3年以上。

5. 高级技师(具备以下条件之一者)
(1) 取得本职业技师职业资格证书后，连续从事本职业工作3年以上，经本职业高级技师正规培训达规定标准学时数，并取得结业证书。
(2) 大专以上本专业或相关专业毕业生，取得本职业高级职业资格证书后，连续从事本职业工作5年以上。

(二) 种子加工员应具备的知识和技能

种子加工员通过考核并获取职业资格后方能上岗。考核内容包括职业道德、专业知识、安全生产知识、相关法律、法规知识以及相关专业技能。

1. 知识要求

(1) 专业知识。包括农作物种子相关知识,农作物种子加工原理及有关设备的基本知识,农作物种子加工工艺流程基本知识等。

(2) 安全生产知识。包括安全用电知识,安全操作机械常识,安全防火知识,急救常识等。

(3) 相关法律、法规知识。包括《中华人民共和国农业法》相关知识,《中华人民共和国种子法》及相关条例、规章的知识,产品质量、计量、合同等相关法律、法规知识等。

2. 技能要求

种子加工员应具备的技能要求见表 5-1,表 5-2,表 5-3,表 5-4,表 5-5。

表 5-1 种子加工员技能要求(初级)

职业功能	工作内容	技能要求	相关知识
预处理	脱粒	能操作玉米种子脱粒机进行脱粒作业	玉米种子脱粒机的结构、原理及使用方法
	预清选	能操作风筛式预清机进行清选作业	风筛式预清机的使用、保养和保管知识
干燥	测定种子含水率	能用仪器测定种子含水率	主要农作物种子含水率测定方法
	干燥作业	1. 能用固定床(堆放)式干燥设备,干燥小麦、水稻和玉米种子 2. 能清除机具中残留的种子	1. 固定床式种子干燥设备主要原理、结构及使用方法 2. 种子干燥基本知识
清选分级	清选	1. 能操作风筛式清选机和比重式清选机 2. 能更换风筛式清选机筛片和比重式清选机工作台面 3. 能更换传动件、密封件等简单易损件	种子物理特性知识
	分级	能操作种子分级机进行分级作业	种子分级机操作技术要求
包衣	包衣	能操作药勺供药装置的包衣机进行包衣作业	种子包衣一般知识
	包衣后干燥	能操作种子干燥设备并进行包衣种子干燥作业	种子包衣后的干燥处理技术知识
计量包装	计量	能操作电脑定量秤进行种子计量作业	定量包装一般知识
	包装	能使用计量附属设备(提升机、输送机、封口机)进行包装作业	计量附属设备(提升机、输送机、封口机)包装作业操作技术要求

表 5-2 种子加工员技能要求(中级)

职业功能	工作内容	技能要求	相关知识
预处理	脱粒	能调整使用玉米种子脱粒机	脱粒机工作原理和使用方法
	除芒、刷种	1. 能使用除芒机除去水稻、大麦等种子上的芒刺 2. 能使用刷种机除去蔬菜、牧草、绿肥等种子表面的刺毛附属物	除芒机、刷种机工作原理、结构特点和使用方法
	预清选	根据物料条件和加工要求,确定风筛式预清机工作参数	风筛式预清机原理、结构和使用方法
干燥	干燥作业	能根据操作规程,使用循环式和塔式种子干燥机	干燥机结构特点、工作原理
	干燥工艺	能根据实际情况估算干燥时间,能根据要求计算出燃料消耗量	单位耗热量计算知识
清选分级	清选	1. 能选用风筛式清选机筛片和比重式清选机工作台面 2. 能调节风筛式清选机前后吸风道风量 3. 能调节比重式清选机工作参数	1. 风筛式清选机结构与原理 2. 比重式清选机结构与原理
	分级	能使用圆筒筛分级机进行种子分级	圆筒筛分级机结构和原理
选后处理	包衣	1. 能调整药勺供药装置的包衣机药种比 2. 能判断包衣种子是否合格	1. 种子包衣机结构、原理及使用方法 2. 包衣种子技术条件
	保管	能按规定保管种衣剂和包衣种子	种衣剂安全使用、保管常识
计量包装	计量	能使用2种以上计量方式的全自动计量包装机进行计量作业	计量包装设备原理、结构与使用方法
	包装	能按要求选择相应包装材料	种子包装工作要求及包装材料

表 5-3 种子加工员技能要求(高级)

职业功能	工作内容	技能要求	相关知识
预处理	故障检查	1. 能对预清机进行故障检查 2. 能对风筛式预清机进行故障检查	种子预处理机械结构与原理
	排除故障	能对种子预处理机械进行维护并排除故障	机械维修基本知识
干燥	编制操作规程	能对含水率较高的玉米果穗制定穗粒分段干燥操作规程	种子干燥处理操作技术要求
	排除故障	能排除干燥机常见故障	种子干燥机械的结构与工作原理

项目 5 园艺植物种子加工与贮藏

续表

职业功能	工作内容	技能要求	相关知识
清选分级	清选分级	1. 能使用窝眼筒清选机 2. 能选用不同窝眼尺寸的窝眼筒	窝眼筒清选机的结构与工作原理
	排除故障	能排除清选机和分级机机械故障	清选机和分级机的结构与工作原理
选后处理	包衣	1. 能使用主要类型包衣机进行种子包衣作业 2. 能选用种衣剂	种衣剂主要成分和性能
	排除故障	能排除主要类型包衣机故障	包衣机械的结构与工作原理
计量包装	包装	1. 能根据计量要求,选用不同计量包装设备 2. 能使用调整喷码机对种子包装袋进行喷码作业	计量包装设备的结构与工作原理
	排除故障	能排除包装机的电气、机械、物料阻塞等常见故障	包装机械的结构与工作原理

表 5-4 种子加工员技能要求(技师)

职业功能	工作内容	技能要求	相关知识
预处理	确定机具	能根据物料条件及西红柿、西瓜等特殊种子的加工要求,确定脱粒、预清选、除芒、刷种方法和机具类型	西红柿、西瓜等特殊种子湿加工工艺技术要求
	棉种脱绒	1. 能使用泡沫酸和过量式稀硫酸棉籽脱绒成套设备进行脱绒作业 2. 能使用机械脱绒设备进行脱绒作业	1. 棉种酸脱绒基本原理 2. 棉种机械脱绒原理
干燥	编制操作规程	能编制蔬菜等特殊种子的操作规程	蔬菜等特殊种子物理特性
	设备维护	能提出热能、干燥设备检查和维修技术方案	热能、干燥设备维修知识
清选分级	清选	能根据物料情况和加工要求,确定风筛式清选机筛选流程	风筛式清选机筛选流程工艺知识
	分级	能根据物料情况和分级要求,选用分级机筛孔形状和尺寸,制定种子分级方案	播种分级技术知识
选后处理	包衣	1. 能根据不同农作物种子包衣要求确定种衣剂类型,合理使用种衣剂 2. 能维修各类包衣机	1. 主要农作物病虫害常识,农药管理知识 2. 种衣剂、包衣机技术标准
	包衣丸粒化	1. 能使用丸化机进行丸化处理作业 2. 能维修保养丸化机	丸化机原理、结构与使用保养

续表

职业功能	工作内容	技能要求	相关知识
培训与指导	培训	能对初、中、高级种子加工人员进行培训	培训教学的基本方法和要求
	指导	1. 能指导初、中、高级种子加工员进行种子加工 2. 能解决种子加工过程中的技术问题	技术指导常用方法

表5-5 种子加工员技能要求（高级技师）

职业功能	工作内容	技能要求	相关知识
干燥	推广干燥新技术	能指导推广应用种子干燥新技术和机具	物料热特性知识
	创新干燥工艺	能分析、总结不同烘干机干燥种子实际效果，完善工艺，提出改进意见	传热、传湿知识
清选分级	清选	根据不同种子清选要求，提出相应清选工艺和设备方案	种子加工工艺技术知识
	分级	根据精密播种发展和农艺要求，对种子分级级别和播种精度提出方案	播种等农艺及机械设备技术知识
选后处理	丸粒化	根据农艺要求使用药剂，提出丸化工艺方案	农药化工基本知识
	筛选应用	能筛选各类选后处理新技术及设备，指导推广应用	种子选后处理技术知识
培训与管理	培训	1. 能制订各级种子加工员培训计划 2. 能编写各级种子加工员培训讲义 3. 能对各级种子加工员进行业务培训	农业科技科普写作知识
	管理	1. 能提出质量控制管理方案，制定各类加工设备管理规章制度 2. 能指导加工档案建立，提出改进加工质量建议	产品质量和工艺流程管理知识

任务2　园艺植物种子清选、精选

一、制定种子清选、精选方案

不同种类种子的形态特征、化学性质和物理特性各不相同，种子清选、精选主要根据种子尺寸大小、种子比重、空气动力学特性、种子表面特性、种子颜色和种子静电特性的差异进行分离。常用的种子清选和精选方法有以下几种：

（一）按种子外形尺寸分选

种子的外形大小有长、宽、厚三个尺寸。对于这三种尺寸，相同品种的种子间有差异，种子与杂质之间有差异，本品种与混入的其他品种间有差异。当这三种尺寸差异其中之一比较明显时，即可按该尺寸进行分选。种子清选用筛子主要有冲孔筛、编制筛和可调鱼鳞筛等种类（图 5-2）。

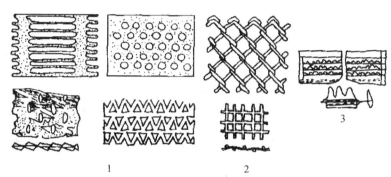

1. 冲孔筛　2. 编制筛　3. 可调鱼鳞筛

（引自《种子学》，颜启传，2001）

图 5-2　筛子的种类

（二）按种子空气动力学特性分选

在日常生活中，人们利用风力进行清选的例子很多，如谷物脱粒后，用翘板将谷物抛向空中，在下落过程中，轻物质被风刮得很远，而谷粒落得较近，从而将轻、重物质分离。但这种清选方式劳动强度大，费工费时，对自然的依赖性强。为了克服这些缺点，发展了带式扬场机、吸气式或压气式气流清选机、倾斜气流清选机、旋风式清选机等利用空气动力学特性进行清选的机器，它们在工农业生产中发挥了很大的作用。

（三）按种子密度进行分选

试验证明，群体物料在机械振动或者气流作用下，其颗粒会按物理特性（密度、粒径）的差异，在垂直方向自动调整位置，形成有序排列。当粒径相同而密度不同时，振动和气流使密度大的沉于底层，密度小的处于上层；当密度相同而粒径不同时，气流作用使粒径大的分布于底层，粒径小的分布于上层，而振动作用却使粒径大的分布于上层，粒径小的分布于下层，在振动和气流的共同作用下，随着气流速度由小变大，在某一适当的范围内，粒径和密度均不同的混合群体的分层，使密度大的和粒径大的处于下层，使密度小的和粒径小的物料处于上层。

（四）按种子表面特性分选

不同的种子其表面特性有着较大的差异，如种子与杂质表面的摩擦系数不同，种子的形状有圆的、扁的和不规则形状，表面的颜色不同，等等，从而形成了各种不同的分选机械设备。目前最常用的是帆布滚筒(图5-3)。例如,分选机利用种子物料表面粗糙度及表面形状不同,从豌豆、白菜等种子中分离出杂草种子,从球形的甜菜种子中分离出茎秆和其他杂质。

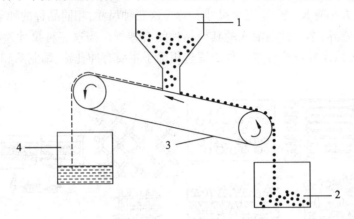

1. 种子漏斗　2. 圆的或光滑种子　3. 粗帆布或塑料布　4. 扁平的或粗糙的种子

图5-3　帆布滚筒

(五) 其他分选方法

新开发的介电分选机,利用种子和杂质在电特性上的差异工作,其分选结果和种子的活力有密切关系;磁力清选机结合种子表面特性的差异,对被加工种子进行铁粉预处理,从而容易将表面粗糙、带孔、带裂纹的籽粒和表面光滑的籽粒分开。

二、准备种子清选、精选机械

根据种子特性和清选、精选要求,选择合适的机械进行加工,常用种子清选、精选机械有以下几种:

(一) 初清机

初清机用来初步清除种子中的大杂和轻杂,以显著提高种子的净度,为后续工作如烘干、精选和入仓做好必要的准备。在种子加工系统中,为改善种子的流动性,提高烘干效率和减少热能消耗,初清机已经成为与烘干机配套的必不可少的设备。对初清机的主要要求:一是效率高,二是初清后净度应在97%以上。

初清机的类型很多,在种子加工中常见的有鼠笼筛、振动筛、气流式初清机、选装式初清机和组合式初清机等多种。

(二) 精选分级机

1. 复式精选机

复式精选机采用风选、筛选和筒选3种工作部件对种子进行去杂和分级。当种子不需要按长度进行分级时,可只采用风选和筛选部件来进行工作。风选原理为利用吸风管道和沉降室不同断面积可以获得不同的气流速度,使种子与轻杂物、重杂物分离。

筛选部件由上筛、下筛和尾筛组成(图5-4)。上筛与下筛分别去掉大杂物与小杂物,尾筛用来承托种子,以便第二吸风管道进行风选。筒选部分采用一个窝眼部件。工作时,窝眼筒慢速回转,长度较小的种子被窝眼带起,到一定高度时,种子从窝眼滑出。

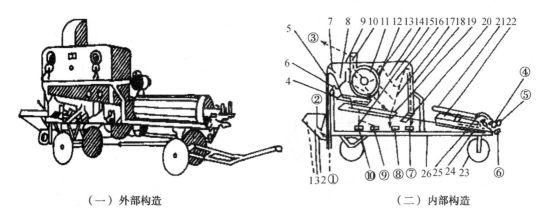

(一)外部构造　　　　　　　　　　(二)内部构造

1. 八角橡胶辊　2. 喂料口　3. 闸门　4. 上筛　5. 活门　6. 前吸风道　7. 反射板　8. 前沉积室　9. 插板　10. 出风口　11. 风机　12. 中沉积室　13. 插板　14. 机械开闭活门　15. 活门　16. 后沉积室　17. 活门　18. 后吸风道　19. 下筛　20. 后筛(气滤网)　21. 窝眼滚筒　22. V形接料槽　23. 轮子　24. 排料槽　25. 出料绞轮　26. 机架　①重杂质　②种子　③轻杂质　④⑤⑦入选种子　⑥烂杂质和烂种子　⑧较重杂质和不成熟轻种子　⑨小杂质　⑩大杂质

(引自《种子学》,颜启传,2001)

图5-4　5XF-1.3A型复式种子精选机

2. 重力精选机

重力精选机能够将按尺寸(长、宽、厚)进行分级后的种子进一步按高度和尺寸进行分选,除去有病虫害、发霉变质或未成熟种子,并将合格种子分成等级,进一步提高种子的质量。它主要由气力系统分级台、振动电机、调整机构、控制箱等组成(图5-5)。工作时,首先种子经上升气流作用被输送到分离筒,大土块、石块等重物落下被分离;下落至分级台面的谷粒层在机械振动和向上气流的作用下,按密度和粒度的不同上下分层,并以不同的运动路线流向种槽,因而不同密度和粒度的谷粒有规则地分布在出种槽内。

3. 圆筒筛精选分级机

圆筒筛既可用来精选种子,又可用来将种子按尺寸分级。根据种子加工工艺的需要,圆筒筛可配置成多种形式。单轴串联式由两个圆筒组合而成,两圆筒筛的筛孔形状和尺寸可以相同或不同,以适应精选、分级需要。

4. 振动精选机

振动精选机根据种子以及杂质的比重不同,靠机械振动将种子分级,同时会将种子中的种皮、废种子、土石块等垃圾清除。振动精选机主要有加料斗、振动板、激振器。十字花科蔬菜种子和部分花卉种子可以使用振动精选机,但极小粒种子和扁平的种子不适用。

 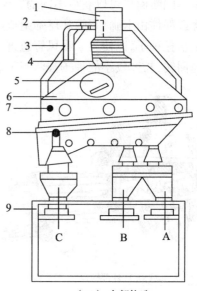

（一）外部构造　　　　　　　　　（二）内部构造

1. 筒　2. 进料管　3. 压力计　4. 套筒　5. 检查口　6. 玻璃钢罩　7. 刻度盘　8. 振动筛　9. 基座
（引自《种子学》，颜启传，2001）

图5-5　5XZ-1.0型重力式种子精选机

5. 色泽选别机

色泽选别机（图5-6）根据种子色泽明亮度进行分离。精选时种子通过一段光照区域，将种子的反射光与设定的标准光色进行比较。若种子的反射光不同于设定值，则被排斥落入另一通道。这类机械可以用于豆类或十字花科类种子、因病害而变色的种子以及未发育成熟的种子的分选。

6. 其他精选机械

磁化分离机利用粗糙种子的表面会吸附大量磁粉而分离裂开的瓜类种子、破裂的十字花科种子、带虫蛀的种子或是其他被污染的种子。

种子脱毛机可将胡萝卜、甜菜、番茄、菠菜等种子的刺毛清除，便于进一步精选分级以及贮藏和播种。

种子抛光机可将某些种子外附着的种衣去除，如南瓜种子。

图5-6　色泽选别机的主要结构

三、实施种子清选、精选

（一）实施种子清选、精选的步骤

种子清选、精选工作主要分为三个步骤：

1. 预先准备

为种子的基本清洗作准备,包括脱粒、预清、脱毛等,主要是利用特定脱粒、预清或脱毛机械进行,根据种子批的质量选择预清或者不需预清,如种子批的夹杂物对种子的精选有显著的影响,就需要进行预清。

2. 基本清选

基本清选是一切种子加工中必要的工序,目的是清除种子批中大小、形状不同或重量不同的杂质,一般采取种子初清机进行基本清选。

3. 精选分级

基本清选后的种子还不能达到种子质量标准,所以必须进行精加工。精加工一般按照种子物理性质如形状、比重等进行分级。一般采用风筛精选机或振动精选机,也可几种精选机结合使用。另外,可再根据杂质与优质种子颜色不同的原理用色泽选别机进行精选。

(二) 实施种子清选、精选的注意事项

为了提高清选和精选的效果和生产效率,在清选和精选前、清选和精选中、清选和精选后必须做好以下几点:

1. 明确分离目的

在进行种子分选前,应明确目的——是清选还是精选,应明确要求经分离种子达到的等级标准,以便正确选择分离机型。

2. 了解欲选种子的组成

在选用分离机械前,必须分析欲选种子的大小、密度、色泽等特性及混杂物的特性,并明确获选种子要求,以便正确选用清选、精选机械以及确定筛规格大小、窝眼筒窝眼直径大小等技术参数。

3. 熟悉机械性能

合理调节运转数据,不同的清选和精选机械均是按分离目的而设计制造的。只有完全掌握机械性能,选用正确分离机件,合理调节运转参数,才能获得最佳效果。

4. 及时检查分离效果

在分离过程中,应及时了解清选和精选的效果,以便及时改进和调节机器运转参数,获得最佳分离效果。

任务3 园艺植物种子干燥

一、了解种子干燥的基本知识

刚收获的含水量高的种子,如果不及时干燥,会很快发热和变质,甚至发芽。种子在贮藏期间,一般含水量为12%~14%就可能发霉,含水量为16%就可能发热,含水量为35%~60%就可能发芽。可见,种子含水量对种子寿命影响很大。种子通过干燥不仅可降低其含水量,而且可以杀死部分病菌和害虫,减弱种子的生理活性,增强耐贮性。因此,种子干燥是确保种子安全贮藏、延长使用年限的一个重要环节。

（一）种子干燥的基本原理和要求

当种子内部水分的蒸汽压大于该条件下空气相对湿度所产生的蒸汽压时,种子内部水分散发,种子失水而干燥,两者相差越大,干燥作用越明显。当种子内部水分蒸汽压小于空气中的水分蒸汽压时,种子从空气中吸水而含水量升高。当空气中和种子内部水分蒸汽压相等时,种子含水量不变(达到平衡水分)。由此可见,种子干燥的原理简单地讲就是种子与干燥介质湿热交换的过程,也就是降低空气中的蒸汽压,使种子内部水分不断向外扩散的过程。

一方面,升温会造成种子内部活性物质的变性,另一方面,湿热应力对种子组织结构的破坏会加速种子劣变,促使种子死亡。所以,种子干燥时不仅要求有高的干燥速率,获得高效益,而且要求尽量保持种子的活力,使种子保持原有的发芽率。

（二）影响干燥的因素

1. 温度

温度是影响种子干燥的主要因素之一。干燥环境的温度高,一方面具有降低空气相对湿度、增加持水能力的作用;另一方面能使种子水分迅速蒸发。在相同的相对湿度下,温度高时干燥的潜在能力大,要避免在气温较低的情况下对种子进行干燥。

2. 相对湿度和气流速度

在温度不变的条件下,干燥环境中的相对湿度决定了种子的干燥速度和除水量,如空气的相对湿度小,对含水量一定的种子,其干燥的推动力大,干燥速度快和除水量大,反之则慢和小;同时空气的相对湿度也决定了干燥后种子的最终含水量。

种子干燥过程中,存在吸附种子表面的浮游状气膜层,能阻止种子表面水分的蒸发。所以必须用流动的空气将其逐走,使种子表面水分继续蒸发。空气的流速快,则种子的干燥速度快,缩短干燥时间,但空气流速过大,会加大风机功率和热能的损耗。

3. 种子生理状态及化学成分

（1）生理状态。新收获种子水分高,宜缓慢干燥或采用先低温后高温的二次干燥法。如果用快速法,会破坏种子内部毛细管结构,使表皮硬化,内部水分不能蒸发,甚至会使种子体积膨胀,丧失种子生活力。

（2）化学成分。粉质种子组织结构疏松,可以快速干燥;蛋白质种子毛细管小,传湿力弱,种皮易破;油质种子易于干燥,但高温易走油、破皮。

二、制定种子干燥方案

种子干燥的方法有自然干燥、机械干燥和干燥剂脱湿干燥三种方法。

1. 自然干燥法

这是我国目前主要的种子干燥法。它是利用日光、风力等自然条件,降低种子含水量的方法。

（1）优缺点。该方法的优点是简单容易，经济而又安全，一般情况下不会使种子生活力丧失，还有促进后熟、杀菌杀虫的作用。缺点是易受天气影响、场地限制，劳动强度大，只能去掉部分自由水。

（2）需要注意的问题。防止品种混杂；晒种先晒场，防止地面结露；薄摊勤翻，含水15%以上1h一次，15%以下2~3h一次。冷却后适时进仓。若当天不进仓，必须聚堆外加覆盖物，第二天再摊场，因为平摊一夜种子水分可增高0.9%~1.7%。

2. 机械干燥（对流干燥法）

（1）自然风干燥。干燥介质是未加热的空气，把种子自身蒸发出来的水蒸气及时带走，只用一个鼓风机和仓库配套就能工作（图5-7）。

（2）热空气干燥。原理是提高空气温度，改变水分与空气相对湿度的平衡关系。温度越高，达到平衡的相对湿度越大，空气的持水量随之增多，干燥效果越明显。

流程是：加热系统→热空气更换系统→种子移动系统。

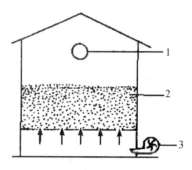

1. 排风口 2. 种子 3. 鼓风机
（引自《种子学》，颜启传，2001）

图5-7 自然风干燥法

3. 干燥剂脱湿干燥

少量种子时可采用这种方法。常用的干燥剂有生石灰、氯化钙、木炭、硫酸钠等，与种子一起密闭。

4. 其他干燥法

（1）红外线辐射干燥法。红外线是一种电磁波，波谱介于可见光和微波之间，波长是$0.76~1000\mu m$。红外线按它的电磁波长可分为近红外线、中红外线、远红外线三种。由于水分在远红外区有较宽的吸收带，故可利用远红外线来干燥种子。其优点有四点。一是升温快。当种子被红外线照射时，其表面与内部同时加热，此时由于谷物表面的水分不断蒸发吸热，表面温度降低，因而种子热扩散方向是由内向外的。另一方面，种子在干燥过程中，水分的扩散方向总是由内向外的，因此，当种子接受红外辐射时，种子内部水分的湿、热扩散方向一致，加速了水分的汽化，提高了干燥速度。二是干燥质量好。国内外经验证明，用远红外线干燥种子，只要温度适当，不会影响种子的质量，当种温低于45℃时，不会影响种子的发芽率。此外，经红外线照过的种子还具有杀虫卵、灭病菌的作用而利于种子质量的提高。三是设备简单，控制方便。四是投资少，便于推广。

（2）微波干燥法。微波通常是指频率为$3\times10^2~3\times10^5 MHz$的电磁波，低于300MHz的电磁波是通常的无线电波，高于$3\times10^5 MHz$的依次是红外线、可见光等。微波的波长范围是1mm到1m。这种干燥方法的优点是：在干燥过程中，由于种子的表面与周围介质之间发生热、湿交换，使种子表面消耗掉一部分热，种子表面温度升高就慢于内部，其结果是种子内部的温度高于物料表面的温度，不会造成外焦现象；干燥的速度快，效率高，可提高种子发芽率，使种子消毒。微波干燥法的缺点是投资大，成本高，因此应用不很广泛。

种子本身的结构及其化学成分不同，对干燥的要求也不同。菠菜、甜菜等主要成分是淀粉类的蔬菜种子,种子结构疏松,传湿力较强,比较容易干燥,可以用较快的干燥方法,干燥效果也较明显。大豆、蚕豆等主要成分是蛋白质类的蔬菜种子,种皮疏松,易失水,通常应采用低温慢速的干燥方法,一般带荚曝晒,当种子充分干燥后再脱粒。十字花科等主要成分是油脂类的蔬菜种子,因含有大量脂肪,水分较容易散发,且子粒小,种皮松脆易破,常采用整株采收曝晒的自然干燥法。

三、实施种子干燥

应根据种子的物理结构和化学成分等特性、种子安全储藏的水分要求以及设备条件,制定正确的干燥方案并实施。同时注意操作和用电的安全。

干燥完成后重新称量种子批的重量、容重和含水量,确保容重和含水量符合储藏和销售的要求。干燥后重量损失的计算(清理杂质后的重量损失同理)举例如下:

[例] 100 吨种子,水分由 21% 降为 15%,水分减少 6%,但重量损失 7 吨,为什么?

这是因为干后的籽粒水分是依种子的最后重量计算而不是按原来重量计算的。正确的计算公式为:损失重量(%) = 100 × (干前水分 − 干后水分)/(100 − 干后水分) = 100 × (21 − 15)/(100 − 15) = 7.06%

任务 4　园艺植物种子包衣

一、选择合适的种子包衣机械

种子包衣即利用包衣机械,把种衣剂均匀包裹在种子表面的过程。常用的种子包衣机如 CT 型种子包衣机、K8 种子包衣机(图 5-8)。种子包衣对机具有以下几个方面的要求:

1. 保证密闭性

为了保证操作人员不受药害和减少环境污染,包衣机在作业时必须保证完全密闭,即搅拌粉剂药物时,药粉不能散扬到空气中,或抛撒到地面上,拌液体药物时,药液不可滴落到容器外。

2. 保证包衣均匀

机具性能要保证种子和药剂能按比例进行包衣,比例能根据需要调整,调整方法要简单易行。包衣时,要保证药液能均匀地黏附在种子表面。

3. 有较高的经济性

机具要效率高、价格低、构造简单,与药物接触的零部件要采用防腐材料或者采取防腐措施,以提高机具的使用寿命。

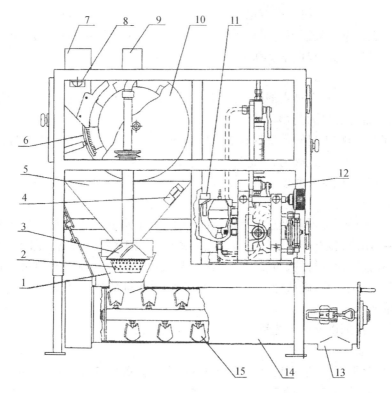

1. 锥形下料斗 2. 转杯 3. 甩盘 4、7、11. 传感器 5. 锥斗 6. 调节刷 8. 种子喂入口 9. 排风口 10. 种子计量轮 12. 剂量泵 13. 排出口 14. 搅龙 15. 叶片

图 5-8 Ceres 种子公司 K8 种子包衣机

二、根据包衣要求选择种衣剂

种衣剂有四种类型：一是化学型（药、肥、激素型）；二是物理型，主要用于小粒种子丸粒化，具有膜性，有缓释作用；三是生物型（即微生物接种体）；四是特异型（即高分子吸水型和逸氧型）。根据种子的不同需要，选择合适的种衣剂。

三、实施种子包衣

1. 机具准备

（1）检查包衣机的技术状态是否良好，如安装得是否稳固、水平，各紧固螺栓是否松动，转动部分是否卡阻，以及机具中是否有遗留工具或异物。

（2）在上述检查结束以后，可以进行空运转检查。要求运转时不得有碰撞等异常声响。采用压缩空气雾化的包衣机还应打开空压机，当压力达到规定值时检查是否漏气。如果各项检查均正常，可初步确认该台包衣机具备了作业条件。

（3）检查最大生产率时产品破损率是否合格。启动包衣机，按说明书上给定的最大生产率喂入种子,检查包衣机是否有堵塞、漏种现象。同时,在提升机喂入口、包衣机排出口分别接样,检查破损率。破损率是指种子经过机具后破损种子重量的百分数,要求提升机的破损率<0.3%,包衣机的破损率<0.1%。

2. 药剂准备

（1）根据不同种子对种衣剂的不同需求,选择不同类型的种衣剂,还应根据加工种子的数量、配比,准备足够量的药物。

（2）向贮药筒贮入足够数量的种衣剂后启动药泵（注意不可空运转）,打开阀门使供药系统正常工作,检查药泵、阀门、管道连接处是否漏药。

（3）检查药种比调节幅度。

3. 种子准备

进行包衣的种子必须是经过精选加工的种子,种子水分也应在安全贮藏水分之内。对于种子加工线来讲,包衣作业是计量包装前的最后一项工序,但根据我国当前的生产习惯,包衣作业是在播种前进行的,即加工后的种子先贮藏过冬,到春天播种时再包衣。在包衣前应对种子进行一次检验,确认种子的净度、发芽率、含水量都合乎要求。

4. 开始包衣

确认机械、药剂以及种子达到要求之后,开始包衣工作。

5. 包衣结束

包衣工作结束以后,清理包衣机械、工具以及场地,填写包衣记录并签字。

包衣后的种子需要进一步精选,去除包衣过多或过少,以及丸粒化后过大或过小的种子。包衣种子精选后需要对种子的质量进行检查。

任务5 园艺植物种子包装

一、种子包装基本知识

（一）种子包装的功能和要求

种子包装是指将种子盛装在某种容器或包装物之内,以便运输、储藏和销售。《种子法》规定有性繁殖作物的籽粒、果实,包括颖果、荚果、蒴果、核果等种子应当进行加工、包装销售,无性繁殖的器官和组织、苗和苗木可以不经加工、包装进行销售。经营者必须先取得合法的种子经营许可证,然后才能对经营许可证上注明的经营范围内的种子进行包装。

1. 种子包装的功能

对于经清选干燥和分级等加工后的种子,加以合理包装,可以防止种子混杂、病虫害侵染、吸湿回潮,能够减缓种子劣变,提高种子商品性,保持种子旺盛活力,保证安全贮藏运输,同时便于销售。

2. 种子包装的要求

做好种子包装工作,要求做到:防湿包装的种子必须达到包装所要求的关于种子含水量(表5-6)和净度等的标准,在包装容器内确保种子在贮藏和运输过程中不变质。包装容器必须具备防湿、清洁、无毒、不易破裂、重量轻等特点。按不同要求确定包装数量。包装种子贮藏条件在低湿干燥气候地区要求较低,在潮湿温暖地区则要求严格。包装容器外面应加印或粘贴标签,以引起使用者注意,便于良种得到充分利用和销售。

表5-6 封入密闭容器的种子上限含水量

蔬菜种子				花卉种子	
种 类	含水量/%	种 类	含水量/%	种 类	含水量/%
四季豆	7.0	莴苣	5.5	藿利蓟	6.7
菜豆	7.0	甜瓜	6.0	庭芥	6.3
甜菜	7.5	芥菜	5.0	金鱼草	5.9
硬叶甘蓝	5.0	洋葱	6.5	紫苑	6.5
抱子甘蓝	5.0	葱	6.5	雏菊	7.0
胡萝卜	7.0	皱叶欧芹	6.5	风铃草	6.3
花椰菜	5.0	欧洲防风	6.0	羽扇豆	8.0
甜芹	7.0	豌豆	7.0	勿忘草	7.1
甘蓝	5.0	辣椒	4.5	龙面花	5.7
白菜	5.0	西葫芦	6.0	钓钟柳	6.5
细香葱	6.5	萝卜	5.0	矮牵牛	6.2
甜玉米	8.0	菠菜	8.0	福禄寿	7.8
黄瓜	6.0	南瓜	6.0		
茄子	6.0	番茄	5.5		
羽衣甘蓝	5.0	芜菁	5.0		
球茎甘蓝	5.0	西瓜	6.5		
芜菁甘蓝	5.0	其他全部	6.0		
韭葱	6.5				

(二) 种子的包装材料

目前应用比较普遍的包装材料主要有麻袋、多层纸袋、铁皮罐、聚乙烯铝箔复合纸袋以及聚乙烯袋等。

麻袋强度好,透湿容易,可以重复使用,适宜大量种子的包装,但防湿、防虫和防鼠性差。

金属罐强度高,透湿度为0,防湿、防光、防水、防鼠性好,并适于自动包装盒封口,是最适合的种子包装容器。

聚乙烯铝箔复合袋强度适当,透湿率极低,也是较适合的防湿袋材料。一般认为,用这种袋装种子,一年内种子含水量不会发生变化。

聚乙烯和聚氯乙烯等为多孔型塑料,不能完全防湿,用这种材料制成的包装,密封在里面的种子会慢慢吸湿,因此厚度在0.1mm以上是有必要的。但是这种包装只有一年左右有效期。

聚乙烯膜是用途最广的热塑性薄膜,对水气和其他气体的通透性因密度不同而有所不同。

纸袋多用漂白亚硫酸盐纸或牛皮纸制成,其表面覆上一层洁白陶土以便印刷,普通纸袋抗破力差,防湿、防虫、防鼠性差,在非常干燥时会干化,易破损,不能保护种子生活力。

多孔纸袋或针织袋一般用于要求通气性好的种子,或数量大、贮藏在干燥低温场所、保存期限短的批发种子的包装。

小纸袋、聚乙烯袋、铝箔复合袋、铁皮罐等通常用于零售种子的包装,铝盒、塑料瓶、玻璃瓶可用于价高或少量种子长期保存或品种质资源保存的包装。在高温、高湿的热带以及亚热带地区,种子包装尽量选择严密防湿的包装容器,并且将种子干燥到安全包装、保存要求的水分含量,封入防湿容器以防种子生活力的丧失。

(三)种子包装的标签与标注

根据《农作物种子标签通则》,在我国境内销售(经营)的农作物种子应当附有标签,农作物种子标签应当标注作物种类、种子类别、品种名称、产地、种子经营许可证编号、质量指标、检疫证明编号、净含量、生产年月、生产商名称、生产商地址以及联系方式。

属于下列情况之一的,应当分别加注:

(1)主要农作物种子应当加注种子生产许可证编号和品种审定编号。

(2)2种以上混合种子应当标注"混合种子"字样,标明各类种子的名称及比率。

(3)药剂处理的种子应当标明药剂名称、有效成分及含量、注意事项;并根据药剂毒性附骷髅或十字骨等警示标志,标注红色"有毒"字样。

(4)转基因种子应当标注"转基因"字样、农业转移基因生物安全证书编号和安全控制措施。

(5)进口种子的标签应当加注进口商名称、种子进出口贸易许可证书编号和进口种子审批文号。

(6)分装种子应注明分装单位和分装日期。

(7)种子中含有杂草种子的,应加注有害杂草的种类和比率。

标签标注内容可直接印制在包装物表面,也可制成印刷品固定在包装物外或放在包装物内。作物种类、品种名称、生产商、质量指标、净含量、生产年月、警示标志和"转基因"标注内容必须直接印制在包装物表面或者制成印刷品固定在包装物外。

二、制定正确的种子包装方案

首先要确定合适的包装方法,确定是质量包装还是粒数包装。一般的园艺作物种子采用的都是质量包装,其每个包装的质量是按单位面积的用种量来确定的。但是,价格相对而言比较昂贵的种子一般采用粒数包装,如部分茄果类蔬菜和花卉种子。其次根据要求制作正确的包装袋或标签,然后选择合适的包装机械和包装材料。

三、实施种子包装工作

实施种子包装工作主要有以下步骤:
(1) 清理包装场地,准备好包装机械、包装材料以及标签。洗净双手并消毒后开始作业。
(2) 核对种子批号、重量和包装要求,确认种子质量达到发货或入库的要求。
(3) 将待包装的散装种子批输送到包装机械的料箱。
(4) 根据包装方案,对种子批进行称量或计数,然后装袋,封口。
(5) 按照国家规定贴上种子标签,注明作物名、品种号、数量、产地等信息。
(6) 将包装后的种子按贮存规定堆放,等待入库或销售,并填写包装记录。

任务6 园艺植物种子贮藏

一、种子贮藏基本知识

(一) 影响园艺植物种子贮藏的因素

种子贮藏的要求高于粮食贮藏,除要求防止发热霉变和虫蛀等外,还要保持种子的生活力、纯度和净度,以便为农业生产提供合格的播种材料。

种子的萌发性能和寿命在很大程度上取决于种子本身的遗传特性、形态结构和生理活性,以及贮藏前种子的状况,包括种子的饱满程度、损伤程度和含水量等,同时也与贮藏时的环境条件有密切关系。其中,种子含水量和贮藏期间温度、湿度等的影响尤为显著。

(二) 种子含水量

据测定,在种子含水量为5%~14%的范围内,含水量每增加1%,种子的寿命就缩短一半。当禾谷类作物种子的含水量超过15%时,种子内自由水大量出现,酶活性增大,呼吸强度会因而骤升,并伴随着霉菌活动,使种子贮藏稳定性降低。因此,在贮藏期间作物种子的含水量应控制在安全水分以下(表5-7)。在密闭条件下贮藏3年以上时,安全水分标准还需相应减少2%。但某些种子水分在4%以下的极度干燥条件下生活力也会下降。

表5-7 主要蔬菜贮藏的安全水分

类型	菜豆	大白菜	包心菜	黄瓜	茄子	洋葱	豌豆	南瓜	番茄	西瓜
安全水分/%	12.0	7.8	7.6	8.4	9.8	11.2	11.9	9.0	9.2	8.8

（三）温度和湿度

贮藏温度对种子发芽率影响显著，发芽率常随温度增高而下降。在30℃条件下贮藏种子会产生畸形幼苗。温度效应还受到种子含水量的影响。在一定温度下，充分干燥的种子在密闭容器中贮藏可以延长寿命；种子生活力随含水量增高而递减。因此，为了延长种子寿命，应根据需要分别采取各种措施维持适宜的温、湿度。常规贮藏的种子在温度为25℃、相对湿度为75%的条件下，生活力只能保持2年左右；温度为20℃、相对湿度为60%时可保存5年；温度为4℃、相对湿度为45%时可保存20年；温度为 -10℃、相对湿度为30%时可保存70年以上。总之，应避免高温（30℃以上）和高湿（相对湿度75%以上，相当于种子含水量15%以上）的贮藏环境条件。

（四）气体

在密闭条件下，采用部分真空或填充二氧化碳、氮、氦、氢等气体的方法，相应减少氧含量，同时保持10℃~20℃的低温，可使含水量在10%以下的种子保持高发芽率达8年之久。但对含水量超过安全水分的种子，缺氧贮藏将导致无氧呼吸，积累乙醇等有害物质，会使发芽率降低，甚至导致种子死亡。

二、选择适合的贮藏方法

种子贮藏是种子收获以后直至大田播种前期间种子工作的主要内容之一。对任何种子而言，只有根据种子本身的贮藏特性创造适宜的贮藏条件，才能使种子在贮藏期间的活力保持在最高程度，从而保证种子有良好的播种品质，能更好地服务于农业生产。

种子贮藏方法很多，按种子贮藏时的温、湿度，可把贮藏方法分为普通仓库贮藏、低温仓库贮藏和超低温仓库贮藏等类型。

（一）普通仓库贮藏

普通仓库一般应坐北朝南，建设在地势高燥的地段，以防仓库地面渗水。建仓地点应尽可能靠近铁路、公路或水路运输线，以便于种子的运输。种子仓库要坚固，地面坚实度以每平方米面积上能承受10吨以上的压力为标准。密闭与通风性能要良好，具有防虫、防杂、防鼠、防雀的性能。仓库附近应设晒场、保管室和检验室等建筑物。

（二）低温仓库贮藏

低温贮藏库又叫恒温库，是一种用人工制冷来降低仓内温、湿度，使种子处于低温干燥状态的种子仓库。仓内温度在15℃以下，相对湿度在65%以下的种子库，用来贮藏种子可抑制其生命活动，减少虫霉危害，有利于延长种子寿命。低温库多用于保存种质资源、贮藏原种，生产上用于贮藏当年未卖完的种子。低温种子库的基本结构如下：

1. 低温库房

这是低温种子库的主要组成部分，容量依用途和入库种子量而定。库内置放种子架，架子上分层放密闭的种子盒或种子袋,里面装入各种检验合格并已经干燥到安全含水量的种子。库内种子架分固定式和移动式两种。种子架与地面、墙壁、屋顶之间最小的通风空隙为10~20cm、20cm 和 50cm。通风空隙不能太小,以免产生局部温差。

2. 围护结构

围护结构包括保温层、隔湿层、护墙板和库门。保温层常用硬质聚氨酯、聚苯乙烯这两种薄膜塑料和碳化软木。隔湿层一般用两层石油沥青油毡,中间再加一层铝箔,由三层石油沥青热粘而成。护墙板材料一般用喷漆、电镀金属或不锈钢较好。库门四周要有可加热封条,以防止门被冻结。

3. 制冷系统

这是低温种子库的心脏,包括制冷设备、除霜设备、恒温控制仪和高温警报器。它使库房内温度维持在设定范围内,上下温差为1℃。

4. 辅助设施

辅助设施包括低温库房门外的缓冲间、种子接受分发间、种子清选间、熏蒸间等。

零度以下低温库的地基在建筑施工前要进行防冻处理,以免冷气透过保温层侵入地基形成冻土层。土壤冻结后会发生膨胀,严重时可使低温库底部不均匀抬起,破坏库体结构。

(三) 超低温仓库贮藏

超低温保存技术于20世纪40年代最先在医学和畜牧业上得到应用,从20世纪70年代开始用来保存植物材料。超低温技术已经成功地应用于许多粮食作物、蔬菜、果树等种质资源材料的保存。美国是开展超低温保存技术较早的国家,其国家种子贮藏实验室的大型液态氮罐,保存着21种蔬菜、8种乔木、61种花卉和32种作物的种子。目前许多国家和地区都在从事超低温保存种子的研究。

超低温保存技术一般先将种质材料进行预冷,然后放入液态氮中。预冷的温度为 −30℃ ~ −10℃或 −70℃,有些种质材料如大部分种子可直接放入液态氮中。采用液态氮保存比机械制冷保存节省能源,因而保存费用比低温库低。如一份洋葱种子保存100年,超低温保存大约每年的费用仅为低温库的40%。

三、种子入库与贮藏管理

(一) 种子入库

1. 种子入库前的准备

(1) 清仓消毒。种子入库前应清理仓内异品种种子、杂质、垃圾等,同时还要清理仓具、修补墙面、嵌缝粉刷。仓外则应做好清洁卫生工作,铲除杂草,排去污水,使仓外环境保持清洁。仓内消毒可采用喷洒、熏蒸等方法,消毒工作在墙面的粉刷和干燥后才能进行。

(2) 种子入库前检查。种子进仓前要进行质量检查,以掌握种子情况,采取适当的管理措施。检查中,着重于种子水分、净度、发芽率和害虫感染度等情况,并根据检查结果提出处理意见。

2. 种子入库

（1）种子分批。种子入仓要坚决做到"五分开"，即：品种分开，不同品种严禁混放；产地分开，同一品种、不同产地种子质量可能不同；水分、纯度不一致的分开；有虫、有病与无虫、无病的种子分开堆放；种子数量较多要分开，种子批最大数量要符合检验标准。

（2）种子堆放。入库前还需做好标签和卡片，标签上注明作物、品种、等级及经营单位全称，将它拴牢在袋外。入库时，必须过磅登记，按种子类别和级别分别堆放。堆放的形式可分为袋装堆放和散装堆放两种。

① 散装堆放。可节省仓容、包装器材，便于进一步处理种子。适于仓容大、种子量多、干燥而净度高的种。散装堆放可分为全仓散堆、单间散堆、围包散堆和围囤散堆。

② 袋装堆放。袋装堆放能减轻种子混杂与吸湿，便于通风，运输调拨时也比较方便。对果壳、种皮易破的种子有保护作用。方法有以下几种：

a. 实垛法。袋间不留距离，有规则地依次堆放。堆高 8 袋以下，一般以 4 列为多。此法仓容利用率高，适于干燥种子贮藏。

b. "非"字形堆垛法。第一层中间并列两排，各直放两包，两边各横放三包，形如"非"字。第二层是中间两排各横放三包，两边各直放两包。第三层同第一层堆放。半"非"字形即"非"字形堆法纵向减半。

c. 通风垛。此法袋间空隙较大，便于通风散热，高水分种子夏季宜采用此法。有"井"字形、"工"字形和金钱眼形堆法。通风垛易倒塌，应注意安全。

（二）种子贮藏管理

1. 建立管理制度

在种子贮藏期间，建立健全管理制度是非常必要的，而且要严格执行，主要包括保管岗位责任制、安全保卫制度、清洁卫生制度、检查制度和建立档案制度。

2. 种情检查

（1）温度检查。包括仓温和种温的检查。检查温度的仪器有曲柄温度计、杆状温度计和遥测温度仪。种温检查要划区定点，如散装种子在种子堆 $100m^2$ 的范围内分成上、中、下 3 层，每层 5 个检查点，即 3 层 15 处测定法；包装种子采用波浪形设点的测定方法。每周检查一次，种子刚入库和高温、低温、阴雨天要增加检查次数。

（2）水分检查。通常情况下，种子堆水分主要受仓内空气相对湿度的影响，种子水分在一天中变化很小，仅在表层。在一年中的变化情况为：低温和梅雨季节种子水分偏高一些，夏秋季种子水分则偏低一些。各层次种子水分变化也不相同，中层和下层变化较小，因此种子水分检查也要定层定点，一般散装种子以 $25m^2$ 为一小区，分 3 层 5 点 15 处扦取样本进行测定，检查次数：干燥季节（春、冬季）每季检查一次；潮湿季节（夏、秋季）每月检查一次，仓储条件差的，阴湿、梅雨季节根据需要增加测定次数。

（3）发芽率检查。定层、定点取样，一般每 4 个月检查一次，但入库后、出库前、药剂熏蒸后、冬天最低温时都要检查一次，最后 1 次不得迟于出库前 10d。

（4）虫、鼠、雀等检查。采用筛检法检查虫口密度。霉烂检查一般采用目测和鼻闻的方法，检查部位为种子易受潮的壁角、底层、上层、漏雨和渗水部位。鼠雀检查主要看有无鼠、雀足迹、粪便、洞穴等。

3. 合理通风

通风是种子在贮藏期间的一项重要管理措施,其目的是:维持种子堆温度均一,防止水分转移;降低种子内部温度,以抑制霉菌繁殖及仓虫的活动;促进种子堆内的气体对流,排除种子本身代谢作用产生的有害物质和熏蒸杀虫剂的有毒气体等。通风的方式有自然通风和机械通风两种。

4. 防治仓库害虫

防治仓虫的基本原则是"安全、经济、有效",防治上必须采取"预防为主,综合防治"的方针。

(1) 农业防治。农业防治是指利用农作物栽培过程中一系列的栽培管理技术措施(如选用抗虫品种等),以避免或减少害虫发生的危害,达到减少入库种子携带害虫数量的目的。

(2) 检疫防治。严格执行动、植物检疫制度,是防治国内外传入新的危险性仓虫种类和限制国内危险性仓虫蔓延传播的最有效方法。随着对外贸易的不断发展,种子的进出口也日益增加,随着新品种的不断育成和杂交稻的推广,国内各地区间种子调运也日益频繁,检疫防治也就更具有实际意义。

(3) 清洁卫生防治。清洁卫生防治能形成不利于仓虫生存的环境条件,而有利于种子的安全贮藏。可以阻挡、隔离仓虫的活动和抑制其生命力,使仓虫无法生存、繁殖而死亡。清洁卫生防治不仅有防虫与治虫的作用,而且对限制微生物的发生也有积极作用。

(4) 机械和物理防治。

① 机械防治。指利用人力或动力机械设备,将害虫从种子中分离出来,使害虫经机械作用撞击而致死。经过机械处理的种子,不但能消除仓虫和螨类,而且还可以把杂质除去,降低水分,提高种子质量,有利于保管。机械防治目前应用最广的还是过风和筛理两种。

② 物理防治。指利用自然的或人工的高温、低温及声、光、射线等物理因素,破坏仓虫的生殖、生理机能及虫体结构,使之失去生殖能力或直接消灭仓虫。常采用高温杀虫法和低温杀虫法。高温杀虫法可采用日光曝晒法和人工干燥法。日光曝晒法也称自然干燥法,利用日光能干燥种子,因安全且成本低而普遍采用。因为一般夏季日照长,温度高,阳光下可达50℃以上,而仓虫生命活动的最高界限为40℃~45℃。如果种子水分超过17%,必须采用两次干燥法。低温杀虫法主要利用冬季冷空气杀虫,一般适用于北方地区,南方地区不常采用。

(5) 化学药剂防治。即利用有毒的化学药剂破坏害虫正常的生理机能,或造成不利于害虫和微生物生长繁殖的条件,从而使害虫和微生物停止活动或致死的方法,具有高效、快速、经济等优点。但药剂的残毒作用及使用不当,往往会影响种子播种品质和工作人员的安全。常用的化学药剂种类较多。现具体介绍磷化铝和防虫磷的使用方法。

① 磷化铝。化学分子式为AlP,是一种灰白色片剂或粉剂,能从空气中吸收水汽而逐渐分解产生磷化氢,磷化氢是一种无色剧毒气体,有乙炔气味。磷化铝片剂用药量:种堆为$6g/m^3$,空间为$3 \sim 6g/m^3$,加工厂或器材为$4 \sim 7 g/m^3$。磷化铝粉剂用药量:种堆为$4 g/m^3$,空间为$2 \sim 4 g/m^3$,加工厂或器材为$3 \sim 5 g/m^3$。投药后,一般密闭$3 \sim 5d$,即可达到杀虫效

果,然后通风 5~7d 排除毒气。通常当种温在 20℃ 以上时,密闭 3d;种温在 16℃~20℃ 时,密闭 4d;种温在 12℃~15℃ 时,则要密闭 5d。

② 防虫磷。原名马拉硫磷,化学分子式为 $C_{10}H_{19}O_6PS_2$,原药为 70% 的马拉硫磷乳剂。使用剂量为 20~30μL/L,0.5 kg 防虫磷约可处理种子 17 500 kg。处理的种子经过半年以后,其药物浓度可降到卫生标准 8μL/L 以下,对人体十分安全,是目前防治害虫中高效低毒的药剂。使用方法有载体法和喷雾法,载体法的剂量为:50kg 干谷壳加入 1.5kg 含量为 70% 的防虫磷,50kg 载体谷壳可处理种子 500 kg。喷雾法是将防虫磷乳剂原液用超低量喷雾器以 20~30μL/L 剂量直接喷在种子上,边喷边拌,要拌和均匀。与载体法一样,可以处理全部种子或处理上层部位 30cm 厚的种子层。

5. 防止种子结露

(1) 结露现象及原因。热空气遇到冷的物体,便在冷物体的表面凝结成小水珠,这种现象叫结露。如果发生在种子上就叫种子结露。这是由于热空气遇到冷种子后,温度降低,使空气的饱和含水量减小,相对湿度变大。当温度降低到空气饱和含水量等于当时空气的绝对湿度时,相对湿度达到 100%,此时在种子表面上开始结露。种子开始结露时的温度,叫做结露温度,也叫露点。种子结露在一年四季都有可能发生,只要当空气与种子之间存在温差,并达到露点时就会发生结露现象。种子水分与结露温差的关系见表 5-8。

表 5-8 种子水分与结露温差的关系

种子水分/%	10	11	12	13	14	15	16	17	18
结露温差/℃	12~15	11~13	9~11	7~9	6~7	5~6	4	3	2

根据仓内结露的部位,种子结露可分为:一是种子堆表面结露,多发生在开春后,结露深度一般由表面深至 3cm 左右;二是种子堆上层结露,也叫下层结露,多发生在秋、冬转换季节,结露部位距表面 20~30cm 处;三是地坪结露,经过暴晒的种子未经冷却,直接堆放在地坪上,造成地坪湿度增大,常引起地坪结露,也有可能发生在距地面 2~4cm 的种子层;四是垂直结露,发生在靠近内墙壁和柱周围的种子,成垂直形;五是种子堆内结露,常发生在发热点的周围,两批不同温度的种子堆放在一起,或同一批经曝晒的种子入库的时间不同,也常因二者温差引起种子堆内夹层结露。

(2) 预防种子结露。防止种子结露,关键在于设法缩小种子与空气、接触物之间的温差。具体措施有:

① 保持种子的干燥。干燥种子能抑制生理活动及虫、霉危害,也能使结露的温差增大,在一般的温差条件下,不至于发生结露。

② 密闭门窗保温。季节转换时期,气温变化大,这时要密闭门窗,对缝隙要糊 2~3 层纸条,尽可能少出入仓库,以利隔绝外界湿热空气进入仓内,从而预防结露。

③ 表面覆盖移湿。春季在种子表面覆盖 1~2 层麻袋片,可起到一定的缓和作用,即使结露也是发生在麻袋片上,可防让种子表面结露。

④ 翻动表层散热。秋末冬初气温下降,经常耙动种子表层深至 20~30cm,必要时可扒深沟散热,可防止上层结露。

⑤ 种子冷却入库。经曝晒或烘干的种子,除热处理之外,都应冷却入库,可防地坪

结露。

⑥ 围包柱子。有柱子的仓库,可将柱子整体用一层麻袋包扎,或用报纸4~5层包扎,可防柱子周围的种子结露。

⑦ 通风降温排湿。气温下降后,如果种子堆内温度过高,可采用机械通风方法降温,使之降至与气温接近,这样可防止上层结露。对于采用塑料薄膜覆盖贮藏的种子堆,在10月中、下旬应揭去薄膜改为通风贮藏。

⑧ 仓内空间增温。将门室密封,在仓内用电灯照明,可使仓内增温,提高空气持湿能力,减少温差,从而防止上层结露。

⑨ 冷藏种子增温。冷藏种子在高温季节,出库前须进行逐步增温,使之与外界气温相接近从而防止结露;但每次增温温差不宜超过5℃。

(3) 结露后的处理。种子结露预防失误时,应及时采取措施加以补救。补救措施主要是降低种子水分,以防进一步发展。通常的处理方法是倒仓曝晒或烘干,也可以根据结露部位的大小进行处理。如果仅是表面层的,可将结露部分种子深至50cm的一层揭去曝晒。结露发生在深层,则可采用机械通风排湿。当曝晒受到气候影响,也无烘干通风设备时,根据结露部位采用就仓吸湿的办法,也可收到较好的效果。这种方法是将生石灰用麻袋灌包扎口,平埋在结露部位,让其吸湿水分,经过4~5d取出。如果种子水分仍达不到安全标准,可更换石灰再埋入,直至达到安全标准为止。

6. 防止种子发热

(1) 种子发热的原因。在正常情况下,种温随着气温、仓温的升降而变化。种温不符合这种变化规律,发生异常高温时,这种现象称为发热。种子发热的原因有:

① 种子新陈代谢发热。贮藏期间种子新陈代谢旺盛,释放出大量的热能,积聚在种子堆内。这些热量又进一步促进种子的生理活动,放出更多热量和水分,如此循环往复,导致种子发热。这种情况多发生于新收获或受潮的种子。

② 微生物的迅速生长和繁殖引起发热。在相同条件下,微生物释放的热量远比种子要多。实践证明,种子发热往往伴随着种子发霉,因此,种子本身呼吸和微生物活动的共同作用结果,是导致种子发热的主要原因。

③ 种子堆放不合理。种子堆各层之间和局部与整体之间温差较大,造成水分转移、结露等情况,也能引起种子发热。

④ 仓库条件差或管理不当。

总之,发热是种子本身的生理、生化特点,环境条件和管理措施等综合因素造成的结果。但是,种温究竟达到多高才算发热,不可能规定一个统一的标准,如夏季种温达35℃不一定是发热,而在气温下降季节则可能就是发热,这必须通过实践加以仔细鉴别。

(2) 种子发热的种类。

① 上层发热。一般发生在近表层15~30cm厚的种子层。发生时间一般在初春或秋季。初春气温逐渐上升,而经过冬季的种子层温度较低,两者相遇,上表层种子容易造成结露而引起发热。

② 下层发热。发生状况和上层相似,不同的是发生部位是在接近地面的种子。多半由于晒热的种子未经冷却就入库,遇到冷地面发生结露引起发热,或因地面渗水使种子吸湿返

潮而引起发热。

③ 垂直发热。在靠近仓壁、柱等部位，当冷种子遇到仓壁或热种子接触到冷仓壁或柱子形成结露，并产生发热现象，称为垂直发热。前者发生在春季朝南的近仓壁部位，后者多发生在秋季朝北的近仓壁部位。

④ 局部发热。这种发热通常呈窝状形，发热的部位不固定，多半由分批入库的种子品质不一致，如水分相差过大，整齐度差或净度不同等所造成。某些仓虫大量聚集繁殖也可以引起发热。

⑤ 整仓发热。上述四种发热现象，无论是哪种发热现象，如发生后不迅速处理或及时制止，都有可能导致整仓发热。尤其是下层发热，最容易由于管理上造成的疏忽发展为全仓发热。

（3）种子发热的预防。

① 严格掌握种子入库的质量。种子入库前必须严格进行清选、干燥和分级，不达到标准，不能入库，对长期贮藏的种子，要求更加严格。入库时，种子必须经过冷却（热进仓处理的除外）。这些都是防止种子发热、确保安全贮藏的基础。

② 做好清仓消毒，改善仓储条件。贮藏条件的好坏直接影响种子的安全状况。仓房必须具备通风、密闭、隔湿、防热等条件，以便在气候剧变阶段和梅雨季节做好密闭工作；而当仓内温湿度高于仓外时，又能及时通风，使种子长期处于干燥、低温、密闭的环境，确保安全贮藏。

③ 加强管理，勤于检查。应根据气候变化规律和种子生理状况，制定出具体的管理措施，及时检查，及早发现问题，采取对策，加以制止。

（4）种子发热后的处理。

种子发热后，应根据种子结露发热的严重程度，采用翻耙、开沟等措施排除热量，必要时进行翻仓、摊晾和过风等办法降温散湿。发过热的种子必须经过发芽试验，凡已丧失生活力的种子，即应改作他用。

四、主要园艺植物种子贮藏技术要点

（一）蔬菜种子的贮藏方法

蔬菜种子种类繁多，种属各异，种子的形态特征和生理特征很不一致，对贮藏条件的要求也各不相同。蔬菜种子贮藏技术要点有如下几个方面：

1. 做好精选工作

蔬菜种子籽粒小，重量轻，更易混入菌核、虫瘿、虫卵、杂草种子等有生命杂质以及残叶、碎果种皮及泥沙等无生命杂质，因此在种子入库前要对种子充分清选，去除杂质。

2. 合理干燥种子

对蔬菜种子进行日光干燥时需注意，干燥小粒种子或种子数量较少时，不要将种子直接摊在水泥晒场上或盛在金属容器中置于阳光下曝晒，以免温度过高而烫伤种子。

3. 正确选用包装方法

大量种子的贮藏与运输可选用麻袋、布袋包装;少量种子的包装或大量种子的小包装用金属罐、盒,外面再套装纸箱可作长期贮存或销售。纸袋、聚乙烯铝箔复合袋、聚乙烯袋、复合纸袋等主要用于种子零售的小包装或短期的贮存;含芳香油类蔬菜种子,如葱、韭菜类,采用金属罐贮藏效果较好;密封容器包装的种子,水分要低于一般贮藏的含水量。

4. 种子的贮藏方法

蔬菜大量种子的贮藏与农作物的技术要求基本一致。而蔬菜的少量种子的贮藏较常见,方法也较多,主要有低温防潮贮藏,在干燥器内贮藏,整株和带荚贮藏等方法,可根据实际情况加以应用。

(二) 花卉种子的贮藏

花卉中的一、二年生花卉,宿根花卉以及部分温室花卉通常用种子繁殖,因此,科学地贮藏花卉种子对花卉的栽培十分重要。花卉种子的自然寿命多数在2~3年,不同的贮藏方法对花卉种子寿命影响不同。各类种子均不宜暴晒,要晾干,否则会影响其发芽率。晾干后一般把种子存放在低温、阴暗、干燥且通风良好的环境里,同时还应注意防烟熏、鼠害、虫害等。

花卉生产中常用的贮藏方法:

1. 自然干燥贮藏法

主要适用于耐干燥的一、二年生草本花卉种子,经过阴干或晒干后装入纸袋中或纸箱中保存。此种方法适宜次年就播种的短期保存。

2. 干燥密闭贮藏法

将上述充分干燥的种子,装入瓶、罐中密封起来放在冷凉处保存,可保存稍长一段时间。

3. 低温干燥密闭贮藏法

将充分干燥的种子存放在干燥器中,置于1℃~5℃的低温环境中贮藏,可以较长时间保持花卉种子的生活力。

4. 层积沙藏法

有些花卉种子,长期置于干燥环境下容易丧失发芽力,这类种子可采用层积沙藏法,即在贮藏室的底部铺上一层厚约10cm的河沙,再铺上一层种子,如此反复,使种子与湿沙交互作层状堆积。休眠的种子用这种方法处理,可以促进发芽。例如,将采收的牡丹、芍药等种子,置于0℃~5℃的低温湿沙内,这类种子在自然条件下,有一段休眠期,经过休眠而后熟,在播前1个月拿出,春天播种。

5. 水藏法

玉莲、睡莲、荷花等水生花卉种子必须贮藏在水中才能保持其发芽力,如睡莲等种子,水温5℃左右适宜贮藏,低于0℃时种子会受到冻害,影响出芽。

项目小结

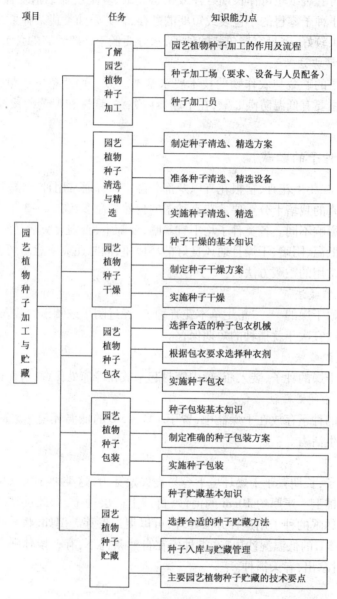

园艺植物种子加工与贮藏主要包括种子精选、种子干燥、种子包衣、种子包装和种子贮藏管理五个主要部分。首先要学会根据不同种子批进行正确种子清选、精选，根据种子批以及杂质的情况选择合适的机械进行种子清选、精选，使种子的净度达到标准。其次根据种子批的特性进行种子干燥，使种子含水量符合标准。之后根据需要对种子进行包衣或药剂处理。质量合格的种子按照销售或入库需要进行包装。完成包装的种子可以入库贮藏，此时应根据该种子批的保存要求放入合适的温、湿度环境下贮藏，并注重日常的检查和管理。同时，在种子的精选、干燥、包衣处理完成后，在种子入库贮藏期间，需要对种子批进行质量检

测,以确保种子质量达到要求。因为园艺植物种类繁多,主要根据种子的形态形状、化学性质和物理结构对种子进行加工和贮藏管理。

 复习思考

1. 种子加工有哪些内容?有何意义?
2. 什么是种子清选?什么是种子精选?有哪些主要方法?
3. 常用种子清选、精选机械有哪些?清选、精选工作有什么要求?
4. 影响种子干燥的因素有哪些?常用的种子干燥方法是什么?
5. 种子包衣有何意义?
6. 一般种衣剂的成分是什么,要求具备什么样的理化特性?
7. 如何使用种衣剂?种子包衣方法有哪些?使用种衣剂时应注意哪些问题?
8. 种子包装的目的和要求是什么?如何选择包装材料和容器?
9. 什么样的贮藏条件有利于延长种子的寿命?
10. 如何防治种子仓库害虫?如何控制种子微生物,防止其危害?
11. 什么是种子结露?常发生在哪些部位?如何预防?
12. 种子发热是怎么引起的?有何危害?如何预防和处理?
13. 种子低温贮藏有何意义?低温贮藏库的管理有哪些特殊要求?

附 录

汉英名词对照

糊粉层　aleurone layer
后熟　after ripening
加速老化试验　accelerated ageing test
孤雄生殖　androgenesis
无融合生殖　apomixes
无孢子生殖　apospory
不定胚　adventitious embryony
吸附性　absorbability
不正常幼苗　abnormal seedling
自动分级　autograding
静止角　angle of repose
积加作用　additive effect
等位基因　allele
异源多倍体　allopolyploid
分子标记辅助育种　assisted selection breeding by molecular marker
返祖遗传　atavism
同源多倍体　autopolyploid

育种家种子　breeder seed
原种　basic seed
袋装贮藏　bagged storage
散装贮藏　bulk storage
现代生物技术　biotechnology

混合选择法　bulk selection
超低温保存　cryopreservation
腹沟　crease
内脐　chalaza
品种真实性　cultivar genuineness
电导率测定　conductivity test
抗冷测定　cold test
低温发芽测定　cool germination test
控制劣变测定　controlled deterioration test
复合逆境活力测定　complex stressing vigour test
超低温贮藏　cryopreservation
良种　certified seed
无性系　clone
混合样品　composite sample
子叶　cotyledon
芽鞘　coleoptile
性状　character
交叉　chiasma
嵌合体　chimera
无性系　clone
营养系选择　clonal selection
共显性　codominance

符合系数或并发系数　coeffcient of coincidence
经济系数　coefficient of economics
组合育种　combination breeding
重组育种　combination breeding
互补作用　complementary effect
互补基因　complementary gene
完全显性　complete dominance
完全连锁　complete linkage
相对性状　contrasting character
杂交　cross
杂交育种　cross breeding
交换值　crossing-over value
相引相或相引组　coupling phases
细胞质遗传　cytoplasmic inheritance
细胞质雄性不育　cytoplasmic male sterility, CMS

休眠种子　dormant seed
衰退　depression
显性假说　dominance hypothesis
二倍体孢子生殖　diplospory
退化　degeneration
密度　density
腐烂　decay
变色　discolouration
二倍体　diploid
训化　domestication
显性假说　dominance hypothesis
显性性状　dominant character
显性纯合体　dominant homozygote
双交换　double crossing over
重叠作用　duplicate effect
重叠基因　duplicate gene

胚乳　endosperm
胚　embryo
胚休眠　embryo dormancy

子叶出土型　espigeal germination
胚中轴　embryo axis
上胚轴　epicotyl
出土型发芽　epigeal germination
显性上位作用　epistatic dominance
隐形上位作用　epistatic recessiveness

田间检验　field inspection
冰冻干燥　freeze-drying
散落性　flow movement
新鲜不发芽种子　fresh ungerminated seeds
子一代　first filial generation, F_1

种质　germplasm
萌发促进物质　germination promotor
萌发抑制物质　germination inhibitor
发芽　germination
发芽势　germination energy
品种质量　genetic quality
种子发芽力　germinability
种子发芽势　germinative energy
种子发芽率　germinative percentage
发芽箱　germinating box
发芽室　germinating room
发芽床　germinating medium
发芽容器　germinating container
发芽　germination
配子　gamete
基因　gene
基因库　genebank
遗传图谱　genetic map
遗传学　genetics
基因型　genotype
种质　germplasm
种质资源　germplasm resources

胚轴　hypocotyl
脐　hilum

子叶留土型　hypogeal germination
希尔特纳测定　Hiltner Test
杂种优势　heterosis
半试样　halfsample
留土型发芽　hypogeal germination
下胚轴　hypocotyl
单倍体　haploid
单倍体育种　haploid breeding
收获指数　harvest index
遗传率（力）　heritability
广义遗传率　heritability in the broad sense
狭义遗传率　heritability in the narrow sense
遗传因子　hereditary determinant
杂种优势　heterosis
杂合体　heterozygote
杂合基因型　heterozygous genotype
纯合体　homozygote
纯合基因型　homozygous genotype
杂种优势育种　hybrid breeding

吸胀　imbibition
吸胀冷害　imbibitional chilling injury
杂质　Inert matter
感染　infection
不完全显性　incomplete dominance
不完全连锁　incomplete linkage
单株选择法　individual selection
获得性遗传　inheritance of required characters
抑制作用　inhibiting effect
基因互作　interaction of genes
干扰　interference
引种　introduction

环状构造　looped structure
分离定律　law of segregation
自由组合定律　law of independent assortment

致死基因　lethal allele
连锁　linkage
连锁群　linkage group
连锁遗传图　linkage map

发芽口　micropyle
含水量　moisture
雄性不育系　male sterility
复胚种子单位　multigerm seed units
中胚轴　mesocotyl
主基因　major gene
母性效应　maternal effect
母性影响　maternal influence
母性遗传　maternal inheritance
平均数　mean
分子育种　molecule breeding
多因一效　multigentic effect
复等位基因　multiple allele
微效多基因（简称多基因（multiple gene 或 polygene）
诱变育种　mutation breeding; selection by mutation

珠心层　nucellus
正常幼苗　normal seedling
负向地性　negative geotropism
细胞核遗传或核遗传 nuclear inheritance

正常型种子　orthodox seed
渗透调节　osmotic condtioning
异型株　off-type plant
其他植物种子　other seed
变异株　off-type
物种起源　Origin of Species
超显性假说　over dominance hypothesis

胚芽　prumule
果皮　pericarp

原发性休眠　primary dormancy
萌动　protrusion
净度分析　purity analysis
净种子　pure seed
孤雌生殖　parthenogenesis
初次样品　primary sample
初生根　primary root
孔隙度　porosity
初生叶　paimary leaf
正向地性　positive geotropism
多倍体　polyploid
多倍体育种　polyploid breeding
亲代　parent generation，P
颗粒式遗传　particulate inheritance
表现型　phenotype
植物基因工程　plant genetic engineering
植物遗传资源　plant genetic resources
植物种质资源　plant germplasm resources
植物离体培养　plant in vitro culture
植物组织培养　plant tissue culture
细胞质基因组　plasmon
一因多效　pleiotropism
多基因　polygene

静止种子　quiescent seed
质量性状　qualitative character
数量性状　quantitative trait locus，QTL

胚根　radicle
酸败　rancidity
脐条　raphe
顽拗型种子　recalcitrant seed
吸湿回干　rehygration-dehydration
停滞根　retarded root
呼吸作用　respiration
50%规则　50%-rule
重组DNA　recombinant DNA
正反交　reciprocal cross

隐性性状　recessive character
隐性纯合体　recessive homozygote
重组合　recombination
重组率　recombination frequency
相斥相或相斥组　repulsion phase

合成种子　synthetic seeds
人造种子　man-made seeds
无性种子　somatic seeds
种子学　seeds science
种子科学和技术　seeds science and technology
种子工程　seed project
种子产业　seed industry
盾片　scutellum
种皮　seed coat
成苗阶段　seedling establishment
吸胀损伤　soaking injury
生命力　vitality
种子活力　seed vigour
幼苗活力　seedling vigour
扦样　sampling
幼苗生长测定　seedling growth test
超显性假说　superdominance hypothesis
种子贮藏　seed storage
种子加工　seed processing
种子干燥　seed drying
种子包装　seed packaging
种子精选　seed cleaning
种子分级　seed grading
种子包衣　seed film coating
种子处理　seed treatment
种子丸粒化　seed pellet
种子仓库　seed warehouse
种子检验　seed testing
种子质量　seed quality
播种质量　seeding quality
扦样　sampling

送验样品　submitted sample
数种设备　seed counting apparatus
次生根　secondary root
种子根　seminal roots
残缺根　stunted root
粗短根　stubby root
种子仓库　seed storehouse
鳞叶　scale leaves
比重　specific gravity
实生选种　seedling selection breeding
分离　segregation
选择育种　selection breeding
自交不亲和性　self-incompatibility
有性杂交育种　sexual cross breeding
单交换　single crossing over
芽变　sport
标准误差　standard error

容许误差　tolerances error
四唑测定　tetrazolium test
导热性　thermal conducticity
热容量　thermal capacity
真实性　trueness
扭曲构造　twisted structure
顶芽　terminal bud
幼苗主要构造　the essential seiidling structures

种质连续论　theory of continuity of germ-plasm
气候相似论　theory of climatic analogues
基因论　theory of the gene
三点测验　three-point testcross
转基因育种　trans-gene breeding
超亲遗传　transgressive inheritance
两点测验　two-point testcross

种子超干贮藏　ultradry seed storage
未发芽种子　ungerminated seeds
单位性状　unit character
用进废退　use and disuse of organ

品种纯度　varietal purity
容重　volume-weight
品种纯度　varietal purity
方差　variance error

千粒重　weight of 1 000 seeds
试验样品　working sample
远缘杂交　wide cross

产量潜力　yield potential

合子　zygote

参考文献

1. 颜启传. 种子学. 北京:中国农业出版社,2001.
2. 孙新政. 园艺植物种子生产. 北京:中国农业出版社,2006.
3. 蔡旭. 植物遗传育种学. 北京:科学出版社,1988.
4. 胡延吉. 植物育种学. 北京:高等教育出版社,2003.
5. 颜启传,成灿土. 种子加工原理与技术. 杭州:浙江大学出版社,2001.
6. 束剑华. 种子产业化技术. 北京:中国教育文化出版社,2004.
7. 金文林. 种业产业化教程. 北京:中国农业出版社,2003.
8. 景士西. 园艺植物育种学总论. 北京:中国农业出版社,2000.
9. 胡晋. 种子贮藏加工. 北京:中国农业大学出版社,2001.
10. 孙世贤. 中国农作物品种管理与推广. 北京:中国农业科学技术出版社,2003.
11. 卜连生,沈又佳,周春和. 种子生产简明教程. 南京:南京师范大学出版社,2003.
12. 陈火英,杨忠诚,张建华. 现代种子种苗技术. 上海:上海教育出版社,2001.
14. 张全志. 种子管理全书. 北京:北京科学技术出版社,2000.
15. 谷茂. 作物种子生产与管理. 北京:中国农业出版社,2002.
16. 梅四卫. 种子生产实用技术. 北京:中国农业科学技术出版社,2011.
17. 陈杏禹,钱庆华. 蔬菜种子生产技术. 北京:化学工业出版社,2011.
18. 宋铁峰. 瓜类蔬菜育种与种子生产. 北京:化学工业出版社,2013.
19. 吕书文,张伟春,王丽萍. 茄果类蔬菜育种与种子生产. 北京:化学工业出版社,2013.
20. 霍志军,尹春. 种子生产与管理. 北京:中国农业大学出版社,2012.